Leitfäden der angewandten Informatik

H. Kästner
Architektur und Organisation
digitaler Rechenanlagen

Leitfäden der angewandten Informatik

Herausgegeben von

Prof. Dr. L. Richter, Dortmund
Prof. Dr. W. Stucky, Karlsruhe

Die Bände dieser Reihe sind allen Methoden und Ergebnissen der Informatik gewidmet, die für die praktische Anwendung von Bedeutung sind. Besonderer Wert wird dabei auf die Darstellung dieser Methoden und Ergebnisse in einer allgemein verständlichen, dennoch exakten und präzisen Form gelegt. Die Reihe soll einerseits dem Fachmann eines anderen Gebietes, der sich mit Problemen der Datenverarbeitung beschäftigen muß, selbst aber keine Fachinformatik-Ausbildung besitzt, das für seine Praxis relevante Informatikwissen vermitteln; andererseits soll dem Informatiker, der auf einem dieser Anwendungsgebiete tätig werden will, ein Überblick über die Anwendungen der Informatikmethoden in diesem Gebiet gegeben werden. Für Praktiker, wie Programmierer, Systemanalytiker, Organisatoren und andere, stellen die Bände Hilfsmittel zur Lösung von Problemen der täglichen Praxis bereit; darüber hinaus sind die Veröffentlichungen zur Weiterbildung gedacht.

Architektur und Organisation digitaler Rechenanlagen

Von Dipl.-Inform. Horst Kästner
Universität Dortmund

Mit 123 Abbildungen
und 25 Beispielen

B. G. Teubner Stuttgart 1978

Dipl.-Inform. Horst Kästner

Geboren 1949 in Soltau. Von 1968 bis 1973 Studium an den Universitäten
Bochum, Bonn und Dortmund mit Abschluß als Diplom-Informatiker. Danach
Verwalter der Stelle eines wiss. Assistenten und seit 1975 wiss. Assistent an
der Abteilung Informatik der Universität Dortmund.

CIP-Kurztitelaufnahme der Deutschen Bibliothek

Kästner, Horst:
Architektur und Organisation digitaler Rechenan-
lagen / von Horst Kästner. — Stuttgart : Teubner,
1978.
  (Leitfäden der angewandten Informatik)
  ISBN 978-3-519-02451-4   ISBN 978-3-322-94663-8 (eBook)
  DOI 10.1007/978-3-322-94663-8

Das Werk ist urheberrechtlich geschützt. Die dadurch begründeten Rechte, beson-
ders die der Übersetzung, des Nachdrucks, der Bildentnahme, der Funksendung,
der Wiedergabe auf photomechanischem oder ähnlichem Wege, der Speicherung
und Auswertung in Datenverarbeitungsanlagen, bleiben, auch bei Verwertung von
Teilen des Werkes, dem Verlag vorbehalten.
Bei gewerblichen Zwecken dienender Vervielfältigung ist an den Verlag gemäß
§ 54 UrhG eine Vergütung zu zahlen, deren Höhe mit dem Verlag zu vereinbaren ist.

© B. G. Teubner, Stuttgart 1978
Softcover reprint of the hardcover 1st edition 1978

Umschlaggestaltung: W. Koch, Sindelfingen

Vorwort

Das vorliegende Buch entstand aus einem Manuskript zu einer vier-
stündigen Vorlesung, die ich im SS 1976 an der Universität Dortmund
gehalten habe. Es gliedert sich in zwei Teile. Im ersten Teil werden Aufbau und Wirkungsweise von Rechenanlagen aus der Sicht der
Maschinensprachenebene behandelt, im zweiten Teil wird auf die Realisierung dieser Ebene eingegangen.

Bei der Formulierung des Textes stand das Ziel im Vordergrund, so
weit wie möglich Prinzipien herauszuarbeiten und nicht die Darstellung zu sehr an Phänomenen, d.h. konkreten Rechenanlagen, zu orientieren. Diese Verbindung soll in den zahlreichen Beispielen hergestellt werden.

Natürlich können die Beispiele nicht in jedem Fall ausreichend sein,
um sämtliche in der Praxis auftretenden Probleme voll darzustellen.
Während der oben genannten Vorlesung und den begleitenden Übungen
wurden deshalb auf einer konkreten Rechenanlage (PDP-11/20) Programme geschrieben, die zur Vertiefung des Stoffes dienten. Aus den
daraus gewonnenen Erfahrungen kann ich für Leser dieses Buches, die
noch nicht in der Assemblerprogrammierung von Rechenanlagen geübt
sind, die Empfehlung ableiten, sich parallel bzw. nach Durcharbei-
tung des ersten Teils mit einer konkreten Rechenanlage und deren
Programmierung zu beschäftigen. Der Praktiker, der bereits eine An-
lage von ihrer Maschinensprachenstruktur her kennt, sollte stets
versuchen, die ihm bekannten Phänomene mit der grundsätzlich gehal-
tenen Darstellung im Buch zu vergleichen.

Was die Vertiefung der im zweiten Teil besprochenen Thematik in der
Praxis anbelangt, so wird man auf erhebliche Schwierigkeiten stos-
sen, da zum einen die Unterlagen und die Software, die i.a. von
Rechnerherstellern in Bezug auf Mikroprogrammierung zur Verfügung
gestellt werden, nicht immer für ein derartiges Vorhaben geeignet
sind und zum anderen die Entwurfsentscheidungen und damit die Fülle
von Details, denen man sich gegenüber sieht, nicht in jedem Fall
einsichtig sind. Aus diesen Gründen durchzieht den zweiten Teil des

Buches ein ausführliches Beispiel (Beispielarchitektur), anhand
dessen alle prinzipiellen Probleme eingehend diskutiert werden.

Mein Dank gilt Herrn Prof. Richter für seine Unterstützung bei der
Konzipierung und Herausgabe dieses Buches. Ich danke ferner
Frl. S. Rohmann, Herrn S. Hoffmeister und Herrn R. Tomaschewski für
die Durchsicht des Manuskriptes und zahlreiche Anregungen sowie
Frau E. Schickentanz für das sorgfältige Schreiben des reproduk-
tionsreifen Manuskriptes.

Dortmund, im Sommer 1978   Horst Kästner

Inhaltsübersicht

Einleitung

Im Jahre 1946 legten Arthur W. Burks, Herman H. Goldstine und John
von Neumann einen Bericht vor, in dem sie die Struktur einer All-
zweck-Rechenmaschine beschrieben [8]. Die wesentlichen Eigenschaften dieser Maschine waren:

- Sie sollte Komponenten für arithmetische Operationen, Kontrolle,
  Speicherzwecke und Kommunikation mit dem Benutzer haben.
- Sie sollte durch binär verschlüsselte Anweisungen gesteuert wer-
  den.
- Die binär abgespeicherten Daten sollten universell interpretier-
  bar sein.
- Der Speicher sollte wegen der beiden zuvor genannten Punkte so-
  wohl Anweisungen als auch Daten aufnehmen.
- Anweisungen sollten streng sequentiell abgearbeitet werden und
  nur auf einem bzw. zwei skalaren Daten operieren.
- Es sollte nur eine einzige Kontrollkomponente für das Abarbeiten
  der Anweisungen vorhanden sein.

Das Modell, kurz als von Neumannsches Rechnermodell bezeichnet,
wurde zwar in der vorgeschlagenen Form nicht verwirklicht, war aber
so richtungsweisend, daß die meisten heutigen Rechenanlagen immer
noch im wesentlichen nach dem vorgeschlagenen Prinzip konzipiert
werden. Man bezeichnet sie daher allgemein als von Neumann-Rechner
(oder konventionelle Rechner).

Im Verlaufe dieses Buches werden wir uns auf zwei Ebenen mit diesem
Rechnertyp beschäftigen. Auf der ersten Ebene werden wir die Struktur und Organisation von Rechenanlagen behandeln, wie sie sich aus
der Sicht der zur Verfügung stehenden Anweisungen darstellen. Auf
der zweiten Ebene steht die Frage im Mittelpunkt, wie die Anweisungen realisiert werden.

Die erste Ebene wird verständlich, wenn wir die Anweisungen betrachten, mit denen Verarbeitungsvorgänge auf einem Rechner beschrieben
werden können. Diese lassen sich grob in folgende Gruppen aufteilen:

- Anweisungen für arithmetische Operationen;
- Anweisungen zur Steuerung des Verarbeitungsvorganges;
- Anweisungen für den Transport von Daten zwischen Speichermedien
  und den Komponenten, in denen die durch die beiden ersten Anweisungsgruppen spezifizierten Aktionen ablaufen;
- Anweisungen für den Transport von Daten zwischen den durch die
  drei ersten Anweisungsgruppen angesprochenen Komponenten und den-

jenigen Komponenten, über die der Benutzer Daten eingeben kann
bzw. Daten aus dem Rechner in für ihn verständlicher Form erhält.

Man erkennt hieran, aus welchen Komponenten sich eine Rechenanlage
zusammensetzt (vgl. erste Eigenschaft des von Burks/Goldstine/von
Neumann vorgestellten Modells):
- einer Komponente zur Durchführung arithmetischer Operationen,
- einer Komponente zur Kontrolle von Verarbeitungsvorgängen,
- einer oder mehreren Komponenten zur Speicherung von Daten,
- einer oder mehreren Komponenten zur Ein/Ausgabe von Daten.
Die beiden ersten Komponenten faßt man unter dem Begriff Prozessor
zusammen.

Wie sich alle Komponenten auf der Ebene der oben genannten Anweisungen, deren Gesamtheit die Maschinensprache einer Rechenanlage
ausmacht, darstellen, soll in den Kapiteln 2, 3 und 4 untersucht
werden. Neben der Frage nach ihrer Struktur ist aber von erheb-
licher Bedeutung, wie sie statisch miteinander verbunden sind und
wie sie dynamisch zusammenspielen. Unter diesem Aspekt stellt sich
eine Rechenanlage als eine spezielle Form eines Kommunikationssystems dar und genau diese Betrachtungsweise soll im ersten Teil im
Vordergrund stehen. Wir werden einmal ganz allgemein den Aufbau von
Kommunikationssystemen besprechen, soweit er für Rechenanlagen relevant ist (Kap. 1), und zum anderen die bei von Neumann-Rechnern
verwendeten Kommunikationsstrukturen (Kap. 5).

Im zweiten Teil, d.h. auf der zweiten Ebene, steht die Maschinensprache im Vordergrund. Hier soll untersucht werden, wie ein Prozessor aufgebaut ist, wie auf ihm die in Maschinenanweisungen spezifizierten Aktionen ablaufen und wie dieser Ablauf kontrolliert
wird (Kap. 6). Im Anschluß daran wird eine Form der Kontrolle, die
Mikroprogramm-Steuerung näher untersucht (Kap. 7). Der zweite Teil
schließt mit der Erläuterung einer Technik, der sog. Überlappungs-
technik, die zur Beschleunigung von Verarbeitungsvorgängen im Prozessor dient.

Teil I Maschinensprachenebene konventioneller Rechenanlagen

1 Kommunikationssysteme

Das in der Einleitung vorgestellte von Neumannsche Rechnermodell zeigt exemplarisch, aus welchen Komponenten sich eine digitale Rechenanlage zusammensetzt. Von diesen wollen wir nun hier abstrahieren und sie ganz allgemein als Bestandteil eines Kommunikationssystems auffassen.

Ausgangspunkt unserer Betrachtungen ist der Begriff der N a c h - r i c h t. Darunter soll jede Art von Mitteilung, z.B. Zeichenfolgen, Meßwerte, Bilder, etc. verstanden werden. Auf den syntaktischen und semantischen Aspekt von Nachrichten werden wir im Verlaufe dieses Kapitels noch näher eingehen.

Eine Nachricht ist in irgendeiner Form dargestellt. In dieser Darstellung ist sie in einer sog. N a c h r i c h t e n s t a t i o n abgelegt. Zwischen Nachrichtenstationen existieren N a c h r i c h - t e n w e g e (auch N a c h r i c h t e n k a n ä l e genannt), über die Nachrichten ausgetauscht werden können. Eine Nachrichtenstation läßt sich im wesentlichen in drei Komponenten aufteilen (Bild 1.1):

- in einen N a c h r i c h t e n s p e i c h e r, der die Darstellung von Nachrichten enthält (unter dem Aspekt der Nachrichtenübertragung bezeichnet man diesen auch als N a c h r i c h t e n - q u e l l e bzw. -s e n k e),

- in eine N a c h r i c h t e n v e r a r b e i t u n g s k o m - p o n e n t e und

- in eine N a c h r i c h t e n ü b e r t r a g u n g s k o m p o - n e n t e.

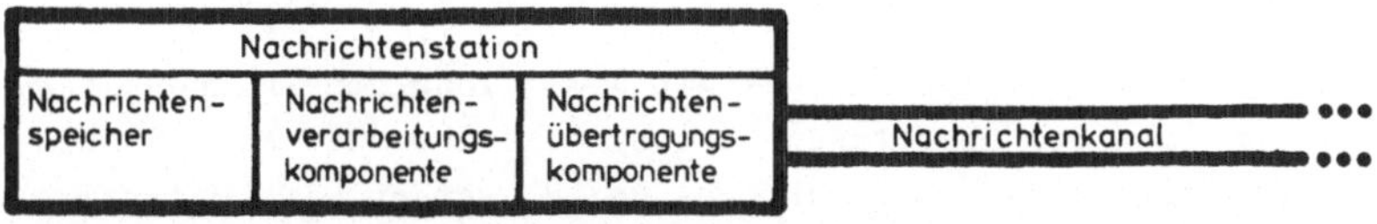

Bild 1.1: Aufbau einer Nachrichtenstation

Die Struktur der Nachrichtenverarbeitungskomponente wird in diesem
Kapitel nicht besprochen werden, ihre Funktion im Zusammenhang mit
der Nachrichtenübertragung wird allerdings im weiteren Verlauf
deutlich werden.

Die Nachrichtenübertragungskomponente hat ihre Bedeutung auf der
physikalischen Ebene. Sie erhält von der Nachrichtenverarbeitungskomponente die Nachrichten in Form von physikalischen Werten, paßt
diese an die Konventionen des Nachrichtenweges an und überträgt
diese schließlich nach einem bestimmten physikalischen Prinzip über
den Nachrichtenweg, an dessen Ende sich eine Empfangseinrichtung
befindet, die nach demselben Prinzip arbeitet. Als bekanntestes
Beispiel für eine Nachrichtenübertragungskomponente seien
M o d e m s genannt, die Gleichstromsignale in modulierte Wechsel-
stromsignale für die Übertragung umwandeln und umgekehrt. Dieser
physikalische Aspekt der Nachrichtenübertragung soll hier jedoch
nicht weiter verfolgt werden (vgl. z.B. [7]).

Wir werden uns stattdessen mit folgenden Fragen beschäftigen:

a) In welcher Form sind Nachrichten innerhalb eines Kommunikationssystems dargestellt? (Abschn. 1.1)
b) Welche Struktur haben Nachrichtenkanäle? (Abschn. 1.2)
c) Welche Probleme entstehen beim Anschluß von Nachrichtenstationen an Nachrichtenkanäle? (Abschn. 1.3)
d) Nach welchen Regeln läuft schließlich der Nachrichtenaustausch
   innerhalb eines Kommunikationssystems ab? (Abschn. 1.4)

1.1 Nachrichtenkodierung

Jede N a c h r i c h t läßt sich als eine geordnete Folge $s_1 s_2 \ldots s_N$
auffassen, wobei die s_i Elemente einer endlichen Menge von Symbolen sind. Zwischen Sender und Empfänger sind demnach festzulegen:

- die Menge von Symbolen, die den Nachrichten zugrunde liegt (auch
  Zeichensatz genannt);
- die Struktur der Symbolfolgen (Syntax einer Nachricht) und
- die Bedeutung der Symbolfolgen (Semantik einer Nachricht).

In diesem Abschnitt wollen wir uns mit dem Aufbau von Zeichensätzen
und den Problemen der Übertragung der Symbole über den Nachrichtenkanal beschäftigen. Auf die Punkte b) und c) werden wir später zurückkommen.

Digitale Rechenanlagen (oder allgemein Nachrichtenstationen in unserem Sinne) arbeiten auf Folgen von Binärzeichen. Aus diesem Grunde muß jedes Symbol irgendeines Zeichensatzes (z.B. Buchstaben, Ziffern, graphische Symbole, ect.) in eine derartige Folge umgewandelt werden. Das übliche Vorgehen sieht dabei so aus, daß die Symbole durchnumeriert werden, d.h. man definiert eine injektive Abbildung von der Menge der Symbole in die natürlichen Zahlen. Diese Abbildung nennt man K o d i e r u n g. Der K o d e eines bestimmten Symbols muß zur Verarbeitung in einer digitalen Rechenanlage als Binärzahl dargestellt werden. Wir beschäftigen uns daher nur mit sog. Binärkodes.

1.1.1 Quellkodierung

Die Umwandlung der Symbole einer Nachricht in einen Binärkode, die während der Eingabe der Nachricht in die Nachrichtenstation erfolgt, bezeichnet man als Q u e l l k o d i e r u n g. Dabei kann man zwei Arten von Kodes benutzen - g l e i c h m ä ß i g e und u n - g l e i c h m ä ß i g e K o d e s.

Gleichmäßige Kodes. Bei einem gleichmäßigen Kode hat jedes Kodewort die gleiche Länge k. Daraus folgt, daß 2^k verschiedene Symbole dargestellt werden können. Zur Kodierung von N Symbolen ist also ein k zu bestimmen, so daß gilt $N \leq 2^k$. Daraus ergibt sich folgender Minimalwert für k: $k = \lceil \log_2 N \rceil$. Entspricht jedem der 2^k Kodewörter ein Quellsymbol, so spricht man von einem n i c h t r e d u n d a n - t e n K o d e.

Betrachten wir im folgenden einige Beispiele für gleichmäßige Kodes, die in digitalen Rechenanlagen verwendet werden.

Beispiel 1.1 Zur Kodierung der zehn Dezimalziffern benötigt man gemäß den obigen Betrachtungen einen Kode der Länge 4. Bild 1.2 zeigt ein Beispiel für einen möglichen Kode.

Beispiel 1.2 Bei der Darstellung von ganzen oder gebrochenen Zahlen wird eine Kode benutzt, dessen Länge sich an der Länge eines Hauptspeicherwortes orientiert. Für einen sog. n-Bit-Rechner, d.h. einen Rechner mit einer n-Bit langen Hauptspeicherzelle, ist beispielsweise folgende Kodierung f für ganze Zahlen gebräuchlich:

$$f: a \in \{z \in \mathbf{Z}: -2^{n-1} \leq z \leq 2^{n-1}-1\} \rightarrow a_{n-1}a_{n-2}\cdots a_1 a_0$$

$$\text{mit } a = \sum_{i=o}^{n-2} a_i 2^i - a_{n-1} 2^{n-1} \quad, \quad a_i \in \{o,1\}$$

Hierbei wird von einer Darstellung negativer Zahlen im 2-Komplement
ausgegangen.

dezimal	binär
0	0000
1	0001
2	0010
3	0011
4	0100
5	0101
6	0110
7	0111
8	1000
9	1001
	1010
	1011
ungebrauchte	1100
Kodeworte	1101
	1110
	1111

Bild 1.2: BCD - Kode

Will man ganz allgemein Texte darstellen, so benötigt man einen
Zeichensatz, der neben Ziffern auch Buchstaben, Sonderzeichen und
Steuerzeichen (bezogen auf verschiedene Arten von Nachrichtenstationen) zur Strukturierung eines Textes enthält. Die Kodes für derartige Zeichensätze nennt man a l p h a n u m e r i s c h e
K o d e s. Da der Umfang der Zeichensätze für bestimmte Anwendungsgebiete ziemlich genau abgegrenzt werden kann, hat man in internationalen Normungsausschüssen die Kodierung für verschiedene Zeichensätze festgelegt. Auf diese Weise ist ein Nachrichtenaustausch
unabhängig vom speziellen Typ der Nachrichtenstation möglich.

In Bild 1.3 wird ein derartiger normierter Kode, der ASCII-Kode
(American Standard Code for Information Interchange), vorgestellt.
Das deutsche Äquivalent dazu ist in der DIN-Norm 66003 [15] ent-
halten.

Ungleichmäßige Kodes. Als Gegenstück zu gleichmäßigen Kodes gibt es
ungleichmäßige Kodes, bei denen die einzelnen Kodewörter unterschiedliche Länge haben können (z.B. Morse-Kode). Da derartige Kodes innerhalb digitaler Rechenanlagen praktisch keine Rolle spie-
len, wollen wir uns hier mit dem Hinweis begnügen, daß ausführliche
Darstellungen in Büchern über Kodierungstheorie zu finden sind
([18],[25],[32]).

				0	0	0	0	1	1	1	1
				0	0	1	1	0	0	1	1
				0	1	0	1	0	1	0	1
0	0	0	0	NUL	DLE	SP	0	@	P	`	p
0	0	0	1	SOH	DC1	!	1	A	Q	a	q
0	0	1	0	STX	DC2	"	2	B	R	b	r
0	0	1	1	ETX	DC3	#	3	C	S	c	s
0	1	0	0	EOT	DC4	$	4	D	T	d	t
0	1	0	1	ENQ	NAK	%	5	E	U	e	u
0	1	1	0	ACK	SYN	&	6	F	V	f	v
0	1	1	1	BEL	ETB	'	7	G	W	g	w
1	0	0	0	BS	CAN	(	8	H	X	h	x
1	0	0	1	HT	EM	)	9	I	Y	i	y
1	0	1	0	LF	SUB	*	:	J	Z	j	z
1	0	1	1	VT	ESC	+	;	K	[	k	{
1	1	0	0	FF	FS	,	<	L	\	l		
1	1	0	1	CR	GS	-	=	M	]	m	}
1	1	1	0	SO	RS	.	>	N	^	n	~
1	1	1	1	SI	US	/	?	O	_	o	DEL

Bedeutung der Steuerzeichen:

NUL   Null (Nil)
SOH   Start of Heading (Anfang des Kopfes)
STX   Start of Text (Anfang des Textes)
ETX   End of Text (Ende des Textes)
EOT   End of Transmission (Ende der Übertragung)
ENQ   Enquiry (Stationsaufforderung)
ACK   Acknowledge (Positive Rückmeldung)
BEL   Bell (Klingel)
BS   Backspace (Rückwärtsschritt)
HT   Horizontal Tabulation (Horizontal-Tabulator)
LF   Line Feed (Zeilenvorschub)
VT   Vertical Tabulation (Vertikal-Tabulator)
FF   Form Feed (Formularvorschub)
CR   Carriage Return (Wagenrücklauf)
SO   Shift-out (Dauerumschaltung)
SI   Shift-in (Rückschaltung)
DLE   Data Link Escape (Datenübertragungsumschaltung)
DC1 ⎫
DC2 ⎬ Device Control (Gerätesteuerung)
DC3 ⎪ [Bedeutung muß extra vereinbart werden]
DC4 ⎭
NAK   Negative Acknowledge (Negative Rückmeldung)
SYN   Synchronous Idle (Synchronisierung)
ETB   End of Transmission Block (Ende d. Datenübertragungsblockes)
CAN   Cancel (Ungültig)
EM   End of Medium (Ende der Aufzeichnung)
SUB   Substitute Character (Substitution)
ESC   Escape (Umschaltung)
FS   File Separator (Hauptgruppentrennung)
GS   Group Separator (Gruppentrennung)
RS   Record Separator (Untergruppentrennung)
US   Unit Separator (Teilgruppentrennung)
SP   Space (Zwischenraum)
DEL   Delete (Löschen)

Bild 1.3: ASCII - Kode

1.1.2 <u>Kanalkodierung mit Fehlererkennung und -korrektur</u>

Beim Austausch von Nachrichten über einen Nachrichtenkanal können
Störeinflüsse zu einer Veränderung einzelner Symbole führen. Da wir
bei der Darstellung der Symbole einen Binärkode zugrunde legen, bedeutet dies, daß einzelne Binärstellen eines Kodewortes verändert
werden können. Betrachten wir die Kodes aus Beispiel 1.2 und Beispiel 1.3, so sehen wir, daß die Veränderung einer einzigen Stelle
den Übergang zu einem anderen gültigen Kodewort darstellt. Ein
Übertragungsfehler kann also bei diesen Kodes nicht festgestellt
werden. Etwas anders sieht es beim Kode in Beispiel 1.1 aus. Hier
kann ein Fehler erkannt werden, wenn dieser den Übergang zu einem
nicht benutzten Kodewort zur Folge hat, d.h. die Redundanz dieses
Kodes macht das Erkennen bestimmter Fehler möglich.

Will man also Fehler auf der Empfängerseite des einen Nachrichten-
kanals erkennen oder sogar korrigieren, so ist das Zufügen von Redundanz auf der Senderseite notwendig. Das bedeutet, daß man von
einer Quellkodierung übergeht zu einer K a n a l k o d i e r u n g.
Den resultierenden Kode bezeichnen wir als (n,k)-Kode, wobei n die
Gesamtlänge der Kodewörter und k die Länge der Quellkodewörter bezeichnet. Die Struktur derartiger Kodes, die man als f e h l e r -
e r k e n n e n d e und f e h l e r k o r r i g i e r e n d e
K o d e s bezeichnet, soll im nachfolgenden näher betrachtet werden.

Unter der D i s t a n z d (Hamming-Distanz) zweier Kodewörter eines
Kodes versteht man die Anzahl von Stellen, in denen sich beide unterscheiden.

Die D i s t a n z D eines Kodes wird dann als das Minimum der Di-
stanzen aller Kodewörter definiert. Für die Beispiele 1.1 bis 1.3
gilt: D=1

Soll ein Kode die Eigenschaft haben, daß jede Veränderung einer
einzigen Stelle erkannt werden kann, so muß seine Distanz mindestens D=2 betragen.

<u>Beispiel 1.3</u> Eine häufig benutzte Methode, aus einem Kode mit D=1
einen redundanten Kode mit D=2 zu konstruieren, besteht im Hinzu-
fügen eines sog. Paritätsbits. Dies wird so gewählt, daß die Summe
aller Einsen in jedem Kodewort entweder gerade (gerade Parität)
oder ungerade (ungerade Parität) ist. Bild 1.4 zeigt den Kode aus

Beispiel 1.1 mit gerader Parität, d.h. als (5,4)-kode.

dezimal	binär
0	0 0000
1	1 0001
2	1 0010
3	0 0011
4	1 0100
5	0 0101
6	0 0110
7	1 0111
8	1 1000
9	0 1001

Bild 1.4: BCD-Kode mit gerader Parität

Wird bei einem Kode mit der Distanz D=3 eine einzelne Stelle verändert, so hat das resultierende falsche Kodewort von dem richtigen die Distanz d=1. Von allen anderen Kodewörtern hat es aber mindestens die Distanz d=2. Ein derartiger Kode würde demnach die Korrektur einzelner Fehler ermöglichen.

Die an Beispielen verdeutlichten Beziehungen zwischen der Distanz eines Kodes und der Eigenschaft, Fehler erkennen oder korrigieren zu können, sind im folgenden allgemeingültig formuliert.

Sei E die Anzahl von Fehlern, die erkannt werden können, dann gilt:

$$E \le D-1 \ . \tag{1.1}$$

Für die Anzahl von Fehlern K, die korrigiert werden können, gilt:

$$K \le \frac{D-1}{2} \ , \text{ wenn D ungerade und}$$

$$K \le \frac{D-2}{2} \ , \text{ wenn D gerade.} \tag{1.2}$$

Zwischen D, E und K gilt die Beziehung:

$$D-1 \le E+K \quad \text{mit} \quad E \ge K \ . \tag{1.3}$$

Aus (1.3) ergeben sich die Angaben in Bild 1.5.

Es erhebt sich nun natürlich die Frage, wie man fehlererkennende und fehlerkorrigierende Kodes konstruieren kann. Der interessierte Leser kann eine Antwort hierauf im Anhang finden, wo einige Klassen von Kodes und ihre Konstruktionsmechanismen betrachtet werden.

D	E	K
1	0	0
2	1	0
3	2 1	0 1
4	3 2	0 1
5	4 3 2	0 1 2

Bild 1.5: Beziehung zwischen Distanz, Fehlererkennung und -korrektur für $D \leq 5$

1.2 Struktur von Kommunikationssystemen

In diesem Abschnitt werden wir uns ausschließlich mit dem struktu-
rellen Aufbau von Nachrichtenkanälen beschäftigen. Dazu führen wir
folgende funktionale Komponenten ein:

- N a c h r i c h t e n l e i t u n g: Unter einer Nachrichtenleitung verstehen wir jede Art von Medium, das zum Transport einer
Nachricht benutzt wird (z.B. Kabel, aber auch Speichermedien).
Der Transport einer Nachricht über eine Leitung verursacht keinerlei Veränderung der Nachricht (abgesehen von physikalisch bedingten Störungen). Als Charakterisierung von Nachrichtenleitungen dienen folgende Begriffe:
-- d u p l e x: es können Nachrichten in beiden Richtungen gleichzeitig übertragen werden,
-- h a l b d u p l e x: Nachrichtenfluß ist in beiden Richtungen
möglich, zu einem Zeitpunkt kann aber nur in einer Richtung
übertragen werden,
-- s i m p l e x: Nachrichten können immer nur in einer Richtung
ausgetauscht werden.
Ferner kann man Nachrichtenleitungen danach unterscheiden, wieviel von einer Nachricht sie gleichzeitig übertragen können. Man
nennt eine Leitung
-- s e r i e l l, wenn nur jeweils eine Stelle eines Kodewortes
übertragen werden kann und
-- p a r a l l e l, wenn ein vollständiges Kodewort mit einem
Male übertragen werden kann.

- N a c h r i c h t e n v e r m i t t l e r: Der Nachrichtenvermittler ist eine spezielle Form von Nachrichtenstation zwischen
dem Sender und dem Empfänger einer Nachricht. Er kann durch Maßnahmen wie
-- Veränderung der Zieladresse (im Sinne einer Vervollständigung)
   oder
-- Auswahl einer geeigneten Nachrichtenleitung aus mehreren möglichen
Einfluß auf den Transport einer Nachricht ausüben.

Der Nachrichtenvermittler ist natürlich über jeweils eine Leitung
mit Nachrichtenstationen bzw. Nachrichtenvermittlern verbunden.

Bezogen auf den Kommunikationswunsch zweier Nachrichtenstationen
kann ein Vermittler nach einer der folgenden Prinzipien arbeiten:

-- L e i t u n g s v e r m i t t l u n g (engl.: circuit
   switching): Der Nachrichtenvermittler realisiert eine Verbindung zwischen der Leitung vom Sender und seiner Leitung zum
   Empfänger der Nachricht. Diese Leitung wird solange aufrecht
   erhalten, bis Sender und Empfänger die Nachricht vollständig
   ausgetauscht haben.

-- N a c h r i c h t e n v e r m i t t l u n g (engl.: message
   switching): Bei diesem Prinzip wird eine Nachricht für den
   Transport in Blöcke zerlegt. Dem ersten Block wird eine für
   die Vermittlung notwendige Beschreibung vorangestellt, die
   u.a. die Angabe von Absender und Empfänger enthält. Die Blöcke
   werden nacheinander an den Nachrichtenvermittler gesendet und
   von diesem zunächst einmal zwischengespeichert. Aufgrund der
   Angaben vor dem ersten Block wählt er einen Übertragungsweg
   zur Zielstation oder zu einem weiteren Nachrichtenvermittler
   aus. Über diesen Weg werden alle empfangenen Blöcke weitergeleitet.

-- P a k e t v e r m i t t l u n g (engl.: packet switching):
   Auch bei diesem Prinzip wird eine Nachricht wieder in Blöcke
   zerlegt, jeder Block erhält allerdings die zur Vermittlung
   notwendige Beschreibung vorangestellt. Das versetzt den Nachrichtenvermittler in die Lage, für jeden Block (jedes Paket)
   den Übertragungsweg neu festzusetzen.

Unter der Struktur eines Kommunikationssystems wollen wir nun den
Aufbau von Nachrichtenkanälen aus Nachrichtenleitungen und -ver-
mittlern verstehen. Um eine Klassifizierung derartiger Systeme vornehmen zu können, werden wir die wichtigsten Merkmale herausarbei-
ten. Für graphische Darstellungen der oben vorgestellten Komponenten wählen wir die in Bild 1.6 gezeigten Symbole.

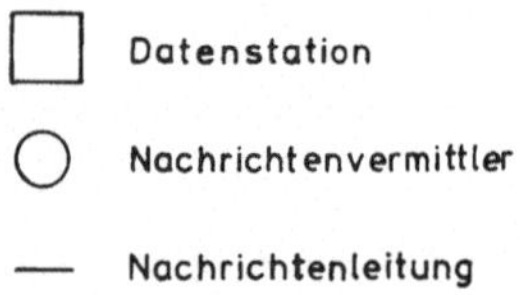

☐ Datenstation

◯ Nachrichtenvermittler

— Nachrichtenleitung

**Bild 1.6: Symbole für die strukturelle Beschreibung
von Kommunikationssystemen**

1.2.1 Kommunikationsstrategien

Das erste Merkmal betrifft die Rolle der Nachrichtenvermittler in
einem Kommunikationssystem. Wir unterscheiden dabei zwei Fälle:

- d i r e k t e   Ü b e r t r a g u n g - Nachrichten werden über
  einen Weg direkt, d.h. ohne Einschaltung eines Vermittlers zwischen Sender- und Empfängerstation ausgetauscht;

- i n d i r e k t e   Ü b e r t r a g u n g - zwischen Sender- und
  Empfängerstation befindet sich mindestens ein Nachrichtenvermittler.

1.2.2 Kommunikationskontrollmethoden

Wenn man über Kontrolle eines Nachrichtenaustausches spricht, muß
man zwei Ebenen unterscheiden, die logische und die physikalische
Ebene. Letztere soll hier außer acht gelassen werden; wir werden in
Abschn. 1.3 auf sie zurückkommen.

Geht man von einer direkten Übertragung aus, stellt sich logisch
gesehen das Problem der Kontrolle nicht, da Sender- und Empfängerstation ohne Einschaltung einer Vermittlungsinstanz miteinander
kommunizieren.

Anders sieht es bei der indirekten Übertragung aus. Bei dieser Methode gibt es ja mindestens einen Nachrichtenvermittler, der gemäß
seiner Definition für das Weiterleiten einer Nachricht gewisse
Funktionen hat. In Abhängigkeit von der Anzahl der beteiligten Ver-

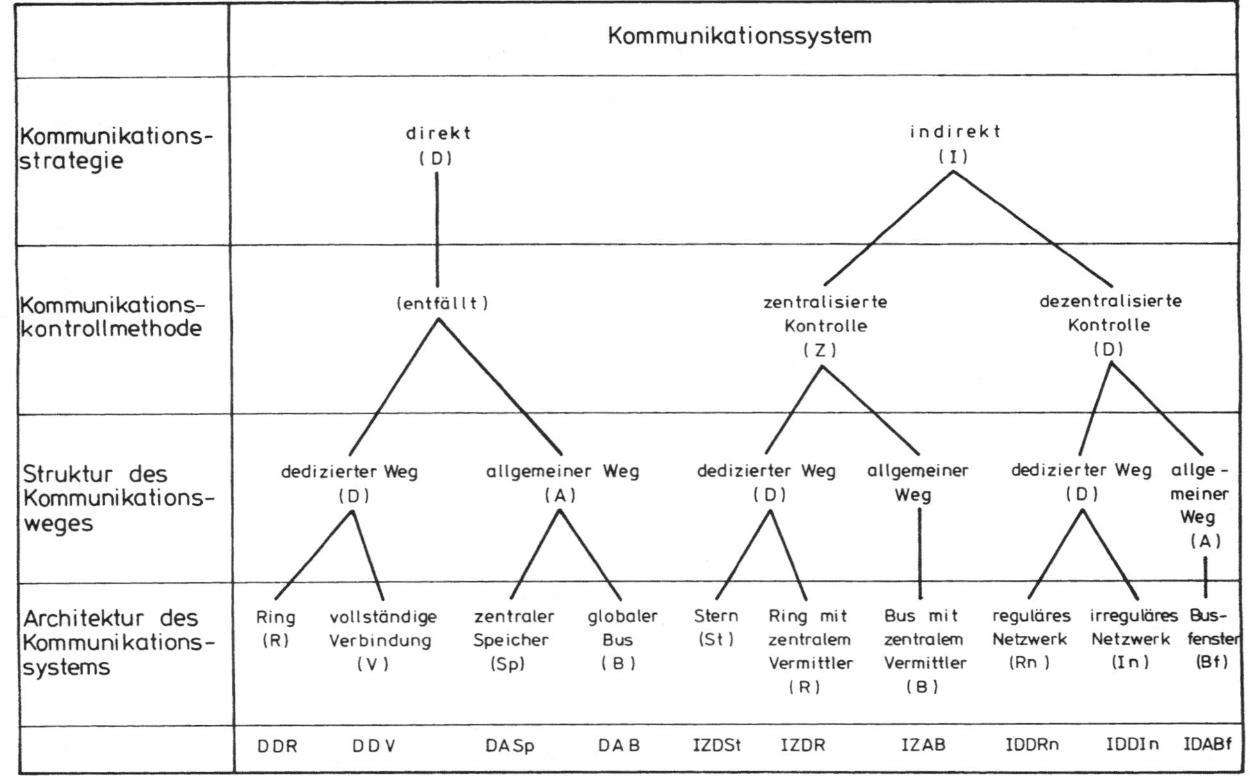

Bild 1.7: Struktur von Kommunikationssystemen

mittler können wir folgende Kontrollmethoden unterscheiden:

- z e n t r a l i s i e r t e   K o n t r o l l e - ein einziger
  Nachrichtenvermittler ist für das Weiterleiten von Nachrichten
  verantwortlich;

- d e z e n t r a l i s i e r t e   K o n t r o l l e - es gibt mehrere unabhängige Nachrichtenvermittler, die Nachrichten weiterleiten.

1.2.3 Struktur von Kommunikationswegen

Nachdem wir uns mit der Rolle der Nachrichtenvermittler beschäftigt
haben, wollen wir untersuchen, welche Form der Nachrichtenleitung
zur Verbindung von Nachrichtenstationen benutzt wird. Wir können
auch hier wieder zwei prinzipielle Strukturen unterscheiden:

- d e d i z i e r t e r   W e g - Nachrichtenleitung, die genau zwei
  Nachrichtenstationen miteinander verbindet;

- a l l g e m e i n e r   W e g - Nachrichtenleitung, die mehr als
  zwei Nachrichtenstationen miteinander verbindet (auch B u s genannt).

Bei dedizierten Wegen findet man sowohl einseitige Ausrichtung des
Nachrichtenflusses (simplex Leitung) als auch eine zweiseitige
(duplex oder halbduplex). Bei allgemeinen Wegen dagegen findet man
in der Regel nur eine zweiseitige Ausrichtung.

1.2.4 Architektur von Kommunikationssystemen

Die in den Abschnitten 1.2.1 bis 1.2.3 untersuchten Merkmale sollen
uns nun als Basis bei der Klassifizierung von Kommunikationssystemen dienen. Alle Merkmale bauen logisch aufeinander auf, was uns zu
dem in Bild 1.7 gezeigten Schema führt.

Zur Abkürzung werden wir im folgenden für die einzelnen Stufen
Großbuchstaben verwenden. Ein kleines "x" soll anzeigen, daß an der
entsprechenden Stelle keine Spezifizierung erfolgt.

i) DD - R i n g: Ein Ring (Bild 1.8) besteht aus einer Anzahl von
Nachrichtenstationen, von denen jede mit zwei Nachbarn verbunden
ist.
Der Nachrichtenaustausch kann prinzipiell in beiden Richtungen
(d.h. mit beiden Nachbarn) erfolgen, in der Praxis sind die Wege

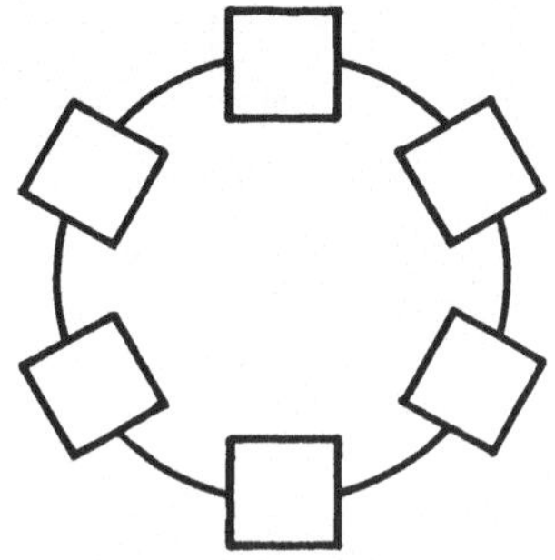

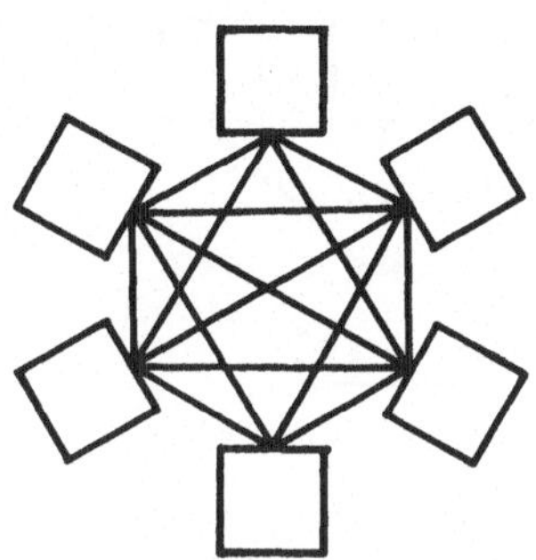

Bild 1.8: DD - Ring   Bild 1.9: DD - vollständige Verbindung

aber meist einseitig ausgerichtet, d.h. ein Nachbar ist immer Sender und einer immer Empfänger.

Nachrichten wandern über den Ring und durchlaufen dabei eventuell mehrere Stationen. Diese haben aber nicht die Funktion von Vermittlern, da sie die Nachrichten nur zwischenpuffern. Sie realisieren vielmehr eine logische Verbindung, ohne daß ihre Existenz aber den Kommunikationspartnern sichtbar wird.

Zu einem Zeitpunkt können sich ein oder auch mehrere Nachrichten auf dem Ring befinden.

Ein großer Nachteil bei Ringsystemen wird deutlich, wenn man die Konsequenzen beim Ausfall eines Weges oder einer Station betrachtet. In diesem Fall fällt ungefähr die Hälfte der logischen Verbindungen aus. Ein Vorteil liegt in der leichten Erweiterbarkeit des Systems.

ii) DD - v o l l s t ä n d i g e   V e r b i n d u n g: Die DDV-Architektur (Bild 1.9) ist die einfachste überhaupt. Jede Station ist mit jeder verbunden, wodurch eine hohe Ausfallsicherheit erreicht wird. Auf der anderen Seite verursacht aber die Erweiterung des Systems sehr große Kosten.

iii) DA - z e n t r a l e r   S p e i c h e r: Eine sehr häufig verwendete Kommunikationsarchitektur zeigt Bild 1.10. Hierbei kommunizieren zwei Nachrichtenstationen dadurch miteinander, daß Nachrichten in einem gemeinsam verfügbaren Speicher abgelegt werden. Der Speicher wird damit also als Weg benutzt.

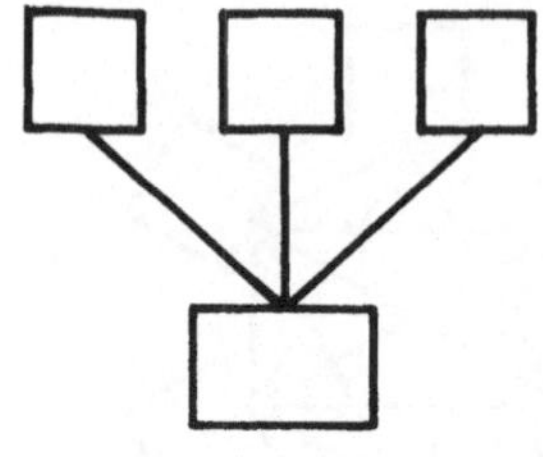

Bild 1.10: DA-zentraler Speicher

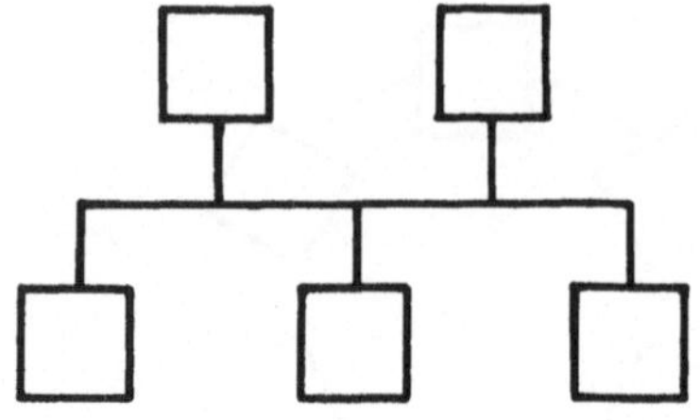

Bild 1.11: DA-globaler Bus

Der Anschluß der Stationen kann entweder direkt an den Speicher erfolgen (sofern genügend Anschlußmöglichkeiten vorhanden sind) oder
über einen gemeinsamen Weg.

iv) DA ¬ g l o b a l e r   B u s: Die DAB-Struktur (Bild 1.11) zeigt
eine Anzahl von Nachrichtenstationen, die über eine gemeinsame
Nachrichtenleitung (auch globaler Bus genannt) miteinander verbunden sind. Der Zugriff auf den Bus wird durch eine spezielle Hardware kontrolliert. Der Nachrichtenaustausch erfolgt nach Zuteilung
des Busses direkt zwischen Sender und Empfänger.

Die Erweiterungsmöglichkeiten für ein derartiges System sind relativ einfach, da jede Station nur an eine einheitliche Schnittstelle
angepaßt werden muß.

Beim Ausfall des Busses bricht natürlich das gesamte Kommunikationssystem zusammen.

v) IZD - S t e r n: Das IZDSt-System (Bild 1.12) besteht aus einem
zentralen Nachrichtenvermittler, an den eine Anzahl von Stationen
angeschlossen sind, jede über eine zweiseitig ausgerichtete Leitung. Jeder Nachrichtenaustausch erfolgt über den Vermittler, wodurch dieser zum neuralgischen Punkt des Systems wird (ähnlich wie
der Bus bei der vorhergehenden Architektur).

vi) IZD - R i n g   m i t   z e n t r a l e m   V e r m i t t l e r:
Die direkten Verbindungen, wie wir sie bei den DDx-Systemen kennen-
gelernt haben, lassen sich indirekt durch IZDSt oder IZDR-Systeme
(Bild 1.13) verwirklichen. Bei letzterem wird eine Nachricht vom
Speicher auf den Ring gebracht, der Vermittler versieht diese mit
der endgültigen Adresse und schickt sie dann über den Ring zum
Empfänger. Der Vorteil gegenüber dem DD-Ring besteht darin, daß der

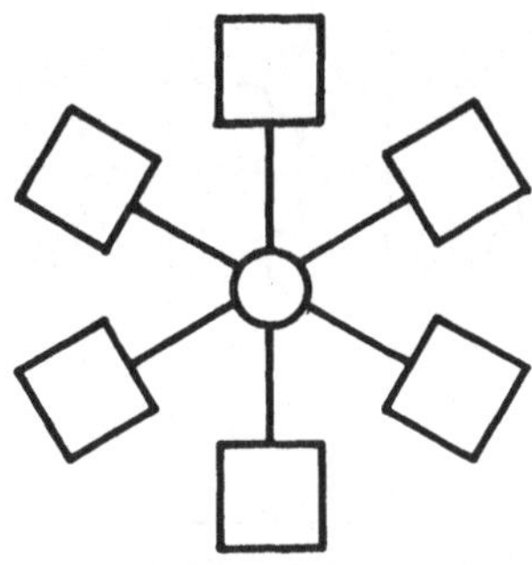

Bild 1.12: IZD-Stern

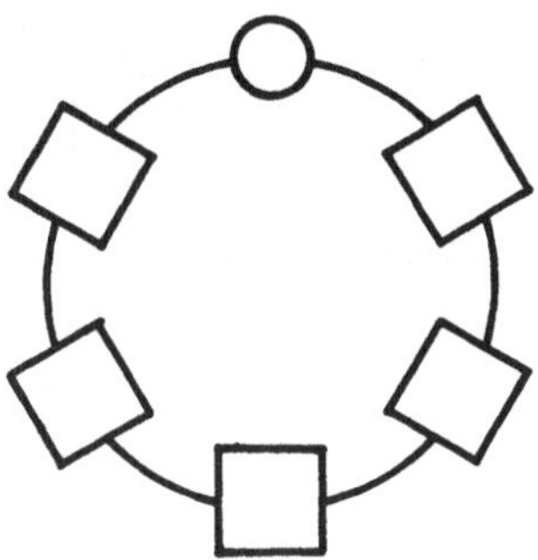

Bild 1.13: IZD-Ring mit zentralem Vermittler

Vermittler erkennen kann, daß der Empfängermodul die Nachricht
nicht abnimmt, weil dieser beispielsweise defekt ist. Die Nachricht
gelangt dann wieder zum Vermittler zurück und er kann sie an den
Sender zurückschicken.

vii) I Z A - B u s   m i t   z e n t r a l e m   V e r m i t t l e r:
Die IZAB-Architektur (Bild 1.14) stimmt funktional mit der des
IZDSt überein. Der einzige Unterschied besteht darin, daß die Stationen nicht individuell mit dem Nachrichtenvermittler verbunden
sind, sondern über eine gemeinsame Nachrichtenleitung. Soll nun
eine Nachricht übermittelt werden, muß die entsprechende Station
zunächst einmal die Erlaubnis zur Benutzung des Busses erhalten.
Ist dies geschehen, geht die Nachricht an den Vermittler, der sie
dann über denselben Bus an den Empfänger schickt.

viii) I D D - r e g u l ä r e s   N e t z w e r k: Das reguläre Netzwerk setzt sich aus einer Reihe von Stationen zusammen, die alle
dieselbe Nachbarschaftsbeziehung haben. Eine Nachricht gelangt
durch Weiterleitung im Netz vom Sender zum Empfänger, wobei jede
eingeschaltete Station entscheidet, zu welchem Nachbarn sie eine
Nachricht weiterreicht. Damit hat jede Station gleichzeitig die
Funktion eines Vermittlers, was in Bild 1.15 entsprechend dargestellt ist.

ix) I D D - i r r e g u l ä r e s   N e t z w e r k: Im Gegensatz zum
IDDRn gibt es beim IDDIn (Bild 1.16) keine symmetrische Beziehung
unter den Stationen. Aus diesem Grunde tauchen wieder Stationen und
Vermittler getrennt auf, wobei letztere aber auch Bestandteil einer
Nachrichtenstation sein können.

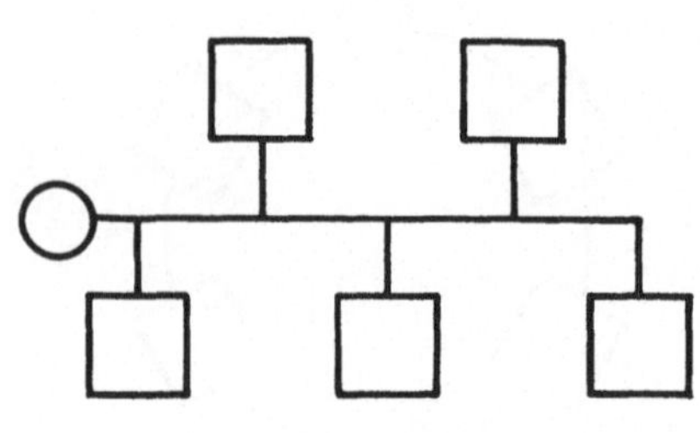

Bild 1.14: IZA-Bus mit zentralem Vermittler

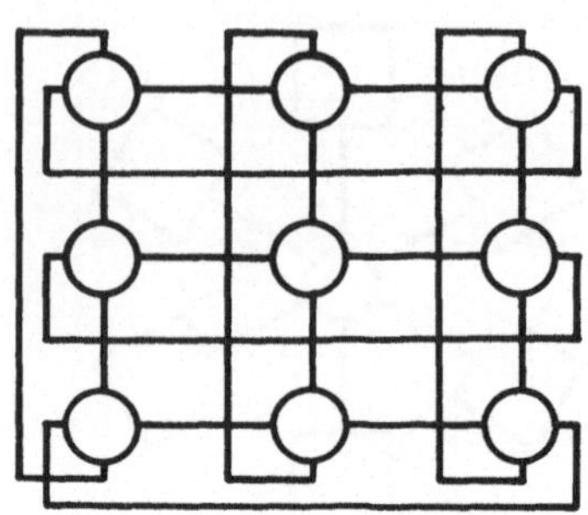

Bild 1.15: IDD-reguläres Netzwerk

x) I D A - B u s-F e n s t e r: Im Gegensatz zum IDDIn erfolgt beim
IDABf (Bild 1.17) der Zugriff mehrerer Nachrichtenstationen zu
einem Vermittler über einen gemeinsamen Bus. Dieser Vermittler sendet die eintreffenden Nachrichten entweder zu einem anderen Nachrichtenvermittler oder zu einer Nachrichtenstation.

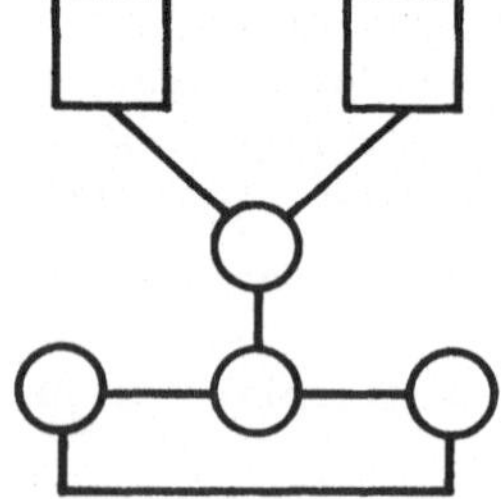

Bild 1.16: IDD-irreguläres Netzwerk

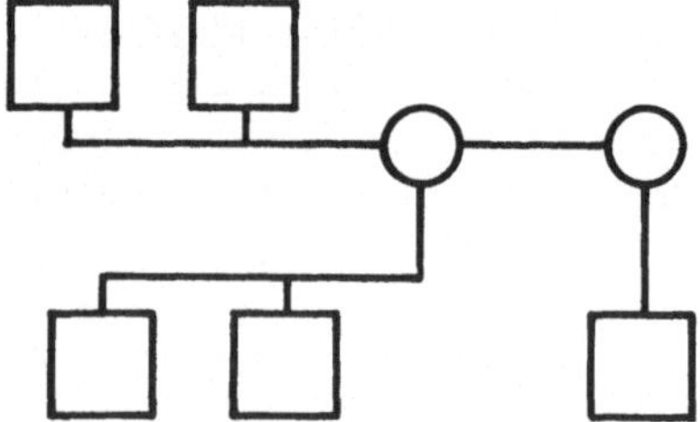

Bild 1.17: IDA - Busfenster

Bei Betrachtung von Bild 1.7 fällt auf, daß noch zwei Architekturen
in das Schema einbezogen werden könnten (eine IZA- und eine IDA-
Architektur). In der Praxis sind derartige Strukturen aber nicht
zu finden, so daß hier auf eine Besprechung verzichtet wurde.

1.3 Schnittstellenprobleme

Die Nachrichten, die zwischen Nachrichtenstationen ausgetauscht
werden, lassen sich in folgende Gruppen aufteilen:

- K o m m a n d o n a c h r i c h t e n, die den Kommunikationswunsch der den Nachrichtenaustausch einleitenden Nachrichtenstation spezifizieren;

- S t a t u s n a c h r i c h t e n, die den Zustand der Nachrichtenstation charakterisieren;

- F e h l e r n a c h r i c h t e n, die sich auf zu übermittelnde
  oder übermittelte Nachrichten beziehen;
- D a t e n, die zur weiteren Bearbeitung in der empfangenden Nachrichtenstation bestimmt sind.

Man kann nun Nachrichtenstationen danach unterscheiden, ob sie für
jede dieser Gruppen eine eigene Eingangs- bzw. Ausgangsleitung haben oder nicht.

Nachrichtenstationen mit einer Leitung für alle Nachrichtengruppen
sind z.B.

>   - Fernschreiber
>   - Bildschirm-Terminals
>   - Matrixdrucker
>   - langsame Zeilendrucker
>   - Lochstreifenleser und -stanzer

Bemerkung: Man spricht bei der Abwicklung von Nachrichtentranspor-
ten zu oder von diesen Nachrichtenstationen auch von Datenfernübertragung, sofern diese Übertragung über eine größere Entfernung erfolgt.

Die oben beschriebenen Nachrichtengruppen sind auf der logischen
Ebene angesiedelt. Wir wollen in diesem Abschnitt Probleme anschei-
den, die sich auf physikalischer Ebene beim Austausch derartiger
Nachrichten ergeben. Dabei ist zu unterscheiden zwischen den Aufgaben der Nachrichtenverarbeitungskomponente und der Nachrichtenübertragungskomponente. Erstere ist an der Steuerung des Verbindungs-
aufbaues beteiligt und für die Steuerung des Nachrichtenaustausches
zwischen den mit ihr verbundenen Nachrichtenstationen verantwortlich. Außerdem leitet sie den Verbindungsabbau ein. Die Nachrichtenübertragungskomponente bringt die von der Nachrichtenverarbeitungskomponente angelieferten Nachrichtensignale in eine für die
Übertragung auf dem angeschlossenen Nachrichtenkanal geeignete Form
oder formt die vom Nachrichtenkanal empfangenen Nachrichtensignale
zur Weitergabe an die Nachrichtenverarbeitungskomponente um. Ferner setzt sie die Steuerbefehle der Nachrichtenverarbeitungskomponente für den Verbindungsauf- und abbau in die entsprechenden Signale für Nachrichtenvermittler oder andere Nachrichtenstationen um
und meldet entsprechend empfangene Befehle an die eigene Nachrichtenverarbeitungskomponente.

An dieser Stelle muß nun eingeschoben werden, daß Nachrichtenübertragungskomponenten nur notwendig sind, wenn die Länge einer Nachrichtenleitung ein bestimmtes Maß überschreitet (dieses variiert
zwischen fünfzehn und mehreren hundert Metern). Ansonsten werden
die Signale der Nachrichtenverarbeitungskomponente direkt an die
entsprechende empfangende Nachrichtenverarbeitungskomponente gegeben.

Ob nun mit oder ohne Nachrichtenübertragungskomponente, die Bedeutung und die elektrischen Eigenschaften der Signale, die von einer
Nachrichtenverarbeitungskomponente ausgehen, sind in jedem Fall genau zu spezifizieren.

1.3.1 Schnittstellenspezifizierung für Nachrichtenverarbeitungs-
komponenten

Bei der Festlegung von Schnittstellen gilt im Grunde genommen ähn-
liches wie bei der Festlegung von Nachrichtenkodes. Man kann für
jede Nachrichtenverarbeitungskomponente eine spezielle Schnittstelle definieren, man kann sich aber andererseits auch auf international festgelegte Schnittstellen beziehen. Letztere haben sich auf
dem Gebiet der Datenfernübertragung bzw. bei bestimmten Arten von
Nachrichtenstationen wie Fernschreiber, Bildschirmgeräten, etc.
weitestgehend durchgesetzt. Dadurch wird eine Entkopplung von
Nachrichtenverarbeitungskomponente und der Form der Nachrichtenübertragung möglich, die wiederum auf der Basis genormter Nachrichtenübertragungskomponenten (Modems) abgewickelt wird. Man kann somit ein Kommunikationssystem aufbauen, das vollkommen unabhängig
von der Art der angeschlossenen Nachrichtenstationen ist.

Zu bemerken ist allerdings, daß nach Kenntnis des Autors derartige
Nachrichtenübertragungskomponenten nur bei zugrundegelegten dedizierten Nachrichtenleitungen Verwendung finden.

Beispiel 1.4 Als Beispiel für eine international festgelegte
Schnittstelle zwischen einer Nachrichtenverarbeitungskomponente und
einer Nachrichtenübertragungskomponente wollen wir die sog. V24-
Schnittstelle betrachten (gewählt wurden hier die deutschen Bezeichnungen gemäß DIN 66020 [16]).

Die Schnittstellenleitungen lassen sich in vier Gruppen aufteilen:
1. Schnittstellenleitungen zur Übergabe von Datensignalen
2. Schnittstellenleitungen zur Übergabe analoger Signale
3. Schnittstellenleitungen zur automatischen Anwahl des Empfängers
   innerhalb eines öffentlichen Fernsprechnetzes

4. weitere Schnittstellenleitungen.

Wir wollen hier nur exemplarisch die Leitungen der ersten Gruppe
auflisten,-damit man einen Eindruck davon bekommt, was sich auf
physikalischer Ebene abspielt, um die Nachrichten in der Form zu
übermitteln, wie wir sie in Abschnitt 1.1 kennengelernt haben.

Leitungen der Gruppe 1:

- Erdleitungen
  E1 : Schutzerde
  E2 : Betriebserde

- Datenleitungen
  D1 : Sendedaten
  D2 : Empfangsdaten

- Steuerleitungen
  S1.1: Übertragungsleitung anschalten
  S1.2: Nachrichtenendeinrichtung betriebsbereit
         (bei uns: Nachrichtenverarbeitungskomponente)
  S2 : Sendeteil einschalten
  S3 : Alle Frequenzgruppen verwenden
  S4 : Hohe Übertragungsgeschwindigkeit einschalten
  S5 : Hohe Sendefrequenzlage einschalten
  S6 : Niedrige Sendefrequenzlage einschalten
  S7 : Empfangsdaten abrufen
  S8 : Ersatzbetrieb einschalten
  S9 : Bestätigungston senden
  S10 : Datenbetrieb ablösen
  S11 : Empfangsteil einschalten

- Meldeleitungen
  M1 : Betriebsbereitschaft
  M2 : Sendebereitschaft
  M3 : Ankommender Ruf
  M4 : Hohe Übertragungsgeschwindigkeit
  M5 : Empfangssignalpegel
  M6 : Empfangsgüte
  M7 : Empfangsdaten-Kennzeichnung
  M8 : Ersatzbetrieb

- Taktleitungen
  T1 : Sendeschrittakt
  T2 : Sendeschrittakt
  T3 : Empfangsschrittakt
  T4 : Empfangsschrittakt
  T5 : Empfangsseitige Abtastmarkierung.

Ist die Spannung eines Signals auf einer Datenleitung gegenüber
Leitung E2 im Betrag größer als 3V und

a) negativ, so herrscht der Signalzustand "Eins",
b) positiv, so herrscht der Signalzustand "Null".

Im Übertragungsbereich von +3V bis -3V ist der Signalzustand unde-
finiert.

Ist die Spannung eines Signals auf einer Steuer- oder Meldeleitung
gegenüber E2 im Betrag größer als 3V und

a) negativ, so herrscht der Aus-Zustand,

b) positiv, so herrscht der Ein-Zustand.

Es sei an dieser Stelle darauf hingewiesen, daß lediglich die beiden Datenleitungen zur (seriellen) Übermittlung der eingangs angegebenen Nachrichtengruppen dienen.

Bei Nachrichtenstationen, deren Schnittstelle keiner internationalen Norm entspricht, hat eine individuelle Anpassung an eine Nachrichtenübertragungskomponente oder einen -kanal zu erfolgen. Beispiele für derartige Fälle sind u.a. bei Ein/Ausgabe-Kanälen (vgl. Kap. 5) zu finden.

1.3.2 Physikalische Kontrolle allgemeiner Kommunikationswege

Wird ein Nachrichtenkanal in Form eines dedizierten Nachrichtenweges realisiert, so kann unmittelbar zwischen Sender- und Empfängerstation (kann auch Vermittler sein) eine Verständigung über den Austausch von Nachrichten herbeigeführt werden. Bei allgemeinen Wegen dagegen ist ein aufwendigeres Kontrollsystem notwendig. Prinzipiell lassen sich für ein solches System zwei Entwurfsphilosophien anwenden:

- z e n t r a l i s i e r t e   K o n t r o l l e   und
- d e z e n t r a l i s i e r t e   K o n t r o l l e.

Diese beiden Prinzipien der physikalischen Kontrolle sind nicht zu verwechseln mit den logischen Kommunikationskontrollmethoden aus Abschn. 1.2.

Zentralisierte Kontrolle. Bei der zentralisierten Kontrolle gibt es eine einzige Hardware-Einrichtung, um die Benutzung des allgemeinen Nachrichtenweges zu regeln. Ihr Aufbau kann dazu nach einer der drei nachfolgend beschriebenen Formen erfolgen.

- L i n e a r e   V e r k e t t u n g (engl.: daisy chaining): Jede Nachrichtenstation kann bei diesem Schema (Bild 1.18) eine Belegungsanforderung über die gemeinsame Leitung "Leitungsanforderung" stellen. Beim Empfang eines derartigen Signals schickt die Kontrolle ein "Leitung verfügbar"-Signal. Gelangt dieses Signal in eine Nachrichtenstation, die eine Anforderung gestellt hat, so blockiert diese durch ein "Leitung belegt"-Signal die Arbeit der Kontrolle, bis sie den gewünschten Nachrichtenaustausch abgewickelt hat.

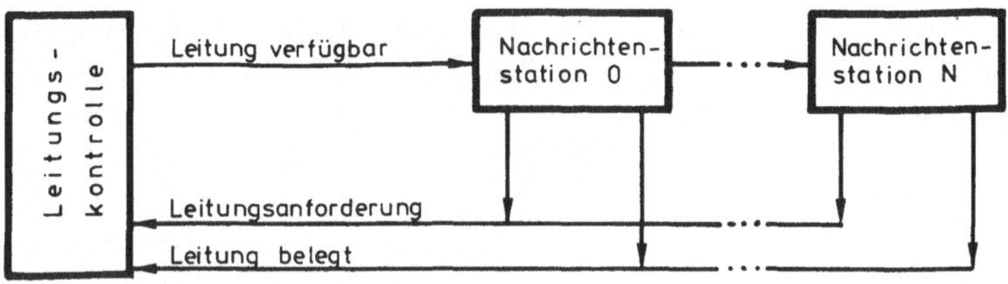

Bild 1.18: Zentralisierte Leitungskontrolle - Lineare Verkettung

Vorteile dieses Schemas:
-- einfaches Schema,
-- leichte Erweiterbarkeit.

Nachteile dieses Schemas:
-- Fehleranfälligkeit bei Ausfall einer Nachrichtenstation,
-- festes Prioritätsschema,
-- evtl. lange Signallaufzeiten.

- A b f r a g e s y s t e m (engl.: polling): Wie im Fall der linearen Verkettung kann bei diesem Schema auch jede Nachrichtenstation ein Anforderungssignal zur zentralen Kontrolle schicken
(Bild 1.19). Diese fragt dann die Stationen der Reihe nach ab, um
die anfordernde herauszufinden. Das Abfragen wird durch einen
Zähler realisiert, dessen aktueller Stand über die Abfrageleitung
an alle Stationen gesendet wird. Entspricht der Zählerstand der
Nummer der anfragenden Station, so sendet diese ein "Leitung belegt"-Signal. Ist nach Beendigung der Nachrichtenübertragung ein
weiteres Anforderungssignal vorhanden, so kann die Kontrolle entweder die Abfrage wieder von vorne beginnen oder mit dem letzten
Zählerstand fortfahren.

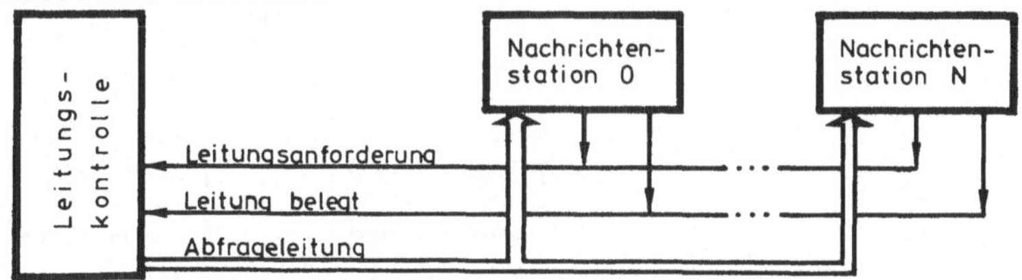

Bild 1.19: Zentralisierte Leitungskontrolle - Abfragesystem mit globalem Zähler

Vorteile dieses Schemas:
-- kleinere Fehleranfälligkeit im Vergleich zum ersten Schema,
-- kein festes Prioritätsschema.

Nachteil dieses Schemas:
-- Erweiterung mit Schwierigkeiten verbunden, wegen der vom technischen her beschränkten Anzahl der Abfrageleitungen.

Das Abfragesystem läßt sich von der Anzahl der angeschlossenen Stationen unabhängig machen, indem man den Zähler in jede Station integriert. Die Aufgabe der Kontrolle besteht dann nur noch darin, einen Zählimpuls auszusenden, solange kein "Leitung belegt"-Signal vorliegt (Bild 1.20). Die Bedienung der einzelnen Stationen unterliegt keinem starren Prioritätsschema, es lassen sich sogar variable Prioritäten realisieren, indem man die Nummern der Stationen dynamisch verändert.

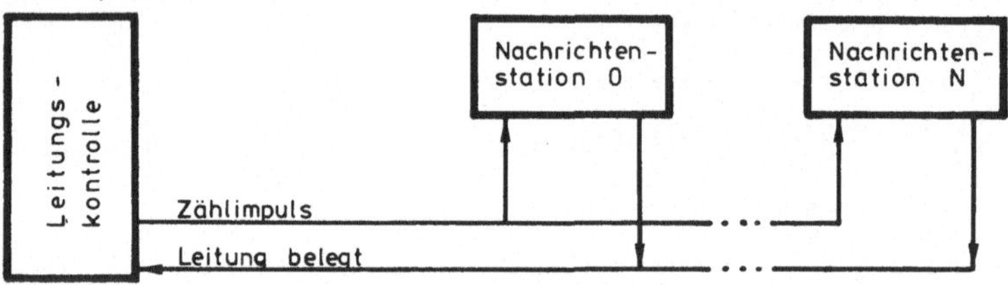

Bild 1.20: Zentralisierte Leitungskontrolle -Abfragesystem mit lokalen Zählern

- **U n a b h ä n g i g e   A n f r a g e n** (engl.: independent requests): Jede Nachrichtenstation verfügt über eine eigene Anforderungs- und Zuteilungsleitung. Beim Empfang von Anforderungssignalen wählt die Leitungskontrolle nach irgendeinem Prioritätsschema eine Nachrichtenstation aus und sendet dieser ein Zuteilungssignal, worauf die entsprechende Station ein "Leitung belegt"-Signal sendet, um den anderen Stationen anzuzeigen, daß die Leitung nicht zur Verfügung steht. Nach Abschluß des Nachrichtentransportes wird das Belegt-Signal wieder gelöscht und die Kontrolle löscht daraufhin das Zuteilungssignal und wählt dann gegebenenfalls eine andere Nachrichtenstation aus.

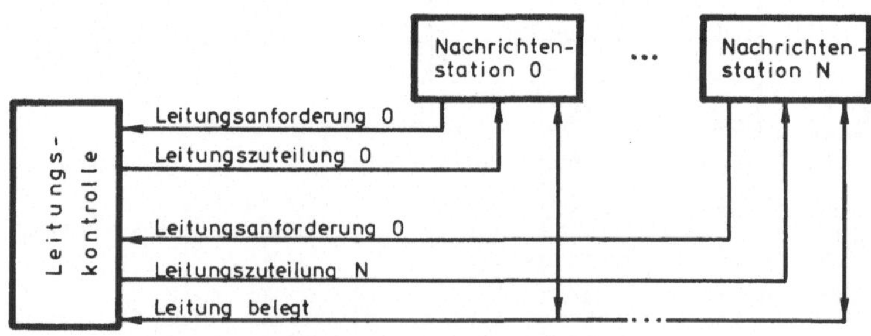

Bild 1.21: Zentralisierte Kontrolle - unabhängige Anfragen

Vorteile dieses Schemas:
-- geringere Zuteilungszeit gegenüber den beiden ersten Methoden,
-- freie Auswahlmöglichkeit unter den angeschlossenen Stationen.

Nachteile dieses Schemas:
-- große Anzahl von Verbindungsleitungen,
-- komplexe Leitungskontrolle.

Dezentralisierte Kontrolle. Bei allgemeinen Wegen mit dezentrali-
sierter Kontrolle verteilt sich die Kontrolle auf die angeschlossenen Nachrichtenstationen. Wieder lassen sich die drei Strukturen
des ersten Falles erkennen.

- L i n e a r e   V e r k e t t u n g: Die dezentralisierte Version
der linearen Verkettung erhält man aus der zentralisierten, indem
man die Belegungsleitung wegfallen läßt und die Anforderungsleitung mit der von der Kontrolle ausgehenden "Verfügbar"-Leitung
verbindet (Bild 1.22).

Eine Station kann die Leitung belegen, wenn sie von ihrer Nach-
barstation ein "Leitung verfügbar"-Signal erhält. In diesem Falle
sperrt sie die anderen Stationen durch Senden eines Anforderungs-
signals. Dieses Signal wird nach Beendigung des Nachrichtentrans-
ports gelöscht und das "Leitung verfügbar"-Signal an die Nachbar-
station weitergegeben. Auf diese Art und Weise wird eine zyklische Zuteilung der Nachrichtenleitung erreicht.

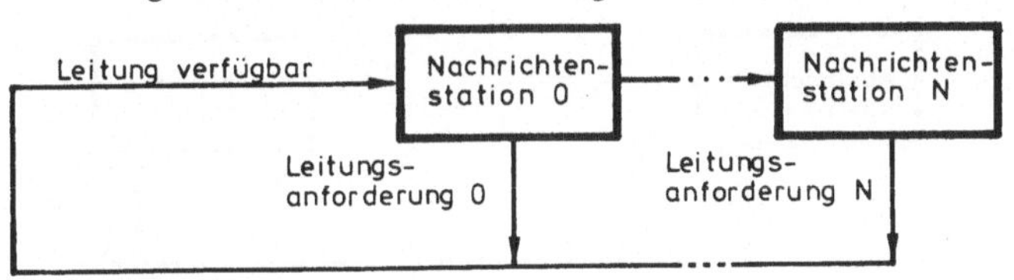

Bild 1.22: Dezentralisierte Kontrolle - lineare Verkettung

- A b f r a g e s y s t e m: Bei Initialisierung des Kommunikationssystems erhält eine Station die Nachrichtenleitung zugeteilt. Wenn sie diese nicht mehr benötigt, schickt sie ein "Leitung verfügbar"-Signal und einen Abfragekode über die entsprechenden Leitungen (Bild 1.23). Benötigt die angesprochene Station
die Nachrichtenleitung, so schickt sie ein "Leitung akzeptiert"-
Signal und übernimmt die Kontrolle, andernfalls erfolgt keine
Reaktion. In diesem Fall ändert die Station, die die Kontrolle
ausübt, den Abfragekode.

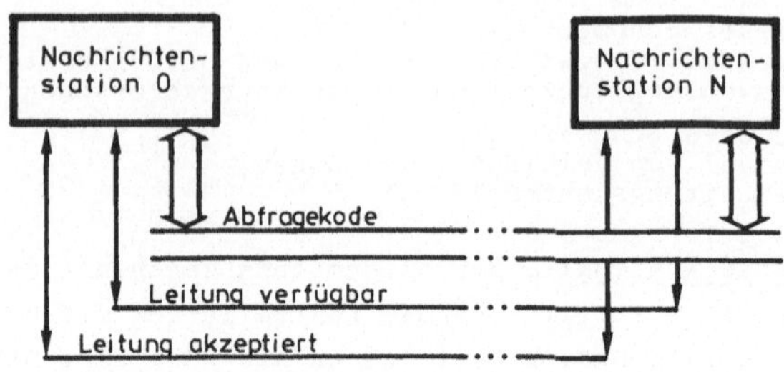

Bild 1.23: Dezentralisierte Kontrolle - Abfragesystem

Vorteil dieses Schemas:
-- ausfallsicheres System.

Nachteil dieses Schemas:
-- großer Hardwareaufwand, da N-mal die Kontrolle vorhanden sein
   muß.

- U n a b h ä n g i g e   A n f r a g e n: Jede Station, die die
  Nachrichtenleitung belegen möchte, schickt bei diesem Schema ihre
  Priorität auf die Anforderungsleitung (Bild 1.24). Sobald die be-
  legende Station das Signal "Leitungszuweisung" aufhebt, kontrollieren sämtliche anfragenden Stationen die anstehenden Prioritäten. Diejenige Station, die feststellt, daß sie selbst die
  höchste Priorität hat, erhält die Kontrolle, indem sie ein "Leitungszuweisung"-Signal sendet.

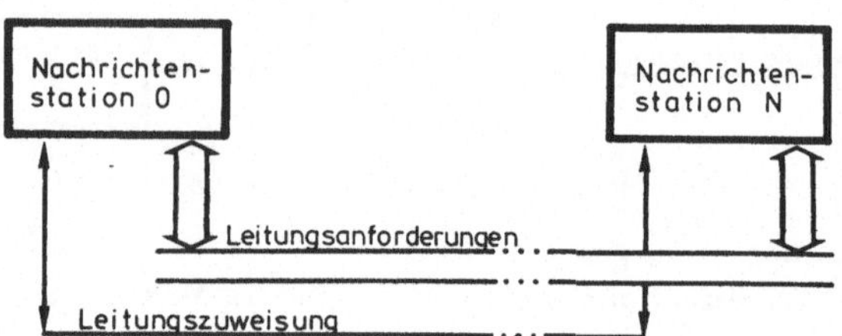

Bild 1.24: Dezentralisierte Kontrolle - unabhängige Anfragen

Vorteile dieses Schemas:
-- weniger Hardwareaufwand in jeder Station gegenüber der zentralisierten Form,
-- ausfallsicherer.

Nachteil dieses Schemas:
-- größere Anzahl an Leitungen gegenüber der zentralisierten
   Form.

1.4 Kommunikationsprotokolle

Nachdem wir nun die Komponenten und den Aufbau von Kommunikationssystemen kennengelernt haben, wollen wir uns der letzten, eingangs
gestellten Frage zuwenden, nach welchen Regeln sich nämlich der
Nachrichtenaustausch zwischen Nachrichtenstationen vollzieht. Diese
Regeln bedürfen der exakten Festlegung zwischen kommunizierenden
Stationen, was in einem K o m m u n i k a t i o n s p r o t o -
k o l l geschieht.

Das Kommunikationsprotokoll beinhaltet zunächst einmal die Spezifizierung der Struktur des Kommunikationssystems und der verwendeten Nachrichtenleitungen. Daraus resultiert dann die Festlegung der
physikalischen Schnittstelle der miteinander verbundenen Nachrichtenstationen.

Die weiteren Punkte des Protokolls sollen im nachfolgenden näher
betrachtet werden.

1.4.1 Kodes
Von Abschn. 1.1 her wissen wir, daß es sowohl eine Quellkodierung
als auch eine Kanalkodierung für Nachrichten gibt. Beide Kodierungs-
arten und damit auch die Methode der Fehlererkennung und -korrektur
sind im Kommunikationsprotokoll festzulegen. Dabei kann das Problem
auftauchen, daß die Quellkodes in Sender- und Empfängerstation verschieden sind. In diesem Fall muß eine Station ausgezeichnet werden, die eine entsprechende Umkodierung entweder vor dem Absenden
oder nach dem Empfangen der Nachricht vorzunehmen hat.

1.4.2 Übertragungstechniken
Die Worte einer Nachricht werden von der Nachrichtenverarbeitungskomponente bzw. der Nachrichtenübertragungskomponente über eine
serielle oder parallele Leitung (vgl. Abschn. 1.2) an die Empfängerstation gesendet, und zwar in einem bestimmten Zeitraster mit
einer vereinbarten Sendefrequenz. Über dieses Zeitraster muß auch
die Empfangsstation verfügen, damit sie das Wort zum richtigen
Zeitpunkt und damit korrekt übernehmen kann. Das Kommunikationsprotokoll legt fest, im welcher Form der Gleichlauf zwischen Sen-
der- und Empfängerstation hergestellt wird. Wir wollen uns die
beiden existierenden Methoden im Falle einer seriellen Leitung verdeutlichen.

- A s y n c h r o n e   Ü b e r t r a g u n g (Start-Stop-Betrieb):
Bei dieser Übertragungsform wird der Zeitrastergleichlauf jeweils
für die Übertragungsdauer eines Kodewortes hergestellt. Dies geschieht dadurch, daß jedem Kodewort ein oder zwei Startbits vorangestellt werden. Das Ende wird durch Stopbits markiert, die bis
zur Übertragung des nächsten Kodewortes, d.h. bis zum nächsten
Startbit gesendet werden (Bild 1.25).

Bild 1.25: Asynchrone Übertragung

- S y n c h r o n e   Ü b e r t r a g u n g: Bei der synchronen
Übertragung wird der Zeitrastergleichlauf nicht nur für die Übertragungsdauer eines Kodewortes, sondern für die einer ganzen Folge von Kodewörtern aufrecht erhalten. Hergestellt wird der
Gleichlauf durch ein im Quell- oder Kanalkode festgelegtes Syn-
chronisationszeichen (SYN). Der Empfänger kombiniert zu Beginn
der Übertragung jedes neu empfangene Bit mit den vorhergegangenen
N-1 Bit und prüft auf das Vorliegen des Synchronisationszeichens.
Sobald er eines gefunden hat, synchronisiert er sich probeweise
an ihm und prüft auch die folgenden ein bis zwei Zeichen auf SYN.
Ist diese Prüfung erfolgreich, so betrachtet er den Gleichlauf
als hergestellt und erwartet das erste Kodewort ungleich SYN, also den Beginn der zu übermittelnden Nachricht; andernfalls ver-
wirft er das erste gefundene SYN und macht einen neuen Synchro-
nisationsversuch (Bild 1.26).

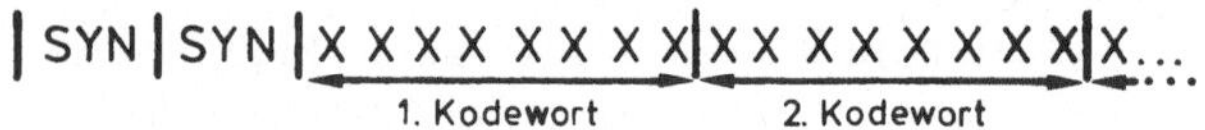

Bild 1.26: Synchrone Übertragung

1.4.3 Nachrichtenstruktur

Ein weiterer Punkt, der im Kommunikationsprotokoll festgelegt wird,
ist die Struktur der Nachricht. Damit ist die Anzahl der Kodeworte
gemeint, aus denen sich eine Nachricht zusammensetzt. Am gebräuchlichsten sind die Formen:

- Die Nachricht besteht nur aus einem Kodewort.

- Die Nachricht umfaßt eine feste Anzahl von Kodewörtern.
- Die Nachricht setzt sich aus beliebig vielen Kodewörtern zusammen.
- Die Nachricht enthält entweder nur ein Kodewort oder eine andere
  feste Anzahl von Kodewörtern.

1.4.4 Kommunikationsprozeduren

Die K o m m u n i k a t i o n s p r o z e d u r e n legen vor dem
bisher erläuterten Hintergrund den exakten Aufbau von Nachrichten
(Syntax) und die Bedeutung der darin enthaltenen Kommando-, Status-
und Fehlernachrichten fest (Semantik). Ferner ist darin enthalten
die Beschreibung der Aufeinanderfolge einzelner Nachrichtenarten.

Kommunikationsprozeduren werden i.a. danach unterschieden, ob sie
die Struktur der miteinander kommunizierenden Nachrichtenstationen
berücksichtigen (Fall A) oder nicht (Fall B). Im Fall A nennt man
die Prozeduren dann G e r ä t e t r e i b e r (engl.: device driver)
und im Fall B D a t e n f e r n ü b e r t r a g u n g s p r o z e -
d u r e n.

Gerätetreiber können aufgrund dieser Begriffsbildung natürlich nicht
allgemein beschrieben werden, wir werden aber in den nachfolgenden
Kapiteln auf sie zurückkommen.

Datenfernübertragungsprozeduren basieren auf der Tatsache, daß für
alle vier Nachrichtengruppen (vgl. Abschn. 1.3) nur eine einzige
Leitung zur Verfügung steht. Sie liegen auf der gleichen Linie wie
standardisierte Kodes und physikalische Schnittstellenspezifika-
tionen, d.h. sie dienen zur Spezifizierung des Nachrichtenaustausches in Kommunikationssystemen, die unabhängig von der Struktur
angeschlossener Nachrichtenstationen sind.

1.4.5 Datenfernübertragungsprozeduren

Datenfernübertragungsprozeduren bedienen sich zur Darstellung von
Nachrichten der international festgelegten Kodes. Die sog. Steuerzeichen dieser Kodes werden bei einigen dieser Prozeduren für Kom-
mando-, Status- und Fehlernachrichten benutzt (vgl. die Steuerzeichen SOH, STX, ETX, ETB, EOT, ENQ, ACK, NAK, SYN und DLE des in
Bild 1.3 vorgestellten ASCII-Kodes, an denen wir uns im folgenden
orientieren wollen).

Die Steuerzeichen erfüllen grundsätzlich zwei Aufgaben. Die eine
Gruppe dient der Strukturierung der Nachricht in Blöcke, die andere
Gruppe dient der Kommunikation zwischen Sender und Empfänger und
steuert die Kontrollübergabe zwischen ihnen.

Der Strukturierung und Blockung der eigentlichen Nachricht dienen
die Zeichen SOH, STX, ETB und ETX. Bild 1.27 zeigt den Aufbau einer
einfachen Nachricht.

Bild 1.27: Struktur einer einfachen Nachricht

Ein Nachrichtenkopf enthält die jeweils benötigten näheren Angaben
zu der übermittelten Nachricht (d.h. Kommando- und Statusnachrichten) z.B.

- Absenderangabe
- Empfängerangabe
- Übermittlungsweg (bei indirekter Übertragung)
- Datum und Zeit des Absendens
- Laufnummer (fortlaufende Nummer der von einer Station gesendeten
  Nachricht, um Lücken durch Fehlerübertragungen oder Nachrichten-
  verlust zu erkennen)
- Art der Nachricht
- Vertraulichkeit
- Dringlichkeit

Soll bzw. muß eine längere Nachricht blockweise übertragen werden,
so werden die einzelnen Blöcke durch ETB voneinander getrennt und
lediglich der letzte durch ETX abgeschlossen.

Das DLE ist speziell als sog. "Fluchtzeichen" vorgesehen, um neue,
im Zeichensatz nicht vorhandene Steuerzeichen durch Kombination mit
einem anderen (Steuer- oder Daten-) Zeichen einführen zu können.
Einige Möglichkeiten sind in Bild 1.28 aufgezeigt.

Kombinierte Steuerzeichen	
DEOT = DLE EOT	Mandatory Disconnection (Erzwingen des Abwurfs)
ACK0 = DLE 0	Alternating Acknowledgements (Sicherung gegen Blockverlust)
ACK1 = DLE 1	
WABT = DLE ?	Wait Before Transmit (Empfänger zeitweilig nicht empfangsfähig)

Bild 1.28: Kombinierte Steuerzeichen

Zu den Kommunikationszeichen gehören auch "Enquire" (ENQ), mit dem eine Station der anderen ihren Wunsch nach Verbindungsaufnahme bekanntgibt, sowie "End of Transmission" (EOT), mit dem die Übertragung abgeschlossen wird.

Man unterscheidet im wesentlichen drei Arten von Datenfernübertragungsprozeduren:

- Einfache Dialogprozeduren für Anfrage-Antwort-Betrieb,
- Gesicherte Stapel- und Dialogprozeduren,
- Prozeduren für schnelle Rechner-Rechner-Kommunikation.

Einfache Dialogprozeduren für Anfrage-Antwort-Betrieb: Bei diesen Prozeduren können nur bestimmte Nachrichtenstationen, nämlich sog. Datenendgeräte wie Bildschirmgeräte, Terminals, Fernschreiber etc. die Initiative zur Kommunikation ergreifen. Die Übertragungstechnik kann sowohl synchron als auch asynchron sein. Nachrichten haben in der Regel das in Bild 1.29 dargestellte Format.

Als Kanalkode sind beliebig genormte Quellkodes zulässig, die um ein BCC (block check charakter) erweitert werden können. Dieses ergibt sich aus der Längsparität (vgl. Anhang) der Quellkodewörter mit Ausnahme des STX.

Der genaue Ablauf einer Nachrichtenübertragungen wird durch ein sog. Z e i t d i a g r a m m dargestellt.

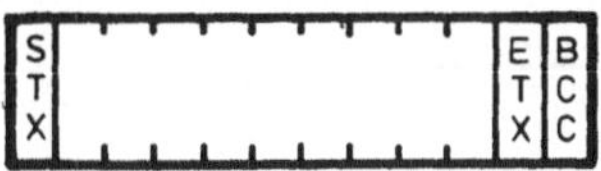

Bild 1.29: Nachrichtenformat der Dialogprozedur
für Anfrage-Antwort-Betrieb

Beispiel 1.5. Wir werden im folgenden eine mögliche Form einer einfachen Dialogprozedur besprechen, deren Zeitdiagramm in Bild 1.30 dargestellt ist.

Die den Dialog beginnende Nachrichtenstation sendet eine Nachricht an die Empfangsstation, die daraufhin eine Antwort zurücksendet. Ist eine Anwort nicht vorgesehen, so kann die Station A die nächste Nachricht übermitteln.

Tritt während der Übertragung ein Fehler auf, so ist im Zeitdiagramm die Reaktion der beteiligten Stationen geregelt. Für den Fall, daß die Nachricht von B nach A fehlerhaft übertragen wird, bleibt es der Station A überlassen, ob sie die vorhergehende Nachricht wiederholt oder die nächste übermittelt. Bei einem Übertragungsfehler in umgekehrter Richtung wird für Fehler in Teil 2 und 3 der Nachricht eine entsprechende Meldung an den Empfänger in Station B gegeben. Station A registriert keinerlei Reaktion bei B und kann dann entweder die alte Nachricht wiederholen oder eine neue übermitteln.

Eine Variante dieser Datenübertragungsprozedur besteht darin, daß Station B zusätzlich Nachrichten an A übertragen kann, die keine Antwort auf Nachrichten von A darstellen. Man spricht in diesem Fall von freilaufender Ausgabe.

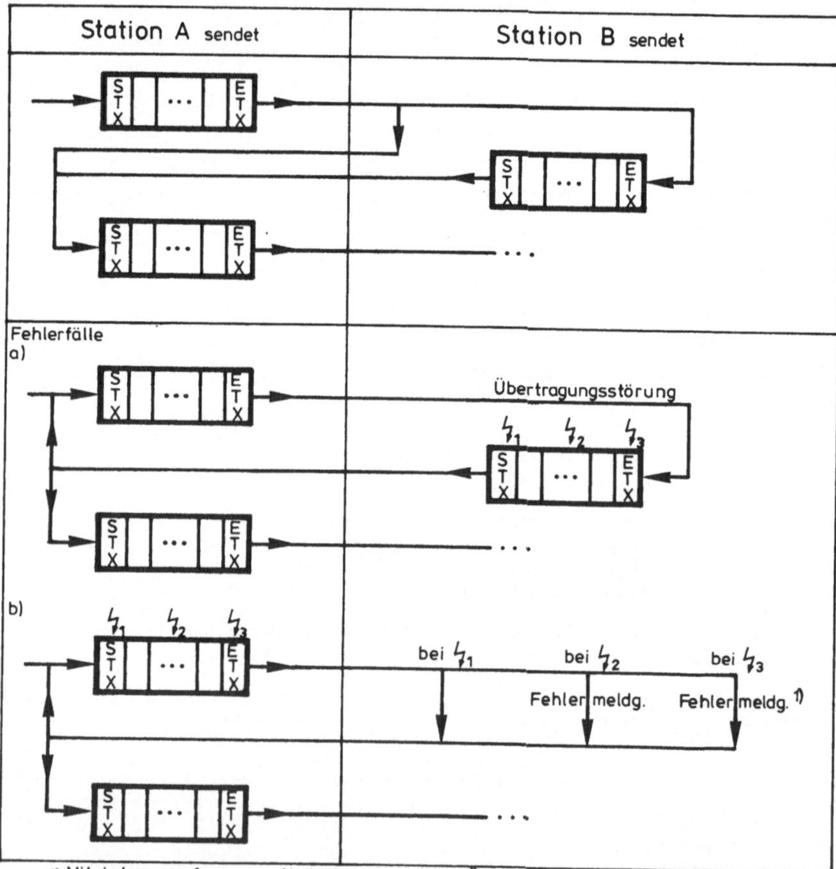

1) Mit jedem empfangenen Kodewort wird eine Überwachungszeit T=25...50 s gesetzt, die nach dem Empfang von ETX zurückgesetzt wird, d.h. die Fehlermeldung für Fall 3 erfolgt erst nach Ablauf von T.

Bild 1.30: Zeitdiagramm der Dialogprozedur für Anfrage-Antwort-Betrieb

Gesicherte_Stapel-_und_Dialogprozeduren: Zur Familie der gesicherten Stapel- und Dialogprozeduren gehören die vier Datenübertragungsprozeduren LSV1, LSV2, MSV1 und MSV2. Die ersten beiden Buchstaben
der Prozedurbezeichnungen charakterisieren die Übertragungsgeschwindigkeit (LS "low speed": Übertragungsgeschwindigkeiten zwischen 200
und 2400 bits/s; MS "medium speed": Übertragungsgeschwindigkeiten
ab 600 bits/s) und zusätzlich die angewandte Übertragungstechnik
(LS: asynchron, MS: synchron).

Bei der Variante 1 (V1) der genannten Prozeduren gibt es eine sog.
L e i t s t a t i o n, die jeden Nachrichtenaustausch initiieren
muß. Bei der Variante 2 (V2) kann jede Nachrichtenstation den Nachrichtenaustausch einleiten. Der Sender wird dann "m a s t e r
s t a t i o n" und der Empfänger "s l a v e s t a t i o n" genannt.
Der wesentliche Unterschied zur vorher beschriebenen Gruppe der
Datenübertragungsprozeduren besteht darin, daß sich Sender und Empfänger das Erhalten von Nachrichten gegenseitig quittieren und zwar
sowohl positiv als auch negativ, was eine automatische Korrektur
von Übertragungsfehlern ermöglicht.

Die Prozeduren gliedern sich in drei Teile:
- Aufforderungsphase
- Textphase und
- Beendigungsphase.

Wir wollen nun die drei Phasen am Beispiel der Variante MSV1 betrachten.

Beispiel 1.6

Aufforderungsphase: Wie bereits oben erläutert, kann nur die Leitstation einen Nachrichtenaustausch einleiten. Dies geschieht dadurch, daß sie Sende- oder Empfangsaufforderungen ("p o l l i n g"
und "s e l e c t i n g") an die untergeordneten Stationen sendet.
Die Auswahl einer bestimmten Station wird durch die in der Aufforderung enthaltenen Adreßzeichen vorgenommen, d.h. eine Unterstation
kann also nur dann eine Nachricht senden, wenn sie beim Empfang
einer Sendeaufforderung ihre Adresse erkennt und damit zur Nachrichtenstation wird. Durch den Empfang von EOT werden die Unterstatio-
nen in Grundstellung und damit in Bereitschaft zum Empfang von
Sende- und Empfangsaufforderungen gebracht.

Textphase: Nach der Auswahl einer Station durch eine Aufforderung
erfolgt die Übertragung der eigentlichen Nachricht. Diese kann in
Blöcke fester Länge zerlegt sein, von denen die (n-1)-ten durch ETB
und der letzte durch ETX abgeschlossen werden. Fehlerfrei übertra-
gene Nachrichtenblöcke werden mit einer positiven Quittung beant-

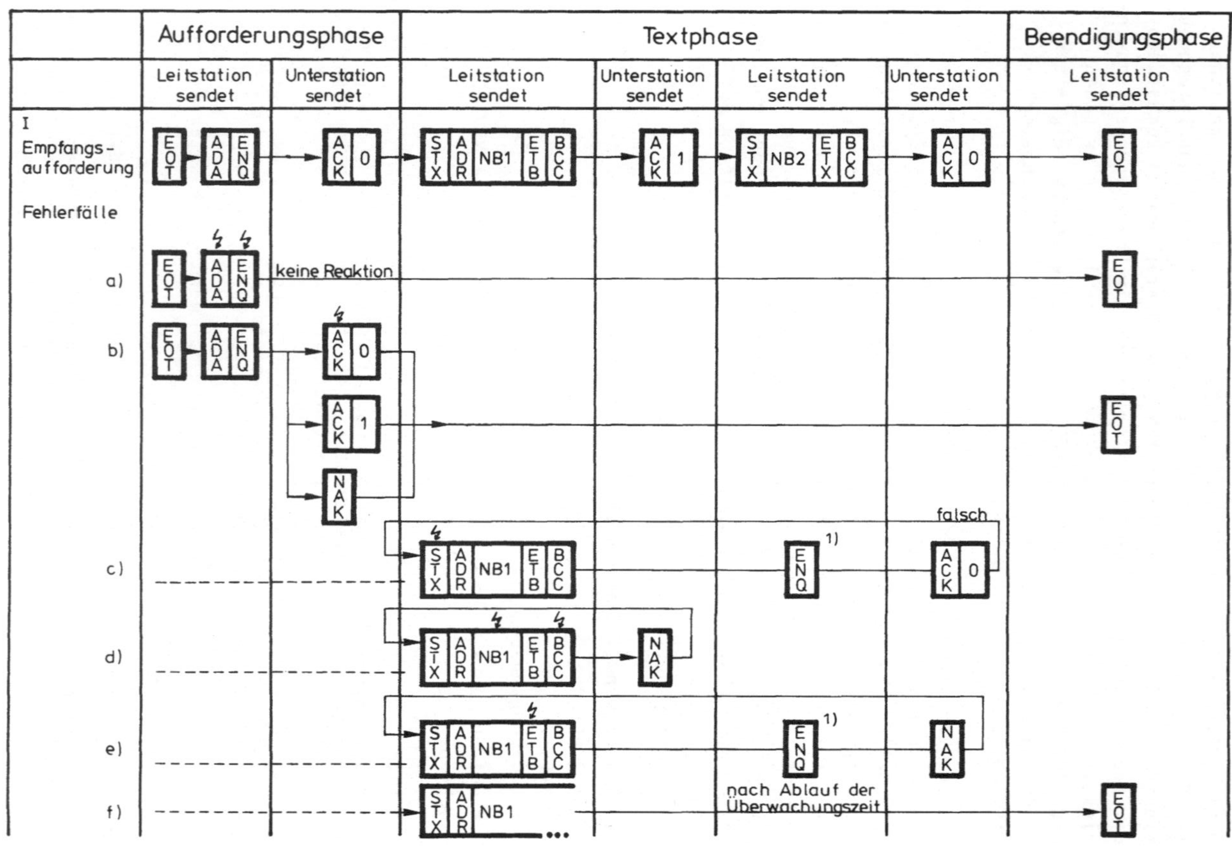

Aufforderungsphase
Textphase
Beendigungsphase
Leitstation sendet
Unterstation sendet
Leitstation sendet
Unterstation sendet
Leitstation sendet
Unterstation sendet
Leitstation sendet
I
Empfangs-aufforderung
Fehlerfälle
EOT
ADA ENQ
ACK 0
STX ADR NB1 ETB BCC
ACK 1
STX NB2 ETX BCC
ACK 0
EOT
a)
EOT
ADA ENQ
keine Reaktion
EOT
b)
EOT
ADA ENQ
ACK 0
ACK 1
NAK
EOT
c)
STX ADR NB1 ETB BCC
ENQ
1)
ACK 0
falsch
d)
STX ADR NB1 ETB BCC
NAK
e)
STX ADR NB1 ETB BCC
ENQ
1)
NAK
f)
STX ADR NB1 ...
nach Ablauf der Überwachungszeit
EOT

	Aufforderungsphase	Textphase					Beendigungsphase	
	Leitstation sendet	Unterstation sendet	Leitstation sendet	Unterstation sendet	Leitstation sendet	Unterstation sendet	Leitstation sendet
II							

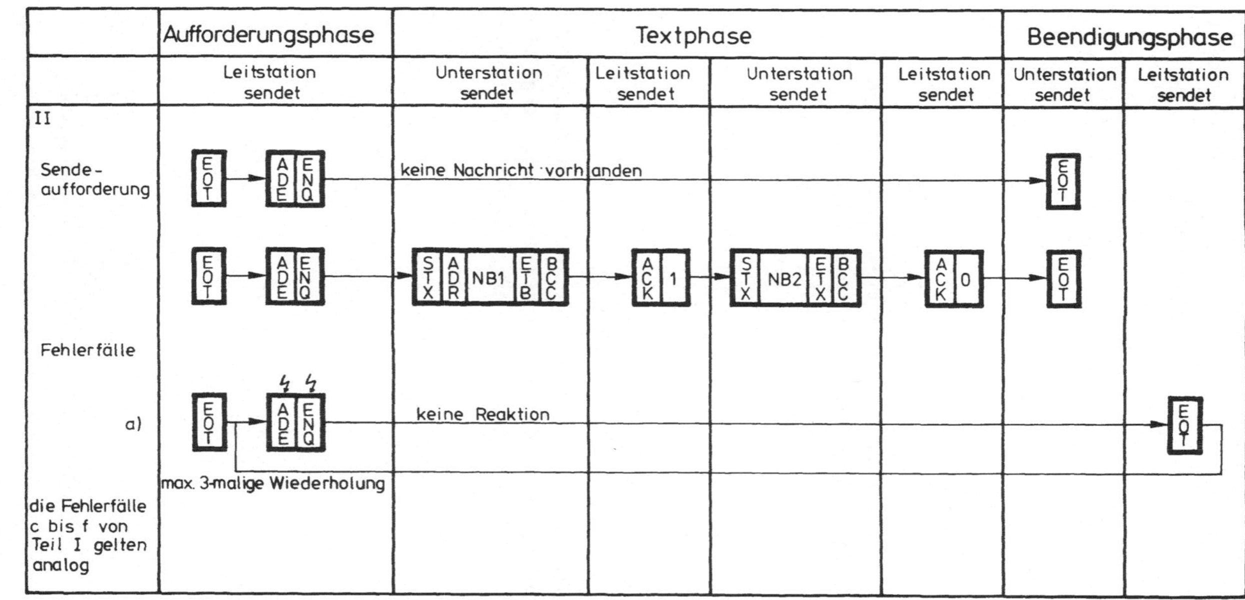

ADE = Adresse der Unterstation bei Eingabe
ADA = Adresse der Unterstation bei Ausgabe
ADR = Adresse der sendenden Unterstation (nur bei Bedarf)

1) Diese Quittungsaufforderung wird bei fehlerhaften Antworten mehrmals wiederholt und dann die Übertragung mit EOT beendet.

Bild 1.31: Zeitdiagramm für die MSV1-Prozedur

wortet. Zum Schutz gegen den Verlust eines gesamten Blockes ist
eine Numerierung der positiven Quittungen (ACKØ, ACK1) vorgesehen.

Fehlerhafte Übertragung von Kodewörtern führt über eine negative
Quittung (NAK) der Empfangsstation zur Wiederholung des fehlerhaf-
ten Nachrichtenblockes durch die Sendestation. Bei fehlerhaften
Steuerzeichen erhält die Sendestation keine oder eine gestörte
Quittung. Sie fordert daraufhin nach Ablauf einer Überwachungszeit
mehrmals eine Wiederholung der Quittung (durch ENQ) an.

Beendigungsphase: Nach der Nachrichtenübermittlung beendet die Sendestation den Kommunikationsvorgang mit EOT. Eine Beendigung erfolgt
ebenfalls, wenn nach mehrmaliger erfolgloser Wiederholung eines
Nachrichtenblockes keine positive Quittung eintrifft.

In Bild 1.31 ist das Zeitdiagramm für die Prozedur MSV1 dargestellt.

Die beiden ersten Arten von Datenfernübertragungsprozeduren unterstützen das Prinzip der Nachrichtenvermittlung, d.h. Nachrichtenvermittler, die in eine derartige Übertragung einbezogen sind, arbeiten nach dem Prinzip der Nachrichtenvermittlung.

Prozeduren für schnelle Rechner-Rechner-Kommunikation: Zu dieser
Gruppe von Prozeduren gehören

- HDLC : high level data link control

- SDLC : synchronous data link control

- ADCCP: advanced data communication control procedure

Sie stellen bzgl. der Sicherung von Nachrichtenübertragungen und
bzgl. der Übertragungsgeschwindigkeit eine Verbesserung gegenüber
den Prozeduren der vorhergehenden Gruppe dar. Wir wollen dies anhand der HDLC-Prozedur erläutern.

Beispiel 1.7 Die HDLC-Prozedur geht wie die vorhergehenden Prozeduren davon aus, daß beim Nachrichtenaustausch zwischen zwei Stationen der Sender die Funktion der Leitstation und der Empfänger die
der Unterstation (oder Folgestation) übernimmt (Bild 1.32). Dabei
ist festgelegt, welche Arten von Nachrichten, dargestellt in
Blöcken (engl.: frames) ausgetauscht werden dürfen:

- von der Leitstation: Information und Befehle (in unserer früher
  eingeführten Terminologie sind dies Daten und Kommandonachrichten);

- von der Folgestation: Meldungen (Status- und Fehlernachrichten).

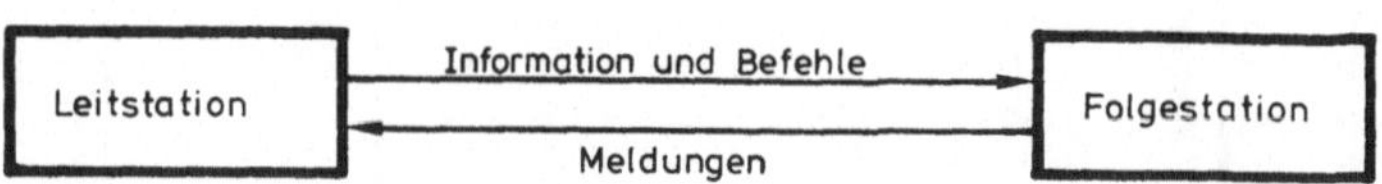

Bild 1.32: Schema einer einfachen HDLC-Verbindung zwischen Nachrichtenstationen

Das besondere an der HDLC-Prozedur ist, daß eine Nachrichtenstation gleichzeitig Leit- und Folgestation sein kann, d.h. daß ein unabhängiger Nachrichtenaustausch in beiden Richtungen parallel ablaufen kann. Daraus ergibt sich das in Bild 1.33 dargestellte Schema.

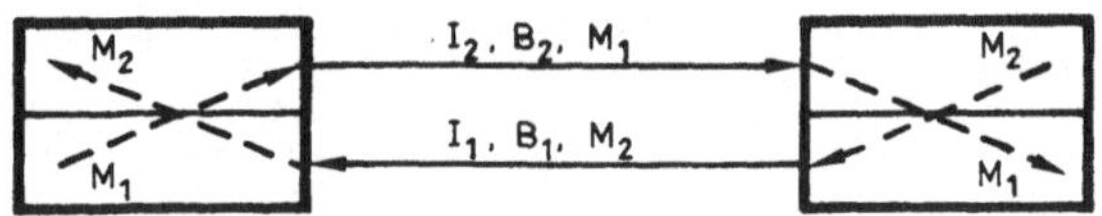

I_i = Information an Folgestation i
B_i = Befehle an Folgestation i
M_i = Meldungen an Folgestation i

Bild 1.33: Schema einer zweiseitigen HDLC-Verbindung
zwischen Nachrichtenstationen

Die Blöcke der HDLC-Prozedur haben folgenden Aufbau:

a) Informationsblöcke

Blockbegren-zung (Flag)	Adreßfeld	Kontrollfeld	Datenfeld	Blockprüffeld	Blockbegren-zung (Flag)
01111110	8 Bits	8 Bits	N Bits	16 Bits	01111110

b) Steuerblock und nichtnumerierter Block
   (für Meldungen und Befehle)

Blockbegren-zung (Flag)	Adreßfeld	Kontrollfeld	Blockprüffeld	Blockbegren-zung (Flag)
01111110	8 Bits	8 Bits	16 Bits	01111110

- Adreßfeld: Das Adreßfeld enthält immer die Adresse der Empfängerstation (Folgestation)

- Kontrollfeld: Das Kontrollfeld enthält Befehle oder Meldungen und Blocknummern. Es dient der Leitstation dazu, der adressierten Folgestation bestimmte Funktionsabläufe zu befehlen. Die Folgestation benutzt das Kontrollfeld für Meldungen an die Leitstation. Die Blocknummern dienen beiden Stationen zur Überwachung der richtigen Reihenfolge von Informationsblöcken. Diese werden nicht wie bei den gesicherten Dialog- und Stapelprozeduren einzeln quittiert, die Quittung kann sich vielmehr auch auf mehrere Blöcke beziehen. Dadurch wird die oben beschriebene Parallelität beim Nachrichtenaustausch unterstützt.

- Datenfeld: Das Datenfeld kann aus einer beliebigen Bitfolge bestehen. Meistens wird ein 8-Bit-Kode zugrunde gelegt.

- Blockprüfungsfeld (FCS): Die Kontrolle bzgl. Übertragungsfehler basiert auf der zyklischen Blocksicherung (vgl. Anhang), wobei das Generatorpolynom $g(D) = D^{16} + D^{12} + D^{5} + 1$ benutzt wird.

Wie aus dem Aufbau der Blöcke zu ersehen ist, werden keine Steuerzeichen wie bei den anderen Prozeduren verwendet. Der gesamte Nachrichtenaustausch basiert auf einem bitorientierten Übertragungsver-

fahren, bei dem jede Nachricht durch Blockbegrenzungen eingeschlos-
sen wird. Diese können damit gleichzeitig zur Synchronisation benutzt werden. Ihre Struktur bringt es allerdings mit sich, daß innerhalb eines Blockes keine sechs aufeinanderfolgenden Einsen vorhanden sein dürfen. Der Sender fügt daher nach fünf Einsen, denen
eine weitere Eins folgt, eine Null ein, was vom Empfänger wieder
entsprechend rückgängig gemacht werden muß.

Zur exakten Beschreibung des Nachrichtenaustausches ist es notwendig, daß wir uns mit der Struktur des Kontrollfeldes bei den einzelnen Blockarten beschäftigen.

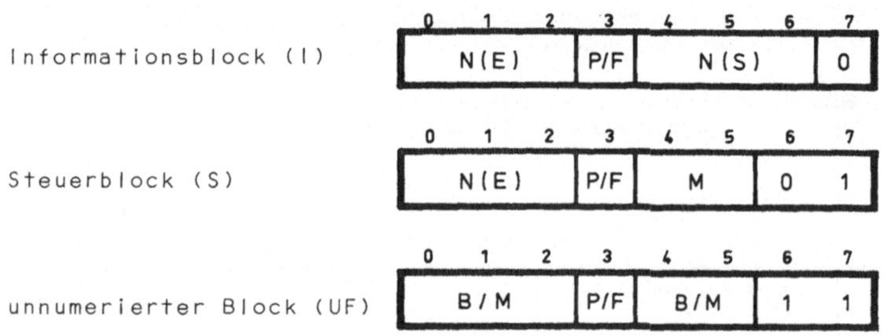

Die einzelnen Felder haben dabei folgende Bedeutung:

- N(S): Nummer des Blocks, der dieses Kontrollfeld enthält

- N(E): Nummer des nächsten Blocks, den die Leitstation erwartet
  und damit Quittung für die Blöcke bis zur Nummer N(E)-1

- P: veranlaßt die Folgestation, sobald wie möglich eine Meldung zu
  senden

- F: wird von der Folgestation verwendet und zeigt an, daß es sich
  um die (letzte) Meldung handelt, die als Reaktion auf einen Befehl mit gesetztem P-Bit gesendet wird

- B: Befehle (SNRM, DISC, RNR)

- M: Meldungen (für Steuerblock: RR, RNR, REJ; für unnumerierten
  Block: UA, CMDR)

Erläuterung der Befehle:

- SNRM (Set Normal Response Mode): Dieser Befehl wird zu Beginn der
  Nachrichtenübertragung von der Leitstation gesendet. Sobald die
  Folgestation mit UA antwortet, ist die Verbindung aufgebaut und
  der Nachrichtenaustausch kann beginnen.

- DISC (Disconnect): DISC bewirkt das Beenden einer Verbindung.

- RNR (Receive Not Ready): Der Befehl RNR mit gesetztem P-Bit veranlaßt die Folgestation, sobald wie möglich eine Meldung zu
  senden.

Erläuterung der Meldungen:

- UA (Unnumbered Acknowledgement): UA stellt eine Quittung dar, die
  z.B. als Antwort auf SNRM und DISC gesendet wird.

- CMDR (Command Reject): Mit CMDR reagiert die Folgestation, falls
  der empfangene Befehl für sie aus irgendeinem Grund unverständlich
  ist oder das Informationsfeld des empfangenen Blockes länger als
  erlaubt ist.

- RR (Receive Ready): Mit dieser Meldung teilt die Folgestation mit,
  daß sie bereit ist, Informationsblöcke zu empfangen. Die Nummer in
  dieser Meldung ist die des Blockes, der als nächstes erwartet
  wird. Alle vorhergehenden Blöcke werden hiermit quittiert.

- RNR (Receive Not Ready): Eine vorübergehende Ursache hindert die
  Folgestation, weitere Blöcke zu empfangen. Alle Blöcke bis zur
  angegebenen Nummer minus 1 wurden empfangen.

- REJ (Reject): Bei dem Informationsblock mit der angegenen Nummer
  trat ein Übertragungsfehler auf.

Der Ablauf einer Nachrichtenübertragung gemäß der HDLC-Prozedur
soll nun an einem kleinen Beispiel erläutert werden. Damit die Über-
sichtlichkeit bei der Darstellung nicht verloren geht, sind nur die
Kontrollfelder der Blöcke angegeben. Die Art des Frames ist über
dem jeweiligen Symbol angegeben (Bild 1.34).

Abschließend sei bemerkt, daß die HDLC-Prozedur das Prinzip der Pa-
ketvermittlung unterstützt.

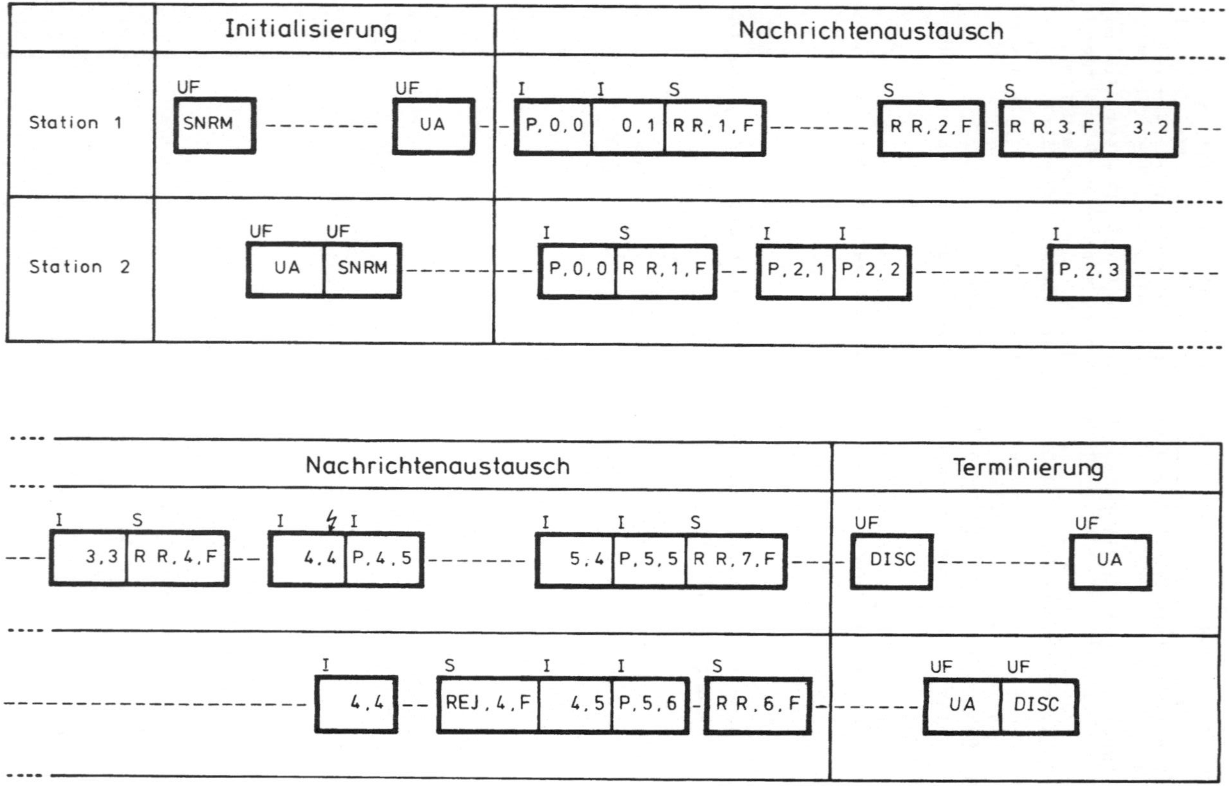

Bild 1.34: Beispiel für einen Nachrichtenaustausch gemäß der HDLC-Prozedur

2 Speicher

Auf der Basis des im vorigen Kapitel entwickelten Modells eines
Kommunikationssystems soll nun begonnen werden, die Struktur von
Nachrichtenstationen in digitalen Rechenanlagen eingehend zu untersuchen. Wir beginnen dabei mit Stationen, die zur Aufbewahrung,
d.h. zur Speicherung von Nachrichten benutzt werden. Diese bestehen
aus einem S p e i c h e r m e d i u m (Nachrichtenspeicher) und
einer S t e u e r u n g, auch K o n t r o l l e r genannt (Nachrichtenverarbeitungskomponente), der direkt an den Nachrichtenkanal
angeschlossen ist. Über diesen werden die in Abschnitt 1.3 vorgestellten vier Arten von Nachrichten ausgetauscht, nämlich Kommando-,
Status-, Fehlernachrichten und Daten.

2.1 Speichertypen

Zur Klassifizierung vorhandener Speicherarten wollen wir von einem
Nachrichtenverarbeitungsvorgang ausgehen (beschrieben durch eine
Folge von Maschinenanweisungen), der sich in einzelne Verarbeitungs-
schritte gliedert (repräsentiert durch eine einzelne Maschinenan-
weisung). Man benötigt aus dieser Sicht drei funktionale Arten von
Speichern:

- FS1:   einen Speicher für die aktuell in einem Verarbeitungs-
         schritt zu verarbeitenden Nachrichten;
- FS2:   einen Speicher für die Gesamtmenge der in einem Verarbei-
         tungsvorgang zu verarbeitenden Nachrichten und
- FS3:   einen Speicher für die permanente Speicherung von Nachrich-
         ten, die in späteren Verarbeitungsvorgängen benötigt wer-
         den.

Der Speicher vom Typ FS1 wird i.a. dort angesiedelt, wo auch die
Verarbeitung stattfindet, d.h. im Prozessor (s. Kap. 4). Die Ge-
schwindigkeit dieses Speichers bezogen auf das Ablegen bzw. das
Anliefern von Nachrichten ist der Verarbeitungsgeschwindigkeit des
Prozessors angepaßt. Man bezeichnet ihn auch als R e g i s t e r -
s p e i c h e r. Seine hohe Geschwindigkeit macht ihn in der Her-
stellung sehr teuer, so daß eine Realisierung der Speichertypen
FS2 und FS3 in Form von Registerspeichern nicht durchgeführt wird.
Stattdessen hat man eine Vielzahl physikalischer Speichermedien
entwickelt, die zwar langsamer, dafür aber auch billiger in der
Herstellung sind. Bei zusätzlicher Verwendung von Hardware-/Soft-

waresystemen (Datenmanagement, Pufferung, Seitenverwaltung, etc.)
ermöglichen diese Speicher, je nach Anforderung an ein Rechnersystem eine geeignete Relation zwischen Kosten, Geschwindigkeit und
Kapazität zu finden.

Sämtliche physikalische Speicherarten lassen sich in fünf Klassen
einordnen:

- PS1, Speicher mit w a h l f r e i e m Zugriff (RAM: random-access
  memory): Speicher, in dem jeder Platz (Wort, Byte, Bit, Record)
  von kleiner Größe einen eindeutigen, fest verdrahteten Adressierungsmechanismus hat und innerhalb eines festen Zeitintervalls
  gefunden werden kann. Die Zeit zum Auffinden eines Platzes ist
  für alle Plätze gleich.

- PS2, Speicher mit d i r e k t e m Zugriff: Speicher, bei dem die
  einzelnen Plätze nicht über einen fest verdrahteten Adressierungsmechanismus angesprochen werden, sondern bei denen das Auffinden
  eines Platzes eine Kombination aus direktem Zugriff auf eine allgemeine Umgebung und sequentiellem Suchen, Zählen oder Warten
  ist. Die Zeit zum Auffinden von Daten ist abhängig vom speziellen
  Platz, auf dem diese stehen.

  Da der Adressierungsmechanismus nicht fest verdrahtet ist, muß
  das Speichermedium eine Reihe von Informationen enthalten, um das
  Auffinden eines Platzes zu ermöglichen. Diese nennt man g e -
  s p e i c h e r t e   A d r e s s i e r u n g s i n f o r m a -
  t i o n (stored addressing information, SAI).

- PS3, Speicher mit s e q u e n t i e l l e m Zugriff: Speicher,
  bei dem das Abspeichern und Auffinden von Daten streng sequentiell geschieht. Die Daten sind bei diesem Speichertyp nicht durch
  Adressen, sondern durch ihre Anordnung charakterisiert.

- PS4, A s s o z i a t i v s p e i c h e r: Speicher mit wahlfreiem
  Zugriff, der zusätzlich einen fest verdrahteten Mechanismus enthält, um den Inhalt eines bestimmten Teiles eines Speicherplatzes
  mit einem vorgegebenen Schlüssel zu vergleichen und zwar parallel
  für alle Plätze innerhalb eines festen Zeitintervalls. Somit ge-
  nügt ein Teil des Inhalts eines Platzes, um diesen anzusprechen.
  Alle Plätze, bei denen der Vergleich positiv ausfällt, werden
  markiert und können in nachfolgenden Zyklen angesprochen werden.

- PS5, Speicher mit ausschließlich l e s e n d e m Zugriff (ROM:
  read-only memory): Hierbei handelt es sich zwar auch um einen
  Speicher mit wahlfreiem Zugriff, er enthält aber permanent ge-
  speicherte Daten, die während des Herstellungsprozesses festgelegt werden und danach nicht mehr zerstört werden können.

Neben dieser Form gibt es eine Reihe von Varianten, die alle mit
ROM bezeichnet werden:

-- programmierbarer ROM

  Die Daten können nach dem Produktionsprozeß gespeichert werden und zwar entweder mit einem speziellen Gerät, einem sog.
  ROM-Ladegerät, oder während des normalen Betriebes. In der Regel ist im letzten Fall eine nochmalige Veränderung nicht mehr
  möglich.

-- Eine andere Variante stellt ein Speicher mit schnellem Lese-
  aber langsamen Schreibzugriff dar.

-- Schließlich gibt es noch eine andere Art des langsam beschreib-
  baren Speichers, nämlich mit austauschbarem Speichermedium
  (Dioden auf einer Platine, Metallplatten mit gestanzten Lö-
  chern). Diese Speicherform ist allerdings veraltet.

2.2 Speicherparameter

Zur Charakterisierung der Speichertypen PS1 bis PS5 werden die
nachfolgenden Parameter verwendet.

- K a p a z i t ä t: Hierunter versteht man die maximale Anzahl von
  Datenelementen (Bits, Bytes, Worte), die in einem eigenständigen
  Modul (d.h. Speicherkomponente mit eigenem Adressierungsmechanis-
  mus) untergebracht werden kann.

- Z u g r i f f s z e i t: In einem Speicher mit wahlfreiem Zugriff
  versteht man hierunter die Zeit, die vom Absenden eines Lesekom-
  mandos bis zum Bereitstellen des gewünschten Datums durch den
  Speicher vergeht, in Speichern mit nicht wahlfreiem Zugriff dagegen die Zeit, die zum Auffinden (ohne Lesen) eines Datenelemen-
  tes benötigt wird.

- D a t e n r a t e: Menge der Datenelemente, die in einem bestimmten Zeitraum gelesen oder geschrieben werden kann. Der Begriff
  wird normalerweise nur im Zusammenhang mit Speichern gebraucht,
  die keinen wahlfreien Zugriff haben.

- Z y k l u s z e i t: Hierunter versteht man die Rate, mit der ein
Speicher Lese- oder Schreibkommandos entgegennimmt. Der Begriff
wird in der Regel bei Speichern mit wahlfreiem Zugriff gebraucht.

Die Zykluszeit ist immer größer als die Zugriffszeit (wegen des
zerstörenden Lesens bei Kernspeichern oder der notwendigen Stabili-
sierungsphase in elektronischen Speichern).

2.3 Struktur von Speichertypen

Wir wollen nun näher auf die Struktur der in Abschn. 2.1 aufgeführ-
ten Speichertypen eingehen. Dabei liegt der Schwerpunkt nicht auf
dem physikalischen Aspekt (wie wird das Abspeichern und Auffinden
von Daten technisch realisiert) sondern auf dem funktionalen Aufbau.

2.3.1 Speicher mit wahlfreiem Zugriff

Speicher mit wahlfreiem Zugriff werden zur vollständigen oder par-
tiellen Realisierung des Speichertyps FS2 benutzt. Man bezeichnet
sie gewöhnlich auch als H a u p t s p e i c h e r. Bild 2.1 zeigt
die logische Struktur eines derartigen Speichers.

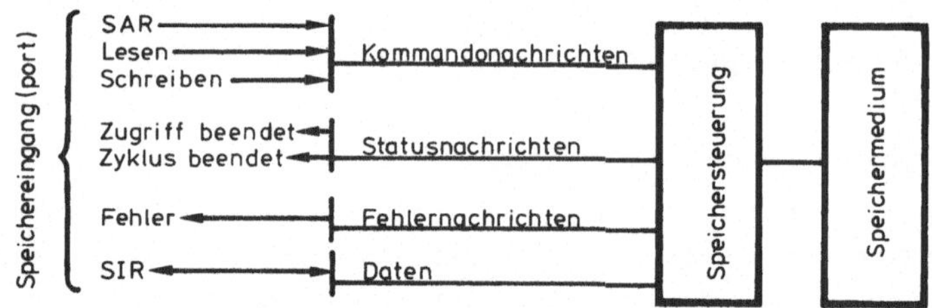

Bild 2.1: Logische Struktur eines Speichers mit wahlfreiem Zugriff

Die Bedeutung der einzelnen Nachrichtenarten ist im nachfolgenden
näher erläutert.

Kommandonachrichten

SAR - Das SAR enthält die Adresse für die nachfolgend beschriebenen
     Lese- und Schreiboperationen. Sind P Plätze im Speicher vorhan-
     den, so muß das SAR n = $\lceil \log_2 P \rceil$ Bits lang sein.

Lesen - Hole dasjenige Datenelement aus dem Speicher, dessen Adres-
     se im Speicheradreßregister (SAR) angezeigt ist.

Schreiben - Bringe das Datenelement, das sich im SIR befindet, an
     denjenigen Platz im Hauptspeicher, dessen Adresse sich im SAR
     befindet.

Statusnachrichten

Zugriff beendet - Wird nur bei Leseoperationen gesetzt und zeigt in diesem Fall an, daß das gewünschte Datenelement im SIR bereit steht.

Zyklus beendet - Zeigt an, daß die nächste Lese- oder Schreiboperation ausgeführt werden kann.

Fehlernachrichten

Fehler - Diese Fehleranzeige wird benutzt, um interne Fehler anzuzeigen. Dazu müssen für ein Datenelement, das in den Speicher geschrieben wird, Prüfbits berechnet werden, die dann bei einer Leseoperation wieder kontrolliert werden.

Am häufigsten wird zur Fehlererkennung ein Paritätsbit verwendet. In den letzten Jahren wird aber auch in wachsendem Maße die in Anhang A1 besprochene Methode der Fehlerkorrektur verwendet. Man beschränkt sich hier meistens auf die Korrektur einfacher Fehler. Beispiele hierfür sind die Eclipse-Rechner der Firma Data General und die Cyber 172 - 175 der Control Data Corp.

Daten

SIR - Das Speicherinformationsregister dient zur Aufnahme der Datenelemente, die in den Speicher gebracht werden sollen bzw. aus dem Speicher gelesen werden.

Um einen Eindruck von der Geschwindigkeit dieses Speichertyps zu vermitteln, sind in Bild 2.2 die Zugriffs- und Zykluszeit für die wichtigsten physikalischen Realisierungen angegeben.

	Zugriffszeit	Zykluszeit
Kernspeicher	300 nsec	500 nsec
Kernspeicher in Kleinrechnern	350-500 nsec	600-1200 nsec
Bipolar		300 nsec
Bipolarspeicher (ECL/TTL)	20-90 nsec	20-90 nsec
MOS		450 nsec

Bild 2.2: Übersicht über die Geschwindigkeit verschiedener Hauptspeicherarten

2.3.2 Speicher mit direktem Zugriff

Speicher mit direktem Zugriff haben aufgrund ihrer physikalischen Struktur eine Zugriffszeit, die um einen Faktor von ca. 8000-60000 größer ist als bei Speichern mit wahlfreiem Zugriff. Aus diesem Grunde werden sie in erster Linie für die Realisierung des Speichertyps FS3 benutzt. Magnettrommel und -platte sind die gebräuchlichsten Speicherarten mit direktem Zugriff.

Bei einer M a g n e t t r o m m e l handelt es sich um einen rotierenden Zylinder, der eine magnetisierbare Oberfläche besitzt. Diese
ist aufgeteilt in S p u r e n, von denen jede einen eigenen L e s e/
S c h r e i b k o p f hat. Eine Spur ist noch einmal unterteilt in
S e k t o r e n (Bild 2.3).

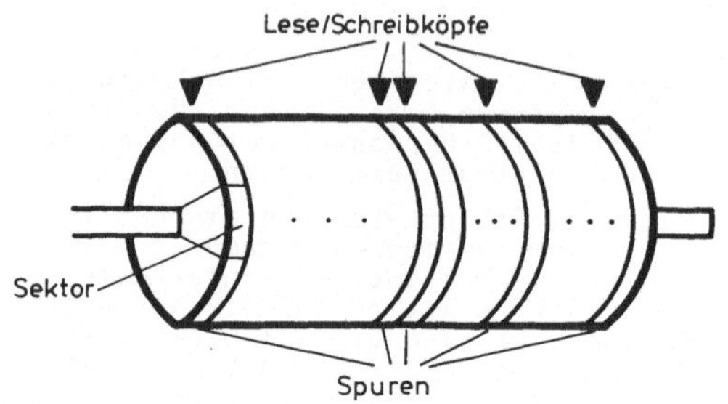

Bild 2.3: Struktur einer Magnettrommel

Bei Lese/Schreiboperationen wird zunächst einmal einer der Köpfe
ausgewählt (bei einigen Systemen können auch mehrere Köpfe parallel
angesprochen werden) und anschließend gewartet, bis das gesuchte
Datenelement diesen Kopf passiert. Das Lesen bzw. Schreiben kann
entweder seriell oder parallel erfolgen. Im seriellen Fall werden
die Bits eines Datensymbols sequentiell auf einer Spur abgelegt,
während im parallelen Fall die Bits gleichzeitig auf einer entsprechenden Anzahl von Spuren abgelegt werden.

Typische Magnettrommel-Parameter sind:

durchschnittl. Zugriffszeit	:	2,5 - 20 msec
Kapazität	:	32 - 48 MBits
Datenrate	:	2,5 - 24 MBits/sec
Anzahl von Spuren	:	380 - 800
Spurendichte	:	ca.70 Spuren/inch
Rotationsgeschwindigkeit	:	3500 - 6000 U/min

Ein M a g n e t p l a t t e n s p e i c h e r setzt sich aus 1 bis
20 Scheiben mit beidseitig magnetisierter Oberfläche zusammen, die
durch eine gemeinsame Achse angetrieben werden. Jede Oberfläche ist
wieder in Spuren und Sektoren aufgeteilt, verfügt aber lediglich
über einen Lese/Schreibkopf, der an einem beweglichen Arm befestigt
ist. Alle Arme werden durch einen gemeinsamen Mechanismus bewegt,
so daß die Lese/Schreibköpfe sich jeweils über Spuren mit der glei-

chen Lage - bezogen auf eine Oberfläche - befinden. Die so charak-
terisierten Spuren nennt man Z y l i n d e r (Bild 2.4).

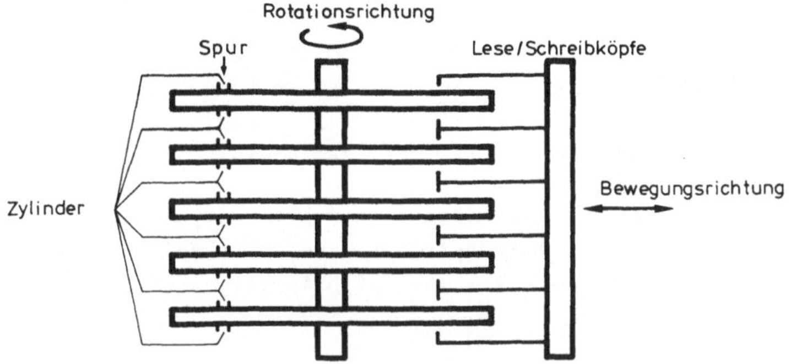

Bild 2.4: Struktur einer Magnetplatte

Bei Lese/Schreiboperationen kommt gegenüber dem bei der Magnettrommel beschriebenen Ablauf noch die Positionierung der Arme hinzu, so
daß gilt

    Zugriffszeit = Positionierzeit des Armes
                   (entfällt bei der Trommel)

            + Latenzzeit
              (Zeit zum Auffinden der gesuchten Daten inner-
              halb einer Spur)

Typische Magnetplatten-Parameter sind:

durchschnittl. Zugriffszeit	:	20	- 100	msec
Kapazität	:	20	- 2400	MBits
Datenrate	:	0,5	- 10	MBits/sec
Anzahl von Spuren	:	100	- 800	(pro Oberfläche)
Spurendichte	:	100	- 380	Spuren/inch
Rotationsgeschwindigkeit	:	2400	- 3600	U/min

In den letzten Jahren tritt neben den beiden beschriebenen Speicherarten die sog. Floppy-Disk sehr stark in den Vordergrund. Hierbei handelt es sich vom Prinzip her um eine Magnetplatte, die allerdings erheblich langsamer ist, d.h. eine größere Zugriffszeit und
eine niedrigere Datenrate hat, dafür aber auch sehr viel preisgün-
stiger ist. Sie wird in erster Linie bei Kleinrechnern und Mikro-
prozessor-Systemen angewendet.

Typische Floppy-Parameter sind:

durchschnittl. Zugriffszeit	:	200 - 320 msec
Kapazität	:	1,96 - 6,32 MBits
Datenrate	:	0,25 - 0,5 MBits/sec
Anzahl von Spuren	:	77 Spuren
Spurendichte	:	48 Spuren/inch
Rotationsgeschwindigkeit	:	360 U/min

Im weiteren Verlauf dieses Abschnitts wollen wir uns nur noch mit dem logischen Aufbau von Magnetplatten beschäftigen, da die Magnettrommel und die Floppy-Disk keinen prinzipiellen Unterschied aufweisen.

Um den Aufbau eines Magnetplattenspeichers zu erläutern, gehen wir von folgenden Forderungen aus, die ein derartiger Speicher erfüllen muß:

1. jede beliebige Spur auf jeder beliebigen Oberfläche muß ausgewählt werden können;
2. die unter Punkt 1 getroffenen Entscheidung muß überprüft werden können;
3. es muß ein Orientierungsrahmen bereitgestellt werden, um Zählen, Takten und Positionsermittlung möglich zu machen;
4. die Abspeicherung von Daten an beliebigen Stellen auf einer Spur muß möglich sein;
5. das Wiederfinden von vorher gespeicherten Daten muß möglich sein und
6. der Anfang und das Ende einer Datenübertragung muß festgelegt werden können.

Punkt 1 wird durch die Ansteuerung erledigt (entweder durch Armbewegung oder durch elektronische Auswahl des entsprechenden Schreib/Lesekopfes), bei allen anderen Punkten ist irgendeine Art von Information nötig, die entweder gesondert oder bei den Daten abgespeichert ist. Punkt 2 ist sehr stark systemabhängig und soll hier nicht weiter betrachtet werden.

Wie die Forderungen von Punkt 3 realisiert werden können, soll Bild 2.5 veranschaulichen.

Es existiert erstens eine L ü c k e auf der Plattenoberfläche, die das Beenden einer Umdrehung anzeigt. Ferner gibt es eine T a k t - s p u r (timing track), die zur Identifizierung einzelner Bits be-

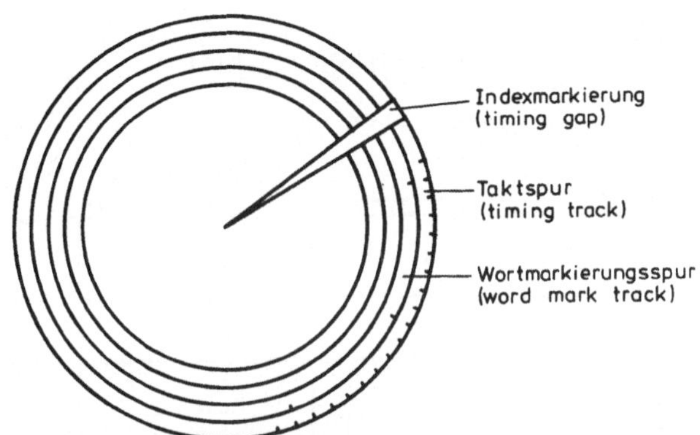

Bild 2.5: Orientierungsrahmen auf einer Plattenoberfläche

nutzt wird. Die Länge einer Informationseinheit (sofern von einem
Bit verschieden, also Byte oder Wort) wird auf einer gesonderten
Spur angezeigt. Diese Hilfsmittel reichen prinzipiell aus, um auch
die restlichen Forderungen zu erfüllen. Wegen der großen Zugriffszeit bei diesen Speichermedien speichert man aber in der Regel
größere Datenmengen (Records, Segmente, Seiten) zusammenhängend ab.
Um den Zugriff darauf und die anschließende Datenübertragung effi-
zient zu gestalten, legt man zusammen mit diesen größeren Einheiten
noch zusätzliche Information ab (SAI s.Abschn. 2.1). Bild 2.6a
zeigt die allgemeine Struktur.

Die einfachste Form ist die einer variablen Lücke, die speziell ko-
dierte Information für die Kontrolleinheit enthält (s. 2.6b). Die
Lücke ist normalerweise für den Programmierer nicht ansprechbar.

Vorteile:
- wenig Speicherplatz für SAI
- einfache Hardware für die Erkennung einer Lücke
Nachteil:
- nur brauchbar, wenn gut organisierte Daten bzw. Datenblöcke
  fester Länge vorliegen
Anwendung:
- CDC 66XX und 76XX Plattensysteme.

Sollen Daten mit stark variierenden Formaten abgespeichert werden,
empfiehlt sich das in Bild 2.6c angedeutete Vorgehen. Hier gibt es
wie bei b Lücken zwischen den Daten, Teile dieser Lücken sind aber
programmierbar, d.h. sie können Information über die Daten aufnehmen.

Nachteil:
- großer Aufwand an Speicherplatz und Hardware

Anwendung:
- IBM 360/370 Plattensystem (aber mit viel mehr Einzelheiten)

Indexmarkierung

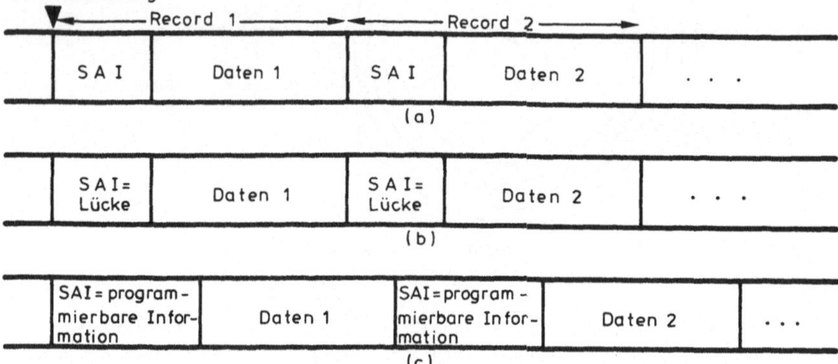

Bild 2.6: Strukturierung von Daten auf einer Plattenoberfläche

Das SAI-Feld macht also die Erfüllung der oben gestellten Forderungen 5 und 6 möglich. Um zu zeigen, wie die SAI-Felder in der Praxis aussehen, wollen wir im nachfolgenden Beispiel das Siemens-Plattenspeichersystem 3416/3450 näher untersuchen [34].

Beispiel 2.1 Eine Spur beim Siemens-Plattenspeichersystem 3416/3450 hat die in Bild 2.7 gezeigte Grobstruktur.

Indexmarkierung

Bild 2.7: Spureinteilung beim Siemens-Plattenspeichersystem 3416 / 3450

Jede Spur beginnt mit einer Spuradresse, die die physikalische Lage der Spur auf dem Plattenstapel bestimmt und Information über den Zustand der Spur enthält (brauchbar, defekt, Originalspur, Ersatz-spur). Darauf folgt der Spurkennblock, in dem bestimmte Information für die System- und Anwenderprogramme gespeichert werden kann. So kann beispielsweise für den Fall, daß die Spur als defekt gekennzeichnet ist, die Zylinder- und Kopfnummer einer Ersatzspur angegeben werden. Spuradresse und Spurkennblock sind in Bild 2.6 nicht enthalten.

Nach dem Spurkennblock folgen die Datenblöcke. In der Siemens-Terminologie beinhalten diese neben dem eigentlichen Datenfeld auch die oben erwähnte programmierbare Information über das Datenfeld.

Um die Beziehung zu den in Bild 2.6 eingeführten Begriffe deutlich
zu machen, sind diese in Bild 2.8 in der oberen Beschriftungsreihe
angegeben. Die von Siemens benutzten Begriffe befinden sich in der
unteren Beschriftungsreihe.

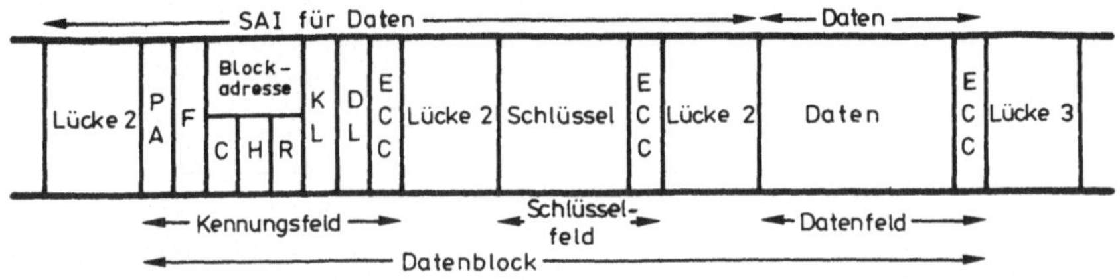

PA - physikalische Adresse der Spur
F   - Zustand der Spur
C   - Zylindernummer
H   - Kopfnummer
R   - Blocknummer (relativ zum Spuranfang)
KL - Länge des Schlüssels im Schlüsselfeld
DL - Länge der Daten im Datenfeld
ECC - Kode zur Erkennung und Korrektur von bis zu 11 fehlerhaften,
      zusammenhängenden Bits eines Feldes (56 Bits lang)

Bild 2.8: Struktur eines Datenblocks beim Siemens-Plattenspeichersystem 3416/3450

Die Funktion des Kennungsfeldes ergibt sich aus den Erläuterungen
in Bild 2.8. In das Schlüsselfeld kann durch den Systemprogrammie-
rer beliebige Information gebracht werden, die zur Charakterisierung der nachfolgenden Daten dient.

Die Lücken zwischen den einzelnen Feldern ermöglichen der an den
Plattenspeicher angeschlossenen Nachrichtenstation eine Reaktion
auf die Angaben darin, bevor der Lese/Schreibkopf zu den Daten gelangt.

Wie in Bild 2.8 angedeutet, wird zur Fehlerkontrolle und -korrektur
pro Feld ein 56 Bit langer Kode verwendet. Dieser wird während einer
Schreiboperation im Kontroller gebildet und automatisch an jedes
Feld angehängt. Bei Leseoperationen wird dieser Kode wieder neu berechnet und mit dem abgespeicherten verglichen. Liegt ein korri-
gierbarer Fehler innerhalb der Spuradresse, des Kennungsfeldes oder
des Schlüsselfeldes vor, so wird dieser intern korrigiert, bei Fehlern im Datenfeld wird eine entsprechende Mitteilung an den Empfänger mitgegeben, so daß dieser den Fehler selbst korrigieren kann.

Bei nicht korrigierbaren Fehlern wird durch bis zu 28 Wiederholun-
gen der Leseoperation versucht, einen korrigierbaren Fehler zu erhalten. Ist dies nicht möglich, so geht eine entsprechende Fehlernachricht an den Empfänger.

Nachdem wir gesehen haben, wie innerhalb eines Magnetplattenspeichers das Ablegen und Wiederauffinden von Daten realisiert wird,
wollen wir nun untersuchen, wie ein Magnetplattenspeicher mit anderen Nachrichtenstationen kommuniziert. In Bild 2.9 ist dazu -

analog zu Bild 2.1 - das Modell eines derartigen Speichers angegeben.

Zu dem Bild ist noch zu bemerken, daß man üblicherweise bis zu acht Plattenlaufwerke an einen Kontroller anschließen kann. Dies hat seinen Grund darin, daß zum einen diese Kontrolleinheit komplexere Aufgaben hat als beispielsweise die eines Hauptspeichers und demzufolge auch teurer ist und daß zum anderen wegen der großen Zugriffszeit nur eine schlechte Ausnutzung durch ein Plattenlaufwerk möglich ist. Moderne Kontroller sind meistens in der Lage, nacheinander Suchbefehle für verschiedene Laufwerke entgegenzunehmen und damit die zeitkritischsten Teile von Operationen parallel durchzuführen. Es kann aber immer nur eine Datenübertragung von oder zu einem Plattenlaufwerk stattfinden. Sind in einem Rechnersystem zwei parallele Datenübertragungen notwendig (um die Verarbeitungseinheit genügend schnell mit Daten versorgen zu können), so wird in jedem Fall ein zweiter Kontroller benötigt, an den ein Teil der Laufwerke anzuschließen ist. Damit die Zuordnung von Laufwerken zu Kontrollern nicht statisch festgelegt werden muß, kann bei einigen Plattensystemen ein Laufwerk auch an zwei Kontroller angeschlossen werden, wodurch eine dynamische Zuordnung möglich wird.

<u>Kommandonachrichten</u>

Funktion - spezifiziert eine der Operationen, die von der Steuerung ausgeführt werden können. Soweit dabei Daten auf einem bestimmten Laufwerk angesprochen werden, wird die zugehörige Adreßspezifizierung dem Adreßteil entnommen.

-- Rücksetzen der Kontrolle: alle bisher erhaltenen Kommandonachrichten, deren Bearbeitung noch nicht abgeschlossen ist, werden nicht mehr weiter verfolgt;
-- Rücksetzen eines Laufwerks: eine evtl. auf dieses Laufwerk bezogene Operation wird abgebrochen;
-- Lesen: lese Sektor mit der im Adreßteil spezifizierten Adresse;
-- Prüflesen: wie "Lesen", zusätzlich werden jedoch die Daten noch einmal gelesen und mit den vorhergehenden auf Übereinstimmung geprüft;
-- Schreiben: analog zu "Lesen";
-- Prüfschreiben: nach dem Schreiben werden die Daten noch einmal gelesen, um eventuelle Abspeicherungsfehler direkt feststellen zu können;
-- Suche: bringe Lese/Schreibkopf an die im Adreßteil spezifizierte Position;
-- Schreibschutz: weise alle Schreiboperationen bis zum nächsten Rücksetzen der Kontrolle zurück.

Starte - gibt an, daß mit der spezifizierten Operation begonnen werden soll.

Statusnachrichten

Fehler - diese Nachricht wird gesendet, um eine parallel gesendete Fehlernachricht anzuzeigen.

Steuerung bereit - zeigt an, daß die Steuerung eine neue Funktion übernehmen kann.

Laufwerkidentifikation - wenn die Beendigung der Suchoperation gemeldet wird, erscheint hier die Nummer des Laufwerks, auf dem diese Operation ausgeführt wurde.

Sektorzähler OK - zeigt an, daß der Sektorzähler SZ im Augenblick nicht verändert wird und daher inspiziert werden darf.

Laufwerk OK - zeigt an, daß das im Adreßteil angesprochene Laufwerk korrekt arbeitet.

Zugriff möglich - zeigt an, daß der Arm (und damit der Lese/Schreibkopf) des angesprochenen Laufwerks nicht bewegt wird und daher eine neue Funktion angegeben werden kann.

Schreibschutzstatus - wird gesetzt, wenn die Platte schreibgeschützt ist (s. Funktion).

SZ = SA - zeigt an, daß sich der Kopf an der im Adreßteil spezifizierten Sektoradresse befindet.

Sektorzähler - zeigt den augenblicklichen Stand des Sektorzählers an.

Fehlernachrichten

Laufwerkfehler - wird gesetzt, wenn auf ein Laufwerk zugegriffen wird oder werden soll, das nicht verfügbar oder in einem fehlerhaften Zustand ist.

Schreibschutzfehler - wird gesetzt, wenn eine Schreiboperation ausgeführt werden soll und die Platte schreibgeschützt ist.

Suchfehler - wird gesetzt, wenn eine Operation ausgeführt werden soll und der Arm nicht richtig positioniert ist.

nichtexistierende Platte - wird gesetzt, wenn auf einem nichtexistierenden Laufwerk eine Operation ausgeführt werden soll.

nichtexistierender Zylinder - wird gesetzt, wenn die angegebene Zylinderadresse zu groß ist.

nichtexistierender Sektor - wird gesetzt, wenn die angegebene Sektoradresse zu groß ist.

Prüfsummenfehler - wird gesetzt, wenn während einer Prüflesen- oder Lesenoperation ein Fehler bei der erneuten Berechnung der Prüfsumme auftritt.

Schreibprüffehler - wird gesetzt, wenn während einer Prüfschreibenoperation eine Nichtübereinstimmung zwischen dem Datum, das geschrieben werden sollte, und dem tatsächlich geschriebenen Datum festgestellt wurde.

Eine Sicherung der abgespeicherten Daten erfolgt nach dem Blocksicherungsverfahren (vgl. Abschn. A.4 und Beispiel 2.1).

Daten

Die abzuspeichernden oder gelesenen Daten werden in einem Pufferregister zeichenweise (d.h. jeweils ein Kodewort) abgelegt und dann

von der Plattensteuerung dort entnommen bzw. von dort an die Empfängerstation gesendet. Da letztere in der Regel schneller Daten aufnehmen und liefern kann als diese von der Plattensteuerung angeliefert bzw. abgenommen werden können, wird häufig eine größere Anzahl
solcher Register benutzt. Gebräuchlich sind Größen von 64 bis 256
Register.

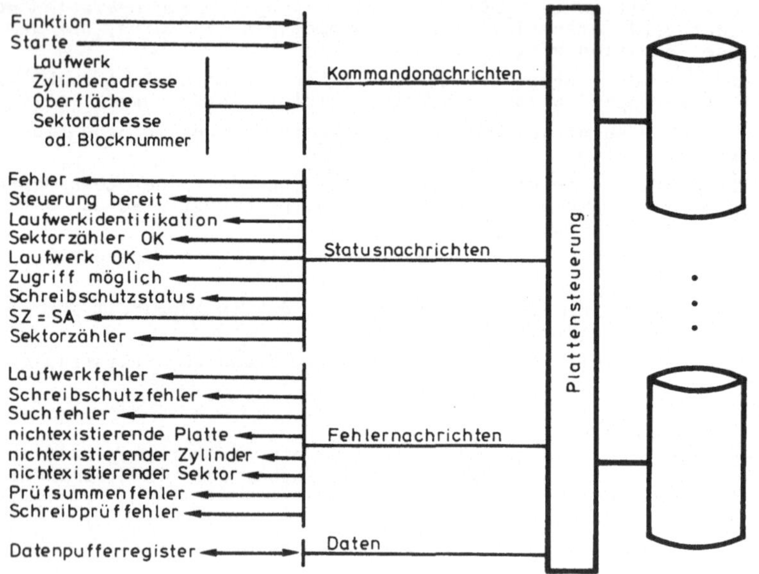

Bild 2.9 : Logische Struktur eines Plattenspeichers

2.3.3 Speicher mit sequentiellem Zugriff

Magnetbandspeicher sind die gebräuchlichste Form von sequentiellen
Speichern. Sie können in erster Linie als eine Realisierung des
Speichertyps FS3 angesehen werden. Die Abspeicherung von Daten wird
auf Magnetbändern vorgenommen, die gewöhnlich 2400 ft lang sind und
7 oder 9 Spuren enthalten. Auf diesen Spuren werden die einzelnen
Kodewörter parallel aufgezeichnet.

Die wichtigsten Parameter für Magnetbänder sind: Bandgeschwindig-
keit, Datenrate, lineare Aufzeichnungsdichte und Rückspulzeit.
Bild 2.10 enthält einige typische Werte.

Das Lesen und Schreiben von Information bei Magnetbändern kann nur
mit konstanter Geschwindigkeit erfolgen. Daher wird die Information

Bandgeschwindigkeit (inches/sec)	Datenrate (K Bytes/sec)	lineare Aufzeichnungs- dichte (Bits/inch)	Rückspul- zeit(sec)
18,75	15	800	Minuten
37,5	30	800	Minuten
75	120/60/41,5/15	1600/800/556/200	45-100
100	160/80	1600/800	72
112,5	180/90	1600/800	55-97
125	200/100	1600/800	55
200	320/160/111,2	1600/800/556	45-60
250	800	3200	45

Bild 2.10: Parameter für Magnetbänder

in Blöcke (Records) unterteilt, die dann als eine Einheit gelesen oder geschrieben werden. Abgeschlossen wird ein Record durch eine "End-of-Record"-Markierung, die ein Stoppen des Bandes bewirkt. Damit hierbei keine Information überlesen wird, sind die einzelnen Records durch Lücken getrennt (interrecord gaps). Die gebräuchlichsten Werte für diese Lücken sind 0.6 und 0.75 inches.

Mehrere Records können zu einem File zusammengefaßt werden, dessen Ende durch eine entsprechende Markierung angezeigt wird. Diese Markierung wird gewöhnlich 3 inches nach dem letzten Record angebracht. Es hat damit die Form eines 1-Zeichen Records und wird deshalb wieder mit einer "End-of-record"-Markierung abgeschlossen.

Es gibt neben der bisher beschriebenen Form der Datenabspeicherung die Möglichkeit, mehrere Records zu einem Block zusammenzufassen und diesen als eine Einheit beim Lesen und Schreiben zu betrachten. Dadurch entfallen die Lücken zwischen den einzelnen Records (s. Bild 2.11).

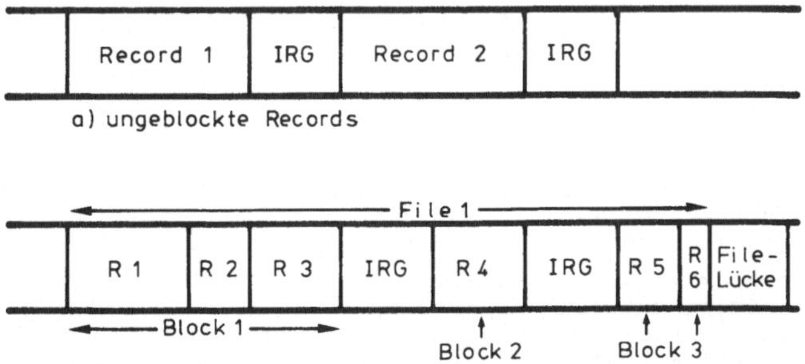

a) ungeblockte Records

b) geblockte Records und Fileorganisation

Bild 2.11: Strukturierung von Daten auf einem Magnetband

Wie beim Magnetplattenspeicher wollen wir auch hier die logische
Struktur eines Magnetbandspeichers betrachten (Bild 2.12).

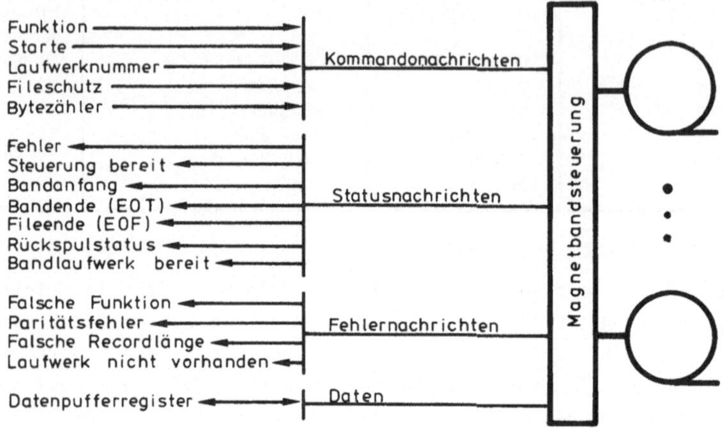

Bild 2.12: Logische Struktur eines Magnetbandspeichers

Kommandonachrichten

Funktion - spezifiziert eine der Operationen, die von der Steuerung
durchgeführt werden können:

-- Abschalten (off line): die Verbindung mit der angeschlossenen
Bandstation wird unterbrochen (kann nur durch entsprechenden
Knopfdruck am Gerät wieder aufgebaut werden);
-- Lesen: Lesen des nächsten Blockes;
-- Schreiben: Schreiben der im Datenpufferregister angelieferten
Daten aufs Band;
-- Schreiben EOF: Fileende-Marke wird aufs Band geschrieben;
-- Vorwärts spulen: das Band wird bis zum nächsten IRG vorwärts
bewegt;
-- Rückwärts spulen: das Band wird bis zum vorhergehenden IRG
rückwärts bewegt;
-- Rückspulen: das Band wird bis zum Bandanfang zurückgespult.

Starte - gibt an, daß mit der spezifizierten Operation begonnen werden soll.

Laufwerksnummer - spezifiziert eines der angeschlossenen Bandlauf-
werke, auf dem eine Operation ausgeführt werden soll.

Fileschutz - wird gesetzt (und zwar durch das Nichtvorhandensein
eines Schreibringes), um die Steuerung an der Ausführung einer
Schreiboperation zu hindern.

Bytezähler - im Gegensatz zu den bisher besprochenen Speicherarten
benötigt man beim Magnetband keine Adresse, sondern lediglich
einen Zähler, der die Anzahl der zu übertragenden Kodewörter
(Bytes) enthält.

Statusnachrichten

Fehler - wird gesetzt, um eine gleichzeitig gesendete Fehlernachricht anzuzeigen.

Kontroller bereit - wird gesetzt, wenn die Steuerung eine neue Operation ausführen kann.

Bandanfang - wird gesetzt, wenn das BOT-Zeichen (Beginning of Tape) entdeckt wird.

Bandende - wird gesetzt, wenn während der Vorwärtsbewegung des Bandes das EOT-Zeichen entdeckt wird.

Fileende - wird gesetzt, wenn während der Operationen Lesen, Vorwärts spulen und Rückwärts spulen das EOF-Zeichen entdeckt wird.

Rückspulstatus - wird gesetzt, wenn eine Rückspul-Operation ausgeführt wird (das Entdecken des BOT-Zeichens bewirkt ein Löschen dieses Indikators).

Bandlaufwerk bereit - wird gesetzt, wenn die angesprochene Bandeinheit stoppt und auf eine neue Operation wartet.

Fehlernachrichten

Falsche Funktion - wird gesetzt, wenn folgende unzulässigen Funktionen spezifiziert werden:

a) irgendeine Schreiboperation, wenn der Fileschutz (FS) gesetzt ist;
b) eine beliebige Funktion an eine nicht verfügbare Bandeinheit.

Paritätsfehler - wird gesetzt, wenn die automatische Fehlerkontrolle einen Aufzeichnungsfehler entdeckt (Blocksicherungsverfahren oder Paritätsprüfung pro Byte).

Falsche Recordlänge - wird gesetzt, wenn während einer Lese-Operation der Bytezähler einen negativen Wert annimmt, d.h. die angenommene Recordlänge nicht mit der tatsächlichen übereinstimmt.

Laufwerk nicht vorhanden - wird gesetzt, wenn das angesprochene Bandlaufwerk nicht existiert oder abgeschaltet ist.

Daten

Für die abzuspeichernden bzw. gelesenen Daten gibt es ein Datenpufferregister analog zu dem beim Magnetplattenspeicher, d.h. dieses Register kann zwecks Geschwindigkeitsausgleich auch mehrfach vorhanden sein.

Neben Magnetbandspeichern in der hier beschriebenen Form gibt es auch noch sog. Bandkassetten, das sind die gleichen Kassetten wie man sie auch bei Musikkassettenrekordern verwendet. Die Daten werden auf diesem Band ähnlich organisiert wie bei den Magnetbändern, allerdings mit zwei Unterschieden. Zum einen werden die einzelnen Kodewörter (Bytes) seriell aufgezeichnet, zum anderen gibt es keine Blockende-Markierung, die ein automatisches Abstoppen des Bandes bewirkt. Vielmehr muß die Empfangsstation nach Erhalt eines Blockes ein Stop-Kommando an die Steuerung senden.

Typische Parameter für Bandkassetten sind:

Bandlänge	:	45 m - 86 m
Bandgeschwindigkeit	:	6,85 - 21,9 cm/sec
Rückspulzeit	:	20 - 40 sec
Start-Stop-Zeit	:	10 - 25 ms
Schreibdichte	:	350 - 700 Bits/Zoll
Blocklänge	:	1 - 256 Zeichen (teilweise auch gesamtes Band)
Speicherkapazität	:	bei 45 m Band: volle Kassette = 93 000 Zeichen 256 Zeichen-Blöcke = 87 000 Zeichen bei 86 m Band: 100 Zeichen-Blöcke = 140 000 Zeichen
Transfergeschwindigkeit	:	120 - 500 Zeichen/sec

Aus diesen Daten wird ersichtlich, daß es sich bei Bandkassetten um
einen sehr langsamen (aber billigen) Speicher handelt.

2.3.4 Speicher aus Schieberegistern

Schieberegister stellen eins der ältesten Konzepte bzgl. elektroni-
scher Abspeicherung und Wiederabrufung von Daten dar (EDSAC, UNIVAC).
Man kann sich das Prinzip der Speicherung so vorstellen, daß man
eine Reihe von Schieberegistern vertikal anordnet, in die dann jeweils eine Nachricht horizontal eingetragen wird.

Das Lesen bzw. Schreiben von Nachrichten geschieht an einer ausgezeichneten Stelle (Bild 2.13). Das gesamte Registerfeld muß vorher
so geschoben werden, daß entweder die zu lesende Nachricht oder die
Speicherzelle für die zu schreibende Nachricht an die Ein/Ausgabe-
stelle gelangt. Wir haben es also auch mit einem Speicher zu tun,
auf den direkt zugegriffen wird, im Unterschied zu Magnettrommel
und -platte wandert hier aber nicht die Lese/Schreibstelle sondern
die Nachricht.

Es gibt heute zwei Technologien, die eine kostengünstige Herstellung der oben beschriebenen Schieberegister ermöglichen. Neben der
schnelleren Zugriffszeit läßt das vollständige Wegfallen von mechanischen Teilen diese Speicherform günstiger als Magnettrommel und
-platte erscheinen.

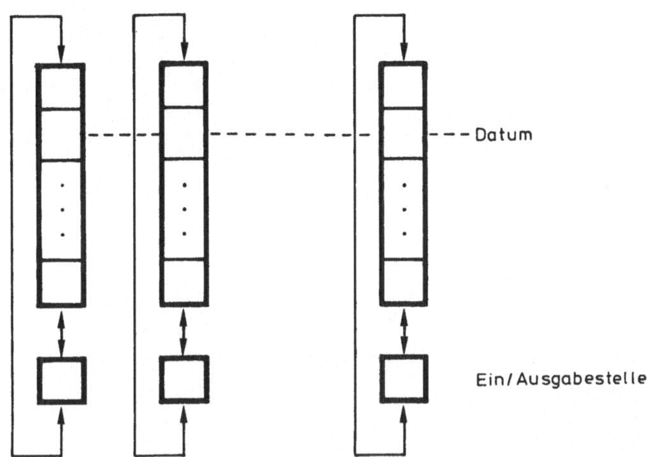

Bild 2.13: Schieberegister als Speicher mit direktem Zugriff

B l a s e n (B u b b l e) - S p e i c h e r: Das Prinzip dieses
Speichers basiert auf folgendem Phänomen: Auf eine nichtmagnetische
Trägersubstanz wird eine dünne magnetische Schicht aufgetragen.
Durch Anlegen eines senkrecht verlaufenden magnetischen Feldes wer-
den Blasen (bubbles) erzeugt, die solange erhalten bleiben wie das
magnetische Feld anliegt.

Durch Anlegen eines weiteren Feldes kann eine Wanderung der Blasen
erreicht werden. Dieses Wandern läßt sich wiederum durch bestimmte
Substanzen beeinflussen, die auf die magnetische Oberfläche aufgetragen werden (Bild 2.14).

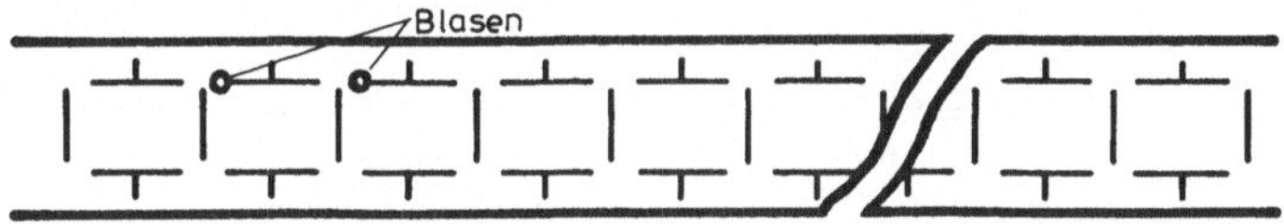

Bild 2.14: Aufbau eines Blasenspeichers

An bestimmten Stellen eines so konstruierten Schieberegisters werden Sensoren angebracht, die anzeigen, ob eine Blase vorhanden ist
oder nicht. Das Vorhandensein kann dann als binäre Eins interpretiert werden. An diesen Stellen werden außerdem Blasen erzeugt und
zerstört.

Einige technische Daten:

- Bitdichte:
  Blasengrößen liegen im Bereich von 4 μm, der Abstand zwischen
  zwei Blasen beträgt etwa 18 μm; daraus ergibt sich eine Dichte
  von ca. 310 000 bits/cm^2 ohne die notwendige Ansteuerung.
  1976 wurden Chips in der Größenordnung von 16 bis 100 KBits hergestellt.
- Schieberaten:
  50 bis 300 KHz
  1980 wird mit etwa 1 MHz gerechnet
- Zugriffszeit:
  Ordnet man alle Bits eines 100 KBit-Chips in einer Reihe (d.h.
  als ein einziges Schieberegister) an und benutzt eine Schieberate
  von 100 KHz, so benötigt man eine Sekunde für eine volle Zirkulation. Die durchschnittliche Zugriffszeit beträgt 0,5 sec. Benutzt
  man eine Organisation wie in Bild 2.13, z.B. 250 Schieberegister
  à 400 bits, so kommt man auf 4 ms für die volle Zirkulation und
  auf 2 ms für die durchschnittliche Zugriffszeit.

C h a r g e - C o u p l e d D e v i c e s (CCD): Die Idee bei die-
sem Speichertyp besteht darin, Information in Form von elektrischer
Ladung in Potentialträgern abzulegen, die auf der Oberfläche von
Halbleitern erzeugt werden.

Der Nachteil gegenüber dem Blasenspeicher liegt darin, daß die ge-
speicherte Information in gewissen Zeitabständen erneuert werden
muß. Ferner benötigen sie eine komplexe Ansteuerungslogik, die auch
nur das Arbeiten mit einer Shiftgeschwindigkeit erlaubt, während
beim Blasenspeicher zwischen verschiedenen Frequenzen leicht variiert werden kann.

Schließlich sind CCDs um den Faktor 3 teurer, was sie aber nicht
durch entsprechend höhere Geschwindigkeit ausgleichen können.

2.3.5 Assoziativspeicher

A s s o z i a t i v s p e i c h e r sind Speicher, bei denen der
Zugriff auf den Speicherinhalt nicht über eine Adresse, sondern
über den Vergleich des Speicherinhaltes mit einem Schlüssel geschieht. Der Vergleich kann sowohl wort- als auch bitparallel geschehen. Der wortparallele Vergleich ist zwar wesentlich schneller,
bei großen Speichern aber zu aufwendig, d.h. zu teuer. Bild 2.15
zeigt die Organisation eines n Worte großen Assoziativspeichers mit
bitparallelem Vergleich.

Das Schreiben im Assoziativspeicher erfolgt entweder nach dem FAFU-Prinzip (first available, first used), oder, wenn noch eine zusätzliche Adreßlogik zur Verfügung steht, wahlfrei.

Das Lesen geschieht in folgenden Schritten:

1. Alle n Indikatorbits im Vergleichsregister, das aus RS-Flip-Flops aufgebaut ist, werden auf 1 gesetzt.

2. Für $1 \leq i \leq k$ wird folgendes ausgeführt:
   Die letzte Stelle des Arguments (Schlüssel) wird gleichzeitig mit der letzten Stelle aller n-Worte verglichen. Falls an einer Stelle keine Übereinstimmung besteht und die Stelle für den Vergleich relevant ist (was durch das Vorhandensein einer Eins im Maskenregister ausgedrückt wird), wird das entsprechende Vergleichsindikatorbit gelöscht.

   Maske, Argument und Speicher werden zyklisch um eine Stelle geshiftet.

3. Aus den n Indikatorbits wird mittels eines Kodierers die Adresse derjenigen Speicherzelle bestimmt, deren Inhalt mit dem vorgegebenen Argument (Schlüssel) übereinstimmt.

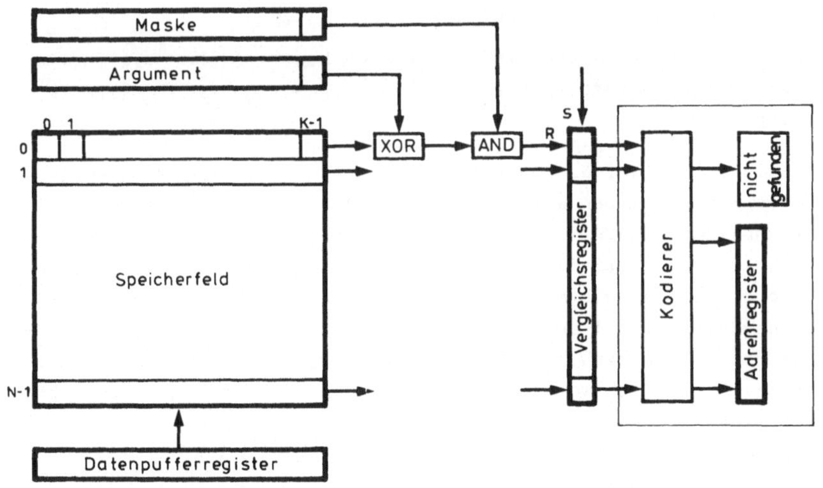

Bild 2.15: Aufbau eines bitparallelen Assoziativspeichers

Da Assoziativspeicher im Normalfall (d.h. außer bei Assoziativrech-
nern) eine feste Funktion haben, lassen sich im Einzelfall noch
Vereinfachungen durchführen.

Bei Verwendung im Zusammenhang mit einem Pufferspeicher (siehe
nächsten Abschnitt) ist z.B. immer der gleiche Teil eines Wortes
relevant, nämlich die ersten Bits. Dann braucht natürlich nicht das
ganze Wort, sondern nur der erste Teil verglichen und damit auch
nur geshiftet zu werden. Das Maskenregister und das "AND" werden
ebenfalls überflüssig.

2.4 Organisationsformen zur Verbesserung der Hauptspeichermerkmale

In Abschn. 2.1 wurden drei funktionale Arten von Speichern aufgezählt, die bei der Bearbeitung einer Aufgabe auf einer digitalen
Rechenanlage benötigt werden. Von der Problemstellung her handelt
es sich hierbei in aller Regel um Speicher, auf die man wahlfrei
und schnell zugreifen möchte. Wir haben gesehen, daß es bei der
Realisierung dieses Wunsches zwei Hindernisse gibt:

1. Die Größe des technisch und finanziell realisierbaren Hauptspeichers reicht für viele Aufgaben nicht aus.

2. Der Zugriff auf diesen realisierbaren Hauptspeicher ist in vielen Fällen im Vergleich zur Geschwindigkeit des Prozessors zu
   langsam.

Im weiteren Verlauf dieses Kapitels haben wir mit Magnettrommel und
-platte Speicherarten kennengelernt, die eine genügend große Spei-
cherkapazität zur Verfügung stellen können, allerdings zu Lasten
des wahlfreien Zugriffs. Wir wollen uns nun in diesem Abschnitt damit beschäftigen, wie man durch entsprechende Organisationsformen
die in den Punkten 1 und 2 aufgezeigten Nachteile wenigstens teilweise beseitigen kann, ohne auf die wahlfreie Zugriffsmöglichkeit
zu verzichten. Dazu wollen wir uns mit den folgenden Konzepten beschäftigen:

- Speicherverschränkung
- virtueller Speicher
- Pufferspeicher

2.4.1 Speicherverschränkung (memory interleaving)

In Abschn. 2.3 haben wir gesehen, daß der Zugriff zum Hauptspeicher
über den sog. Speichereingang erfolgt. Will man einen schnelleren
Zugriff zum Hauptspeicher bekommen (bei gleichbleibender Arbeitsge-
schwindigkeit des Speichers), so besteht eine Möglichkeit darin,
den gesamten Speicher in einzelne Module zu zerlegen, von denen jeder einen eigenen Eingang bekommt. Die Adressen werden nach folgendem Schema den einzelnen Modulen zugeteilt:

sei 2^N die Größe des gesamten Speichers und k die Anzahl der
Module, dann liegen im i-ten Modul ($0 \leq i \leq k-1$) alle Adressen m,
$0 \leq m \leq 2^N-1$, für die gilt: m mod k = i .

Dieses Schema der Adreßzuordnung bezeichnet man als S p e i c h e r -
v e r s c h r ä n k u n g. Der Fall k=4 ist in Bild 2.16 dargestellt.

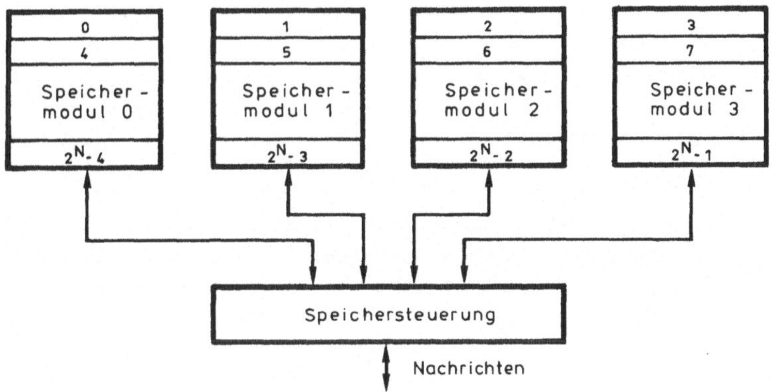

Bild 2.16: Prinzip der Speicherverschränkung dargestellt für 4 Speichermodule

Aus der Sicht des Prozessors gibt es nach wie vor einen Ansprech-
punkt, nämlich die Speichersteuerung. Diese interpretiert die
Adresse wie in Bild 2.17 dargestellt und stößt dann den entsprechenden Modul an.

Hauptspeicheradresse

Adresse innerhalb des Speichermoduls	Nummer des Speichermoduls
N - 1 . . . 2	1 0

Bild 2.17: Adreßinterpretation bei Speicherverschränkung

Die Frage, welche Geschwindigkeitsverbesserung man bzgl. des Speicherzugriffs durch eine Speicherverschränkung erreicht, läßt sich nicht ohne weiteres beantworten. Notwendig wäre dazu die Kenntnis der tatsächlich auftretenden Speicherreferenzen in einem Rechnersystem. Da diese Daten nur mit großem Aufwand zu bekommen sind [26] (insbesondere bei der Konzeption eines Rechners), hat man auf der Basis von Modellbildungen versucht, eine Antwort auf die oben gestellte Frage zu erhalten. Eine Besprechung dieser Modelle ist hier nicht möglich, es sei daher auf die entsprechende Literatur verwiesen ([10],[12],[21]).

2.4.2 Virtueller Speicher

Das Konzept des virtuellen Speichers und des nachfolgend beschriebenen Pufferspeichers basiert auf der sog. L o k a l i t ä t s - e i g e n s c h a f t von Programmen. Diese sagt aus, daß die Speicherreferenzen, die sich in einem bestimmten Zeitintervall bei der Ausführung eines Programmes ergeben, nicht wahllos über den gesamten Adreßraum des Programmes verstreut, sondern jeweils auf einen lokalen Bereich beschränkt sind. Dieser lokale Bereich verschiebt sich im Laufe der Ausführung langsam über den gesamten Adreßraum.

Beim virtuellen Speicher wird diese Eigenschaft ausgenutzt, um den Nachteil der zu geringen Hauptspeicherkapazität zu beseitigen. Man stellt dem Programmierer einer Rechenanlage einen für seine Zwecke genügend großen Adreßraum mit wahlfreiem Zugriff zur Verfügung (repräsentiert durch eine entsprechend große Adresse). Der durch diesen Adreßraum charakterisierte Speicher wird v i r t u e l l e r S p e i c h e r genannt, da er physikalisch als Speicher mit wahlfreiem Zugriff in dieser Größe nicht vorhanden ist. Er wird vielmehr auf einen Speicher mit direktem Zugriff (meist Magnetplatte) abgebildet. Lediglich der lokale Bereich wird in einem physikalisch vorhandenen, kleineren Hauptspeicher mit wahlfreiem Zugriff abgelegt.

Aus Effizienzgründen zerlegt man den gesamten Adreßraum in Blöcke gleicher Größe, genannt S e i t e n, und betrachtet dann jeweils den gesamten Block als zum lokalen Bereich gehörig. Der physikalische Hauptspeicher wird in gleicher Weise aufgeteilt, seine Blöcke nennt man S e i t e n r a h m e n (oder K a c h e l n). Um von den virtuellen Adressen, die im Benutzerprogramm verwendet werden, zu den Adressen des realen Hauptspeichers zu gelangen, gibt es innerhalb des Prozessors·einen speziellen Umsetzungsmechanismus. Dieser hat im einzelnen folgende Aufgaben:

1. Die virtuelle Adresse muß in eine Seitennummer und in eine Wortadresse, die die relative Adresse bezogen auf eine Seite angibt, zerlegt werden. Letztere Komponente wird unverändert in die reale Adresse übernommen (siehe Bild 2.18).

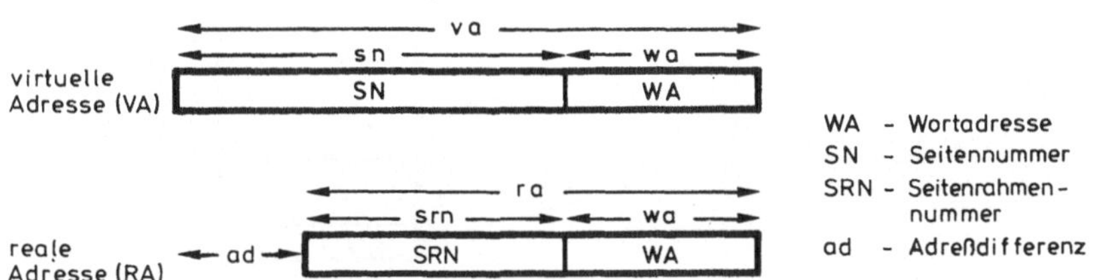

Bild 2.18: Aufbau von virtueller und realer Adresse

2. Die Seitennummer muß als nächstes in eine Seitenrahmennummer umgewandelt werden. Dazu benötigt man eine S e i t e n a b b i l - d u n g s f u n k t i o n, die innerhalb einer speziellen Hardware implementiert sein muß.

Zur Charakterisierung der verwendbaren Funktionen führen wir den Begriff der S e i t e n r a h m e n m e n g e ein, unter der wir die Menge von Seitenrahmen verstehen wollen, auf die eine Seite abgebildet werden kann.

-- D i r e k t e   A b b i l d u n g: Bei dieser Abbildung kann jede Seite nur in einen festen Seitenrahmen abgebildet werden, d.h. die Seitenrahmenmenge ist gleich 1 (Bild 2.19). Ferner hat jede Seite einen festen Platz innerhalb des Hintergrundspeichers, auf dem der virtuelle Speicher realisiert wird.

-- A s s o z i a t i v e   A b b i l d u n g: Die Seitenrahmenmenge wird bei dieser Abbildung größer 1 gewählt. Bild 2.20 zeigt den Fall, daß sie gleich der Anzahl der vorhandenen Seitenrahmen ist. In diesem allgemeinen, auch als vollständig assoziativ bezeichneten Fall kann der Platz einer Seite auf dem Hintergrundspeicher frei gewählt werden, was aber einen größeren Verwaltungsaufwand mit sich bringt.

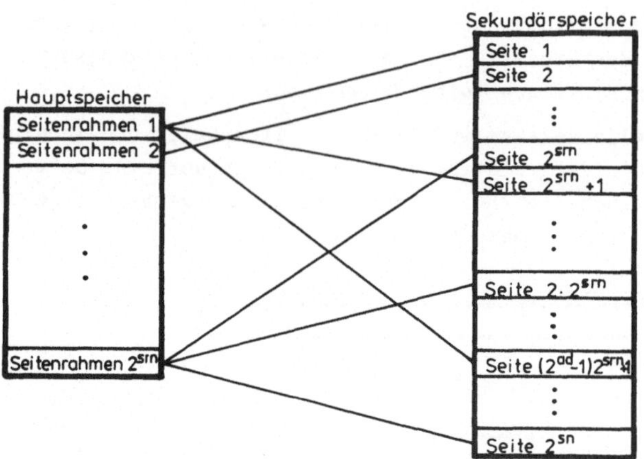

Bild 2.19: Seitenabbildungsfunktion - Direkte Abbildung

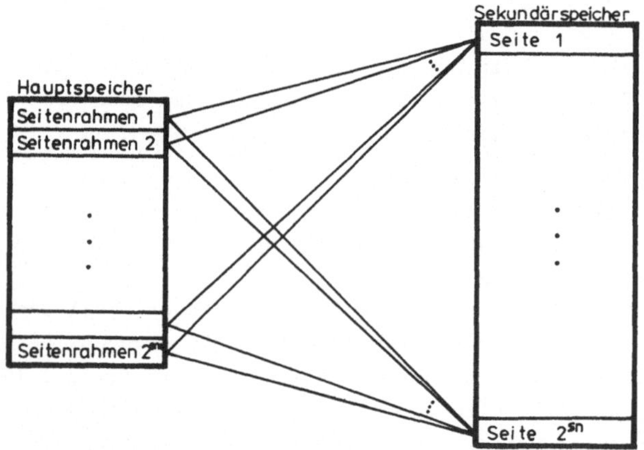

Bild 2.20: Seitenabbildungsfunktion - Vollständig assoziative Abbildung

3. Auf der Basis der unter Punkt 2 beschriebenen Seitenabbildungsfunktionen muß nun ein Übersetzungsalgorithmus für virtuelle
Adressen realisiert werden. Dieser Algorithmus muß aus einer
virtuellen Adresse einmal eine Adresse für den Hintergrundspeicher, auf dem der gesamte virtuelle Speicher realisiert wird
(Problem I), und zum anderen eine reale Adresse für den physikalisch vorhandenen Hauptspeicher (Problem II) generieren können.

Problem I kann sehr leicht mit Hilfe einer Tabelle der Länge 2^{sn} gelöst werden. Diese enthält an der i-ten Stelle die Adresse der i-ten Seite auf dem Hintergrundspeicher. Diese Form der Adreßumsetzung geschieht in der Regel durch den Prozessor.

Problem II ist sehr viel komplexer, und die Güte der hierfür gewählten Lösung hat entscheidenden Einfluß auf die Verarbeitungsgeschwindigkeit eines Prozessors, da jede auftretende Speicherreferenz als virtuelle Adresse aufzufassen und daher entsprechend umgesetzt werden muß. Der Übersetzungsalgorithmus muß bei dieser Umsetzung zwei Teilprobleme lösen. Er muß einmal gemäß der Seitenabbildungsfunktion bestimmen, in welchem Seitenrahmen der virtuelle Speicherplatz bzw. die Seite, zu der dieser Speicherplatz gehört, zu finden sein muß. Darüberhinaus muß er feststellen, ob sich die Seite tatsächlich, d.h. zum Zeitpunkt der Referenz, in dem ermittelten Seitenrahmen befindet.

Bei der Betrachtung von Lösungen für diese beiden Teilprobleme orientieren wir uns an den beiden unter Punkt 2 vorgestellten Seitenabbildungsfunktionen (direkte bzw. assoziative Abbildung).

Legt man die direkte Abbildung zugrunde, so kann man mittels einer speziellen Hardware die letzten srn Bits der Seitennummer sowie die Wortadresse zur realen Adresse zusammenfassen. Die vorderen ad Bits der Seitennummer können zur Lösung des zweiten Teilproblems herangezogen werden. Man benutzt nämlich eine Tabelle mit 2^{srn} Einträgen, die für jeden Seitenrahmen diejenige Seitennummer enthält, die gerade auf diesen Rahmen abgebildet ist. Zur Identifizierung der Seite benötigt man genau die vorderen ad Bits der Seitennummer (Bild 2.21).

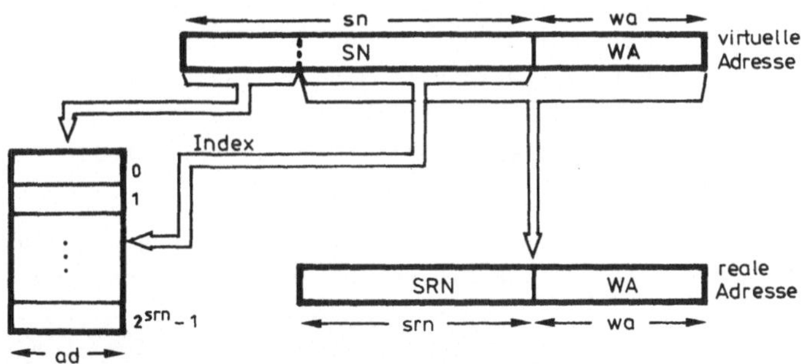

Bild 2.21: Übersetzung von Seitennummern bei direkter Abbildung

Im Falle der assoziativen Abbildung gibt es zwei Möglichkeiten
zur Lösung der beiden Teilprobleme. Im ersten Fall verwendet man
eine sog. S e i t e n t a b e l l e, die für jede Seite einen
Eintrag enthält. Dieser Eintrag gliedert sich in eine Seitenrahmennummer und verschiedene Kontrollbits, von denen eines anzeigt,
ob sich die referierte Seite im realen Speicher befindet. Ist
dies der Fall, so wird die Seitenrahmennummer des Eintrags zur
Bildung der realen Adresse benutzt, andernfalls wird gemäß Seitenabbildungsfunktion und des unter Punkt 4 (s.u.) beschriebenen
Seitenersetzungsalgorithmus ein Seitenrahmen ausgewählt, in den
die Seite vom Hintergrundspeicher abgebildet wird (Bild 2.22).

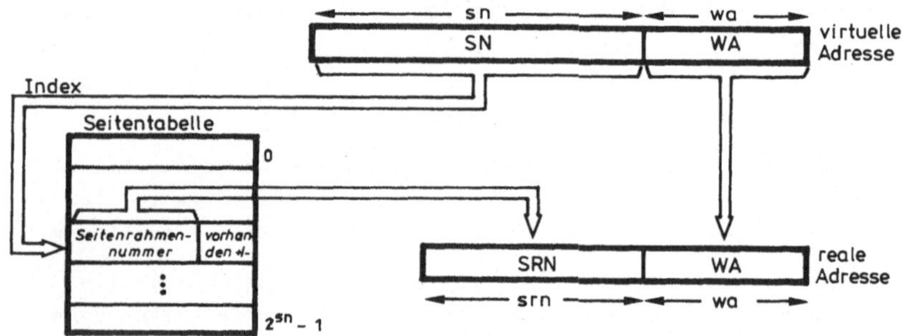

Bild 2.22: Übersetzung von Seitennummern mittels Seitentabelle

Im zweiten Fall verwendet man eine ähnliche Tabelle wie die in
Bild 2.21 gezeigte. Sie enthält bei Zugrundelegung der vollständig assoziativen Abbildung wieder 2^{srn} Einträge, jeder Eintrag
ist aber sn Bits lang, d.h. er enthält die vollständige Seitennummer. Bei einer Speicherreferenz wird geprüft, ob die Seitennummer an irgendeiner Stelle der Tabelle eingetragen ist. Ist
dies der Fall, so wird der Tabellenindex des Eintrages als Seitenrahmennummer benutzt, andernfalls wird analog zur ersten Lösung verfahren (Bild 2.23). Da die Tabellensuche möglichst
schnell abgewickelt werden muß, realisiert man die Tabelle in
Form eine Assoziativspeichers.

Legt man nicht die vollständig assoziative Abbildung zugrunde,
so kann das Suchen in der Tabelle entsprechend eingeschränkt
werden.

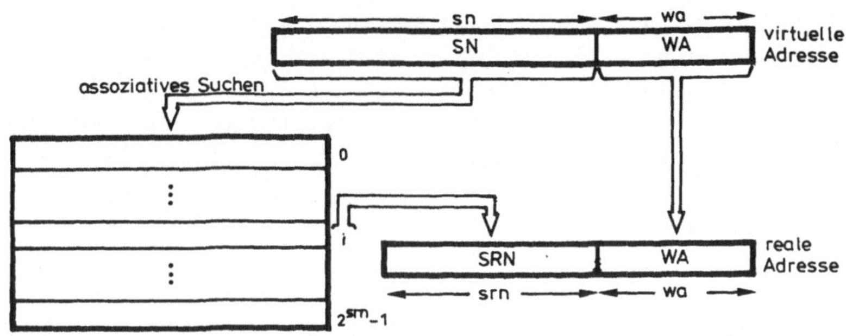

Bild 2.23: Übersetzung von Seitennummern mittels Assoziativtabelle

Bei den bisherigen Überlegungen sind wir immer von e i n e m virtuellen Adreßraum ausgegangen. Will man in einem Rechner einer bestimmten Anzahl von Benutzern einen eigenen virtuellen Adreßraum
zur Verfügung stellen, dann stellt sich die Frage, wie man diese
Adreßräume voneinander unterscheiden kann.

Eine Möglichkeit besteht darin, daß man den vorderen Teil der virtuellen Adresse als Benutzernummer auffaßt. Damit wäre lediglich
die Länge der Seitennummer reduziert, die oben beschriebenen Übersetzungsalgorithmen bedürfen aber keiner Änderung. Anders sieht es
bei der zweiten Möglichkeit aus. Hier ordnet man jedem Benutzer
eine Identifizierungsnummer zu, die nicht Bestandteil der virtuellen Adresse ist. Die Tabellen der in den Bildern 2.21 und 2.23
skizzierten Übersetzungsalgorithmen müßten in diesem Fall um eine
Spalte mit den Benutzeridentifikationen erweitert werden. Bei Verwendung einer Seitentabelle würde man jedem Benutzer eine derartige
Tabelle zuordnen. Die Benutzeridentifikation kann dann als Ein-
stiegspunkt oder reale Anfangsadresse zu der entsprechenden Seitentabelle benutzt werden.

4. Unter Punkt 3 haben wir gesehen, daß der Übersetzungsalgorithmus
   feststellt, ob sich eine referierte Seite A im realen Speicher
   befindet. Ist dies nicht der Fall, muß die Seite A vom Hintergrundspeicher in den realen Speicher transportiert und gegebenenfalls vorher eine sich im Zielseitenrahmen befindende Seite B
   wieder zum Hintergrundspeicher zurückgebracht werden. Dieses Vorgehen wollen wir als C U W - M e t h o d e (conflicting-use
   writeback) bezeichnen. Ist die Seite B nicht verändert worden,
   ist ein Zurückschreiben nicht notwendig. Dies wird bei der
   C U X - M e t h o d e berücksichtigt, bei der jeder Seitenrahmen
   ein X-Bit erhält, das bei schreibendem Zugriff automatisch gesetzt wird. Ein Zurückschreiben erfolgt nur bei gesetztem X-Bit.

   Die Auswahl des Zielseitenrahmens für die referierte Seite A ist
   bei der direkten Abbildung eindeutig festgelegt. Anders sieht es

dagegen bei der assoziativen Abbildung aus. Da die Seitenrahmenmenge hier größer 1 ist, müssen zusätzliche Kriterien für die
Auswahl eines Seitenrahmens herangezogen werden. Ein solches Kri-
terium kann z.B. der Zeitpunkt der letzten Referenz bzgl. derjenigen Seiten sein, die bereits auf die in Frage kommende Seitenrahmenmenge abgebildet sind. Eine mögliche Auswertung dieses Kri-
teriums kann dann in der Auswahl desjenigen Seitenrahmens bestehen, in dem sich die am längsten nicht referierte Seite befindet (LRU-Prinzip).

Ausführliche Diskussionen über mögliche Kriterien und daraus resultierende Auswahlprinzipien finden sich in der Literatur über
Betriebssysteme.

2.4.3 Pufferspeicher

Beim Konzept des P u f f e r s p e i c h e r s (C a c h e - S p e i -
c h e r s) wird die im vorigen Abschnitt beschriebene Lokalitäts-
eigenschaft ausgenutzt, um wie bei der Speicherverschränkung einen
Ausgleich zwischen der Verarbeitungsgeschwindigkeit des Prozessors
und der Hauptspeicherzykluszeit zu schaffen. Dazu wird zwischen
Hauptspeicher und Prozessor ein für den Prozessor transparenter,
schneller Speicher mit wahlfreiem Zugriff (technische Daten, siehe
Bild 2.2) gesetzt, der die Speicherplätze des oben charakterisier-
ten lokalen Bereichs aufnimmt.

Aus Effizienzgründen zerlegt man wie beim virtuellen Speicher den
gesamten Adreßraum in Blöcke gleicher Größe und betrachtet dann
wieder den gesamten Block als zum lokalen Bereich gehörig. Die
Blockgröße liegt allerdings in der Praxis zwischen 1 und 64 Hauptspeichereinheiten.

Bezüglich der Aufgaben der Pufferspeicherkontrolle gelten wiederum
die Punkte 1 bis 4, die im Zusammenhang mit dem virtuellen Speicher
diskutiert wurden. Eine Ergänzung ist lediglich bzgl. des Zurückschreibens von Daten in den Hauptspeicher zu machen. Neben den unter Punkt 4 besprochenen CUW- und CUX-Methoden wird bei Pufferspeichern häufig die W T - M e t h o d e (write-through) verwendet.
Hierbei wird jede Schreiboperation sowohl im Pufferspeicher als
auch im Hintergrundspeicher ausgeführt.

Rechnerhersteller geben an, daß sich beim Einsatz von Pufferspeichern sog. "Trefferraten" von weit über 90% ergeben, d.h. bei über 90% aller lesenden Speicherreferenzen steht das gewünschte Datum im schnellen Pufferspeicher.

Beispiel 2.2 Die IBM 370/158 besitzt einen Hauptspeicher (max. Größe 2 MB) mit einer Zykluszeit von ca. 1 µs. Die Verwendung eines Pufferspeichers von 16 K Byte Größe und einer Zykluszeit von 160 ns führt bei Zugrundelegung einer Seitengröße von 64 Bytes zu einer effektiven Zykluszeit von unter 300 ns.

Beispiel 2.3 J. Bell et al. [5] haben auf der Basis von realen Hauptspeicherreferenzen verschiedene Pufferspeichermodelle simuliert. Dabei wurden insbesondere die Methoden des Zurückschreibens hinsichtlich ihrer Auswirkung auf die effektive Zykluszeit eines Systems mit Pufferspeicher untersucht. Die nachfolgend wiedergegebenen Ergebnisse beschreiben das Verhältnis von Programmausführungszeiten auf einem Rechner ohne Pufferspeicher und denen auf einem Rechner mit Pufferspeicher. Dieses Verhältnis wird ausgedrückt durch:

$$\alpha = \frac{\text{Ausführungszeit ohne Pufferspeicher}}{\text{Ausführungszeit mit Pufferspeicher}}$$

Simulationsparameter:

Hauptspeicherzykluszeit:	1 µs
Pufferspeicherzykluszeit:	100 ns
Pufferspeichergröße:	512 Worte
Seitengröße:	1 Wort
Seitenabbildungsfunktion:	direkte Abbildung

Ergebnisse:

Rechner ohne Pufferspeicher	: $\alpha = 1$
Rechner mit Pufferspeicher und WT-Methode	: $\alpha = 2,2$
Rechner mit Pufferspeicher und CUW-Methode:	$\alpha = 3,2$
Rechner mit Pufferspeicher und CUX-Methode:	$\alpha = 4,9$

3 Ein/Ausgabegeräte

In diesem Kapitel wollen wir Nachrichtenstationen betrachten, über
die Daten in ein Rechnersystem eingegeben bzw. über die Daten aus
einem Rechnersystem herausgegeben werden können. Eine einheitliche
Klassifizierung dieser Stationen gibt es nicht; man könnte sie aber
beispielsweise nach der Form der Daten bzw. der Datenträger unter-
teilen (Bild 3.1).

Gerätename	Datenträger	Funktion	Verarbeitungsgeschwindigk.
Lochkartenleser	Lochkarte	Eingabe	100 - 2000 Karten/min
Lochkartenstanzer	Lochkarte	Ausgabe	100 - 800 Karten/min
Lochstreifenleser	Lochstreifen	Eingabe	10 - 1000 Zeichen/sec
Lochstreifenstanzer	Lochstreifen	Ausgabe	10 - 500 Zeichen/sec
Drucker	Papier	Ausgabe	100 - 3000 Zeilen/min Laserdrucker: 21000 Z/min
Fernschreiber	"Tastatur" / Papier	Eingabe / Ausgabe	abh. vom Menschen / 10 - 60 Zeichen/sec
Datensichtstation	"Tastatur"/ "Bildschirm"	Eingabe/ Ausgabe	abh. vom Menschen / bis 240 Zeichen/sec
Analog - Digital - Wandler	Leitungen	Eingabe	12 - 100 μs für die Konver- sion einer 10-12 Bit Zahl
Digital - Analog - Wandler	Leitungen	Ausgabe	250 - 2000 μs

Bild 3.1: Übersicht über die wichtigsten Ein/Ausgabegeräte

Diese Datenträger stellen nach der Terminologie von Kap. 1 die
Nachrichtenspeicher der Geräte dar. Wir wollen uns nun näher mit
den wichtigsten Geräten beschäftigen.

3.1 Lochkartenleser

Lochkartenleser dienen zur Übermittlung von Daten, die auf Lochkarten abgelegt sind. Eine Lochkarte ist in 80 Spalten und 12 Reihen
aufgeteilt (es gibt daneben auch 96- und 40-spaltige Lochkarten).
Üblicherweise enthält jede Spalte ein Kodewort, das - gemäß der
Anzahl der Zeilen - einem 12-stelligen Kode entstammt. Die Zeilen
und damit die Stellen des Kodes sind wie folgt benannt: die beiden
obersten Zeilen tragen die Nummern 12 und 11, die restlichen sind
von 0 bis 9 durchnumeriert. Ist in einer Zeile eine Lochung angebracht, so wird dies als binäre Eins interpretiert.

Es gibt eine ganze Reihe verschiedener Lochkartenkodes, wie z.B. den Hollerith-Kode oder den in Bild 1.3 gezeigten ASCII-Kode als Lochkartenkodes.

Die zu lesenden Lochkarten werden im E i n g a b e m a g a z i n (engl.: hopper) des Kartenlesers abgelegt. Erhält das Gerät einen Lesebefehl, so wird die erste Karte des Magazins in die L e s e - s t a t i o n eingeführt. Hier wird nun Spalte für Spalte gelesen und das jeweilige Kodewort ins Datenregister gebracht. Nach dem Lesen aller Spalten wird die Karte ins A u s g a b e m a g a z i n (engl.: stacker) gegeben. Als wichtig ist bei diesem Vorgang festzuhalten, daß eine Karte mit konstanter Geschwindigkeit durch die Lesestation geführt wird und dabei nicht mehr angehalten werden kann. Da Lochkartenleser in der Regel nur über ein Datenregister verfügen, bedeutet das, daß ein gelesenes Kodewort von der Empfängerstation bis zu dem Zeitpunkt entgegengenommen werden muß, bis zu dem der Leser die nächste Spalte gelesen hat. Andernfalls würde eine Überschreibung im Datenregister stattfinden. Bei einem Kartenleser, der 1000 Karten pro Minute liest, wird beispielsweise ca. alle 375 µs eine Spalte gelesen.

Nach dem Lesen einer Spalte (d.h. eines Kodewortes) wird bei den meisten Geräten eine Umkodierung in einen in der Empfängerstation verwendeten Kode vorgenommen, z.B. vom ASCII-Lochkartenkode in den 7- oder 8-Bit ASCII-Kode. Es gibt allerdings auch Lesegeräte, die lediglich die Binärdarstellung der gelesenen Spalte an die Empfängerstation übermitteln.

Die logische Struktur eines Lochkartenlesers ist in Bild 3.2 dargestellt.

<u>Kommandonachrichten</u>

Lesen - Dieses Kommando bewirkt, daß das Lesen der ersten Karte im Eingabemagazin angestoßen wird.

Herauswerfen - Wie oben beschrieben, durchläuft eine Karte mit konstanter Geschwindigkeit die Lesestation, ohne daß sie dabei unterbrochen werden kann. Mit diesem Befehl kann jedoch der Lesevorgang abgebrochen werden. Es erfolgt dann seitens der Steuerung erst nach Durchlauf der Karte eine Benachrichtigung des Empfängers.

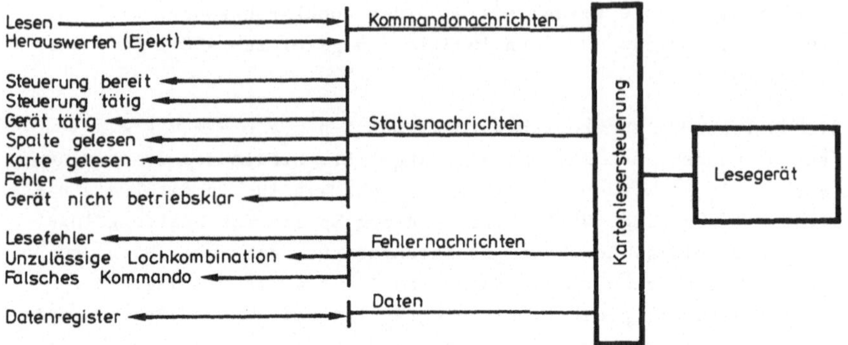

Bild 3.2: Logische Struktur eines Lochkartenlesers

Statusnachrichten

Steuerung bereit - Die Steuerung kann eine Kommandonachricht entgegennehmen.

Steuerung tätig - Ein Kommando befindet sich gerade in Ausführung,
d.h. die notwendigen Aktionen des Gerätes werden angestoßen. Danach werden "Steuerung bereit"- und "Gerät tätig" - Nachrichten
gesendet.

Gerät tätig - Eine Lochkarte wird z.Z. vom Gerät gelesen bzw. durch
die Lesestation geführt.

Spalte gelesen - Eine Spalte wurde gelesen und das entsprechende
Kodewort steht im Datenregister zur Verfügung.

Karte gelesen - Der Lesevorgang, der durch das letzte Lesekommando
angestoßen wurde, ist abgeschlossen, d.h. die gelesene Karte befindet sich im Ausgabemagazin und der Kontroller kann das nächste Kommando entgegennehmen.

Fehler - zeigt an, daß gleichzeitig eine Fehlernachricht gesendet
wird.

Gerät nicht betriebsklar - Diese Nachricht zeigt an, daß der Kartenleser aus technischen Gründen nicht arbeitsfähig ist und nur
durch menschlichen Eingriff wieder in Betrieb gesetzt werden
kann (daher keine Fehlernachricht). Gründe können sein:
- Eingabemagazin leer oder Ausgabemagazin voll,
- Zuführungsfehler beim Einführen einer Karte in die Lesestation,
- elektrische oder mechanische Störungen am Gerät.

Fehlernachrichten

Lesefehler - Beim Lesen einer Spalte konnte von der Leseeinrichtung
(z.B. Fotozellen) der Zustand "0" oder "1" in den einzelnen Zeilen nicht eindeutig erkannt werden. Ursache hierfür kann z.B.
ein Schlupf beim Kartentransport sein.

Unzulässige Lochkombination - Diese Fehlernachricht existiert nur,
wenn bereits eine Umkodierung (s.o.) erfolgt. Sie zeigt dann an,
daß die gelesene Lochkombination nicht umkodiert werden konnte,
d.h. kein gültiges Zeichen darstellt.

Falsches Kommando - Diese Nachricht kann in zweierlei Hinsicht benutzt werden. Falls die Kommandonachrichten kodiert gesendet werden, kann hierdurch einmal ein falsches Kodewort angezeigt werden.
Zum anderen kann man sie benutzen, um anzuzeigen, daß ein Lesekommando gesendet wurde, ohne daß die Steuerung auf den vorhergehenden Lesebefehl mit einer "Karte gelesen"-Nachricht geant-
wortet hat.

<u>Daten</u>

Datenregister - Das Datenregister enthält das zuletzt gelesene Kodewort. Bzgl. der Abnahmebedingungen für den Empfänger sei auf die
oben gemachte Bemerkung verwiesen.

3.2 Drucker

Das gebräuchlichste Gerät zur Ausgabe von Daten in einer für den
Menschen verständlichen Form ist der sog. Z e i l e n d r u c k e r.
Der Name rührt daher, daß dieses Gerät jeweils eine Folge von Zeichen erhält, die dann in einer Zeile ausgedruckt werden. Die Länge
der Zeichenfolge kann maximal entweder gleich der Anzahl von Zeichen sein, die in einer Zeile ausgedruckt werden können, oder ein
Teil davon, so daß zum vollständigen Ausfüllen einer Zeile entsprechend viele Folgen notwendig sind. Üblich sind bei Druckern Z e i -
l e n b r e i t e n (d.h. maximale Anzahl von Zeichen pro Zeile)
von 80-140. Wir sprechen dann auch von einer entsprechenden Anzahl
von Druckpositionen.

Das Drucken eines Zeichens an einer Druckposition kann nach einem
der vier folgenden Verfahren erfolgen. Allen Verfahren ist gemeinsam, daß zur Darstellung der Zeichen eines Kodes (z.B. Ziffern,
Buchstaben und Sonderzeichen des ASCII-Kodes) Drucktypen (vgl.
Schreibmaschine) verwendet werden.

1. Beim ersten Verfahren, das bei neueren Druckern nicht mehr angewendet wird, ordnet man sämtliche Zeichen auf einer sog. T y -
p e n s t a n g e an. Diese wird so bewegt, daß sich die Druck-
type für das zu druckende Zeichen an der entsprechenden Druckposition befindet. Der eigentliche Druckvorgang wird dann so
realisiert, daß ein Hammer, der sich an jeder Druckposition befindet, das Papier samt Farbband oder Farbtuch gegen die Druck-
type schlägt. Dieser Vorgang stimmt bei allen vier Verfahren
überein.

2. Beim zweiten Verfahren verwendet man eine rotierende K e t t e,
   die an jeder Druckposition vorbeiläuft. Sie enthält beispielsweise bei 132 Druckpositionen ca. 240 Drucktypen. Das bedeutet,
   daß je nach Zeichenmenge (Anzahl von Kodeworten) für jedes Zeichen mehrere Drucktypen vorhanden sein können. In der Regel sieht
   man selten benutzte Zeichen (wie z.B. Sonderzeichen) nur einmal
   vor, häufig benutzte dagegen mehrfach. Die Druckgeschwindigkeit
   richtet sich dann danach, welche dieser Zeichen man benutzt,
   d.h. bei den nur einmal vorhandenen Zeichen wird sich die Druckgeschwindigkeit verringern.

3. Das dritte Verfahren ist eigentlich nur eine technische Variante
   des zweiten. Statt einer Kette verwendet man nämlich ein
   G l i e d e r b a n d, in das die einzelnen Drucktypen eingeschoben sind. Der Vorteil liegt in einer größeren Flexibilität und
   einer großen Packungsdichte für die Drucktypen, was nach der unter Verfahren 2 gegebenen Erläuterung eine höhere Druckgeschwindigkeit zur Folge hat. Der unter Verfahren 2 genannten Zahl von
   240 stehen bei einem Gliederband ca. 430 Drucktypen gegenüber.

4. Verfahren 4 basiert auf einer rotierenden D r u c k t r o m -
   m e l, die für jede Druckposition eine Spur hat. Auf jeder Spur
   befindet sich für jedes darstellbare Zeichen genau eine Druck-
   type.

Neben dem Druckverfahren ist die Art der P a p i e r b e w e g u n g
(auch V o r s c h u b genannt) bei einem Drucker von Bedeutung.
Prinzpiell ist jeder Drucker in der Lage, das Papier um eine Zeile
vorzuschieben. Daneben besitzen einige die Fähigkeit, einen Vorschub auf die erste Zeile der nächsten Druckseite vorzunehmen.
Hierbei wird allerdings ein festes Papierformat vorausgesetzt.
Flexibler sind diejenigen Drucker, die zur Vorschubsteuerung ein
Lochband benutzen, das mit der Vorschubsteuerung gekoppelt ist.
Dieses enthält 12 parallel verlaufende Kanäle, die zur Kennung bestimmter Zeilen benutzt werden können. Pro Zeile darf nur eine Lochung in einem Kanal angebracht werden. In seiner Länge entspricht
das Band einer oder mehreren Druckseiten. Kanal 1 bzw. 12 werden
in der Regel zur Kennung der ersten bzw. letzten Zeile einer Seite
benutzt. Durch Markierungen in den anderen Kanälen lassen sich Pa-
piervorschübe zu beliebigen Zeilen realisieren. Damit bei wechseln-
den Formularen bzw. Druckbildern nicht jedesmal das Lochband ge-

wechselt werden muß, hat man bei neueren Druckern einen Puffer eingeführt, der vor jedem Druckvorgang geladen werden kann und von der
Vorschubsteuerung interpretiert wird.

Wir wollen uns nun die logische Struktur eines Druckers näher an-
schauen, wobei wir voraussetzen, daß zur Vorschubsteuerung das eben
beschriebene Lochband vorhanden ist. Bild 3.3 zeigt in gewohnter
Weise das Modell eines Druckers.

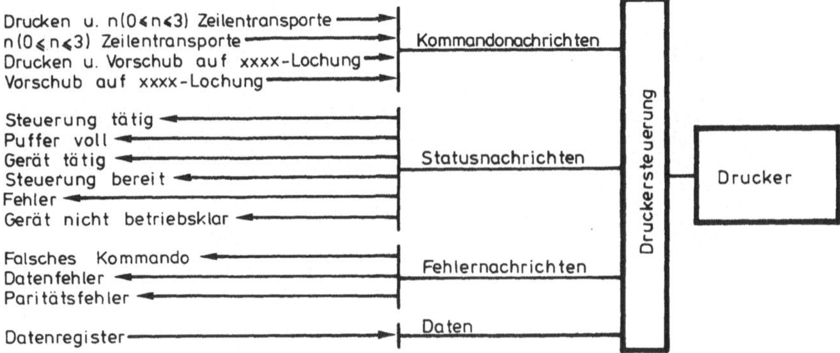

Bild 3.3: Logische Struktur eines Druckers

Bevor wir auf die einzelnen Nachrichtenarten eingehen, soll zunächst
einmal die prinzipielle Arbeitsweise erläutert werden.

Sobald das Gerät Daten entgegennehmen kann (angezeigt durch "bereit"), werden diese über das Datenregister gesendet. Sind keine
Daten mehr vorhanden oder ist "Puffer voll" angezeigt, so kann ein
"Drucken"-Kommando übermittelt werden. Der Druckvorgang beginnt an
der durch den letzten Druckvorgang bzw. durch die letzte Vorschubsteuerung festgelegten Position.

Bemerkung: Diejenigen Nachrichten, die die gleiche Bedeutung wie
beim Kartenleser haben, werden hier und bei den folgenden Geräten
nicht mehr erläutert.

Kommandonachrichten

Drucken und n Zeilentransporte - Die über das Datenregister über-
    mittelten Daten werden gedruckt und anschließend n Zeilentrans-
    porte durchgeführt.

n Zeilentransporte - Dieses Kommando kann im Anschluß an ein
    "Drucken"-Kommando gegeben werden und sorgt für die angegebene
    Zahl von Zeilenvorschüben, ohne daß ein Druckvorgang ausgelöst
    wird.

Drucken und Vorschub auf xxxx-Lochung im Lochband - Dieses Kommando wirkt ähnlich wie das erste, es erfolgt jedoch ein Vorschub auf diejenige Zeile, die im Lochband durch eine Lochung in Kanal xxxx gekennzeichnet ist.

Vorschub xxxx-Lochung - analog zum vorhergehenden Kommando ohne Druckvorgang.

<u>Statusnachrichten</u>

Puffer voll - nimmt keine Daten mehr entgegen. Es muß als nächstes ein Druckkommando gegeben werden.

Gerät nicht betriebsklar - Diese Nachricht zeigt an, daß der Drucker aus technischen Gründen nicht benutzt werden kann. Solche Gründe können sein
- Gerät abgeschaltet
- kein Papier mehr vorhanden
- Papierzuführungsfehler
- technischer Defekt

<u>Fehlernachrichten</u>

Datenfehler - Das übermittelte Datum (Kodewort) stellt kein druckbarer Zeichen dar.

Paritätsfehler - Bei der Übermittlung eines Datums trat ein Fehler bzw. eine ungerade Anzahl von Fehlern auf.

<u>Daten</u>

Datenregister - Das Datenregister nimmt jeweils ein gesendetes Zeichen auf. Die Steuerung übernimmt es von dort und legt es in einem internen Puffer ab (s. Erläuterungen zu Beginn dieses Abschnitts).

Neben der hier beschriebenen Art von Druckern gibt es auch Modelle, die keine Kommandonachrichten in der oben beschriebenen Form kennen. Die Vorschubsteuerung wird durch spezielle Kodewörter vorgenommen, die mit den Daten übermittelt werden:

CR - Wagenrücklauf

LF - Zeilenvorschub

FF - Seitenvorschub

Diese sog. Steuerzeichen finden sich in allen gebräuchlichen Kodes wieder (vgl. ASCII-Kode, Bild 1.3). Der Druckvorgang wird bei diesen Geräten automatisch ausgelöst, wenn der Puffer gefüllt ist oder wenn eines der drei genannten Steuerzeichen gesendet wird.

3.3 Fernschreiber

Nach der Betrachtung zweier Geräte, die ausschließlich für die Eingabe bzw. die Ausgabe von Daten zu benutzen sind, wollen wir uns
nun einem Gerät zuwenden, das für beide Zwecke genutzt werden kann.
Diese Aussage muß allerdings gleich wieder dahingehend eingeschränkt werden, als der Fernschreiber, um den es sich hier handelt, eigentlich die Zusammenfassung zweier Geräte darstellt, nämlich einer Tastatur und eines zeichenweise arbeitenden Druckers.
Der Effekt, daß ein über die Tastatur eingegebenes Zeichen sofort
über den Drucker ausgegeben wird, ist nicht auf eine direkte Kopplung der beiden Geräte zurückzuführen. Vielmehr wird das eingegebene Zeichen von der Empfängerstation an den Drucker "zurückgesen-
det".

Der Drucker arbeitet auf Zeichenbasis, d.h. er empfängt ein Zeichen,
dessen Ausgabe durch ein nachfolgendes Druckekommando angestoßen
werden muß. Die Vorschubsteuerung wird durch in die Daten eingefüg-
te Steuerzeichen realisiert (vgl. Bemerkung am Ende des letzten Abschnitts). Zur Erläuterung des Druckverfahrens ist zu sagen, daß
die älteren Fernschreiber bzw. der darin enthaltene Drucker wie
elektrische Schreibmaschinen arbeiten. Gebräuchlich sind sowohl
Typenhebel als auch Kugelköpfe. Neuere Entwicklungen basieren auf
sog. Matrixdruckern, bei denen die Zeichen durch eine Punktmatrix
dargestellt wird. Bild 3.4 zeigt die Darstellung des Buchstaben A
in einer 7x5 Matrix.

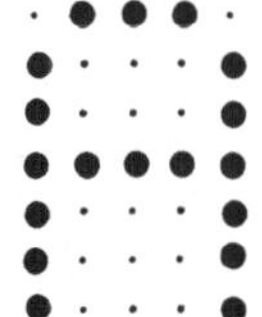

Bild 3.4: Darstellung von A in einer 7×5-Matrix

Ein Drucker, der mit einer nxm Matrix arbeitet, verfügt über n vertikal angeordnete Druckstifte. Das Drucken eines Zeichens wird dann
in m Teilschritten durchgeführt.

Die logische Struktur eines Fernschreibers ist in Bild 3.5 dargestellt.

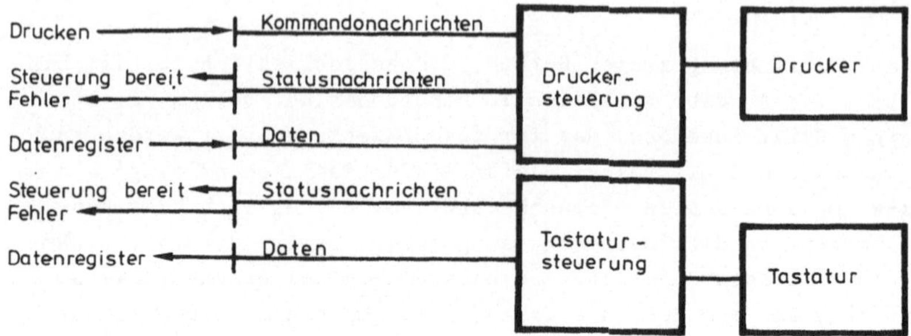

Bild 3.5: Logische Struktur eines Fernschreibers

Das Bild macht deutlich, daß es sich um ein sehr einfaches Gerät handelt und zwar in dem Sinne, daß nur sehr wenige Status- und Fehleranzeigen existieren.

Kommandonachrichten (Drucker)

Drucken - Das Zeichen, dessen Kode sich im Datenregister befindet, soll gedruckt werden.

Statusnachrichten (Drucker)

Bereit - Der Kontroller kann den nächsten Druckbefehl entgegennehmen.

Fehler - Es liegt irgendeine Fehlersituation vor, die nicht näher spezifiziert wird. Wird diese Nachricht im Anschluß an ein "Drucken"-Kommando gesendet, so bedeutet sie, daß das entsprechende Zeichen nicht gedruckt wurde.

Daten (Drucker)

Datenregister - nimmt die Kodierung des zu druckenden Zeichens auf.

Statusnachrichten (Tastatur)

Bereit - über die Tastatur wurde ein Zeichen eingegeben, das im Datenregister (Tastatur) bereitsteht.

Fehler - Diese Nachricht wird wie diejenige des Druckers auch von keiner Fehlernachricht ergänzt. Wird sie gesendet, so kann man in der Regel davon ausgehen, daß ein soeben eingegebenes Zeichen verlorengegangen ist.

Daten (Tastatur)

Datenregister - enthält das zuletzt eingegebene Kodewort.

3.4 Datensichtstationen

Datensichtstationen dienen wie Fernschreiber zur Ein- und Ausgabe
von Daten. Sie bestehen aus einer Tastatur und einem Bildschirm,
über den die Ausgabe der Daten erfolgt. Im Gegensatz zu Druckern
weist der Bildschirm allerdings diesbezüglich eine Reihe von Beson-
derheiten auf, von denen wir die wichtigsten kurz erläutern wollen.

Zur Kennzeichnung der augenblicklichen Schreibposition dient eine
besondere Markierung, die man "C u r s o r" nennt.

Für das Beschreiben des Bildschirms gibt es zwei Techniken:
- Einmal befindet sich der Cursor im Initialzustand an der ersten
  Schreibposition des Bildschirms. Nachdem dann sämtliche Zeilen
  beschrieben wurden und der Cursor sich am Ende der letzten Zeile
  befindet, werden alle Zeilen um eine Zeile nach oben geschoben,
  d.h. die erste Zeile verschwindet vom Bildschirm.

- Bei der zweiten Technik beginnt man in der letzten Zeile. Ist
  diese gefüllt, wird diese und mit ihr sämtliche anderen um eine
  Zeile nach oben verschoben.

Der Cursor wird bei diesen Schreiboperationen implizit gesteuert.
Darüberhinaus existiert eine explizite Steuerung, die einmal durch
besondere Funktionstasten und zum anderen durch in die auszugeben-
den Daten einfügbare Steuerzeichen angesprochen werden kann. Die
wichtigsten Funktionen in diesem Zusammenhang sind:

- Verschieben des Cursors um eine Zeile nach oben (cursor up)
- Verschieben des Cursors um eine Zeile nach unten (cursor down)
- Verschieben des Cursors um eine Position nach rechts
  (cursor right)
- Verschieben des Cursors um eine Position nach links
  (cursor left)
- Cursor auf die erste Schreibposition des Bildschirms setzen
  (home)
- Cursor auf die letzte Schreibposition des Bildschirms setzen
  (home down)
- Löschen des Bildschirms ab Cursorposition
- Löschen einer Zeile ab Cursorposition

Datensichtstationen lassen sich in zwei Gruppen einordnen. Die
erste Gruppe beinhaltet diejenigen Geräte, die man als F e r n -
s c h r e i b e r e r s a t z bezeichnet. Sie arbeiten genauso wie

Fernschreiber, bieten gegenüber diesen aber noch die oben beschriebenen Möglichkeiten hinsichtlich der Beeinflussung der Bildschirm-
ausgabe.

Die Geräte der zweiten Gruppe arbeiten im sog. B l o c k m o d u s.
Das bedeutet, daß sie neben dem Speicher, der auch bei den Geräten
der ersten Gruppe zum Aufbau des Bildes notwendig ist, noch einen
zweiten Datenspeicher besitzen, der mindestens einen vollständigen
Bildschirminhalt faßt. Werden nun irgendwelche Zeichen über die
Tastatur eingegeben, so werden sie vom Kontroller auf dem Bildschirm ausgegeben und gleichzeitig im Datenspeicher abgelegt. Sie
werden aber nicht wie beim Fernschreiber und beim Fernschreiberer-
satz direkt an die Empfängerstation gegeben. Diese erhält den gesamten Inhalt des Datenspeichers (daher die Bezeichnung Blockmodus)
erst nach dem Betätigen einer Sendetaste.

Dadurch, daß bei den Geräten der zweiten Gruppe der gesamte Bildschirminhalt noch lokal verfügbar ist, lassen sich innerhalb des
Kontrollers auch noch Editor-Funktionen realisieren. Dazu gehören
das Einfügen und Löschen einer Zeile bzw. eines Zeichens. Darüberhinaus besitzen einige Geräte noch spezielle Tasten, denen der Benutzer dynamisch einen bestimmten Bildschirminhalt zuordnen kann.
Durch Betätigen einer derartigen Taste gelangt der zugeordnete Inhalt sowohl auf den Bildschirm als auch in den Datenspeicher.

Die Struktur einer Datensichtstation, die im Blockmodus arbeitet,
stellt sich auf der hier betrachteten Ebene sehr einfach dar, da
in der Regel die Übertragung des Datenblockes gemäß einer Datenfern-
übertragungsprozedur abgewickelt wird (vgl. dazu Abschn. 1.4). Wir
erhalten damit die in Bild 3.6 gezeigte Struktur.

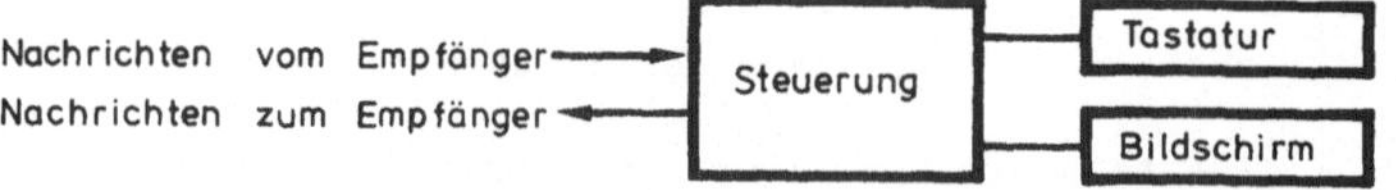

Bild 3.6: Logische Struktur einer Datensichtstation (Blockmodus)

Als Bemerkung zu den Datensichtstationen der zweiten Gruppe sei
noch hinzugefügt, daß bei den neueren Geräten die Steuerung in Form
eines Mikroprozessors realisiert wird.

4 Prozessoren

4.1 Grobstruktur von Prozessoren

Wir kommen nun zu dem Teil einer digitalen Rechenanlage, in dem die automatische Verarbeitung von Daten stattfindet.

Vergegenwärtigen wir uns, daß einem derartigen Verarbeitungsvorgang eine Vorschrift oder Algorithmus zugrunde liegt, der mit Hilfe von Anweisungen (Sätzen) irgendeiner (Programmier-) Sprache beschrieben wird. Die Folge der dazu notwendigen Anweisungen nennt man Programm. Dieses wird von einer (virtuellen oder realen) Maschine ausgeführt, indem diese die einzelnen Anweisungen der Reihe nach interpretiert.

Diejenige (reale) Maschine oder Nachrichtenstation, die innerhalb einer digitalen Rechenanlage Programme ausführt, heißt P r o z e s s o r (Zentraleinheit, central processing unit - CPU). Die Anweisungen dieser Programme entstammen der sog. M a s c h i n e n - s p r a c h e .

Der Grobaufbau eines Prozessors läßt sich unmittelbar aus den obigen Überlegungen herleiten. Zunächst einmal muß er auf einen P r o g r a m m s p e i c h e r zugreifen können, in dem das auszuführende Programm abgelegt ist. Ferner muß er Zugang zu einem D a t e n s p e i c h e r haben, der Anfangs-, Zwischen- und Enddaten bzgl. einer Ausführung eines Programms aufnehmen kann. Die Interpretation einer Anweisung und die Überwachung des gesamten Interpretationsablaufs geschieht in der K o n t r o l l e i n h e i t innerhalb des Prozessors.

Zur Unterstützung dieser Aufgaben werden ein I n s t r u k t i - o n s r e g i s t e r, das die augenblicklich zu interpretierende Anweisung enthält, und ein P r o g r a m m z ä h l e r benutzt, der den Platz der nachfolgenden Anweisung im Programmspeicher festhält. Ferner gibt es ein P r o g r a m m s t a t u s w o r t, das weitere Information über den Abarbeitungszustand eines Programms enthält.

Zur Manipulation von Daten gibt es als zweite Komponente im Prozessor die V e r a r b e i t u n g s e i n h e i t. In ihr werden (beim von Neumann-Rechner) arithmetische und logische Verknüpfungen von Daten durchgeführt.

Der in Kap. 2 erläuterte Speichertyp FS1 ist in Form von Registern innerhalb der Verarbeitungseinheit realisiert. Speichertyp FS2 und Programmspeicher sind beim von Neumann-Rechner i.a. in Form des sog. H a u p t s p e i c h e r s realisiert. Die Realisierungen des Speichertyps FS3 sollen ebenso wie die Ein/Ausgabegeräte aus den Betrachtungen dieses Kapitels ausgeschlossen werden. Wie sie mit der Zentraleinheit verbunden und in welcher Form sie durch Anweisungen angesprochen werden, wird im nächsten Kapitel behandelt.

Die Fähigkeiten einer Zentraleinheit und damit eines Rechners dokumentieren sich aus der Sicht eines Systemprogrammiers in der Maschinensprache bzw. in den Aktionen, die sich durch Anweisungen der Maschinensprache anstoßen lassen. Wir wollen uns daher im weiteren Verlauf dieses Kapitels mit der Struktur von Maschinensprachen und Problemen der Programmformulierung in diesen Sprachen beschäftigen. Dabei werden wir die auf dieser Ebene interessierenden Eigenschaften der Zentraleinheit erläutern. Die Realisierung der Aktionen und des Interpretationsmechanismus und damit die genaue Struktur von Kontroll- und Verarbeitungseinheit werden in Teil II behandelt.

Die Objekte, die in Rechenanlagen mit Hilfe von Maschinenanweisungen manipuliert werden, sind Binärfolgen, denen je nach Verarbeitungsziel unterschiedliche Bedeutungen zugeordnet werden (Binärzahl, Kodewort eines bestimmten Kodes, etc.). Für die Charakterisierung eines Rechners benutzt man den Begriff der W o r t - l ä n g e. Diese entspricht der Länge der ganzzahligen Binärzahlen, die von diesem Rechner verarbeitet werden. Darüberhinaus ist sie ein ganzzahliges Vielfaches der Länge desjenigen Kodes, der zur Darstellung alphanumerischer Zeichen im Rechner benutzt wird.

Die Länge der Register innerhalb der Zentraleinheit stimmt bis auf wenige Ausnahmen mit der Wortlänge überein. Bei den Hauptspeicherzellen gilt dies nicht unbedingt. Es gibt eine ganze Reihe von Rechnern, deren referierbare Hauptspeichereinheit sich in ihrer Länge am zugrunde gelegten alphanumerischen Kode orientiert.

Die gebräuchlichsten Wortlängen bei Kleinrechnern liegen bei 8 oder 16 Bit, während sie bei Großrechnern zwischen 32 und 60 Bit angesiedelt sind. Bild 4.1 gibt einen Überblick über einige Rechnersysteme und ihre Wortlängen.

Rechnersystem	Wortlänge
PDP-8	12
PDP-11	16
Prime 300,400	16
IBM / 360,370	32
Siemens 7000	32
PDP-10	36
Univac 1108	36
TR 440	48
Burroughs 6700	48
CDC Cyber 170	60

Bild 4.1: Wortlängen einiger Rechnersysteme

Die V e r a r b e i t u n g s g e s c h w i n d i g k e i t eines
Prozessors kann man auf der hier betrachteten Ebene durch die In-
struktionsausführungszeiten charakterisieren. Diese hängen im wesentlichen davon ab, wo die Operanden für die Instruktionen verfügbar sind (Registerspeicher oder Hauptspeicher).

4.2 Struktur von Maschinensprachen

Die Anweisungen einer Maschinensprache lassen sich grundsätzlich in
vier Gruppen aufteilen:

- A1: Anweisungen, die eine von der Zentraleinheit auszuführende
       Datenmanipulation spezifizieren;

- A2: Anweisungen, die den Interpretationsablauf eines Maschinen-
       programms steuern;

- A3: Anweisungen, die den Datenfluß zwischen Hauptspeicher und
       Zentraleinheit bzw. innerhalb der Zentraleinheit steuern;

- A4: Anweisungen zur Steuerung der Ein/Ausgabe (s. Kap. 5).

Die Struktur der Anweisungen einer konkreten Rechenanlage ist im
wesentlichen geprägt durch die Struktur der Anweisungen in Gruppe
A1. Wir wollen uns daher im folgenden mit ihnen näher beschäftigen.
Jede dieser Anweisungen hat fünf logische Funktionen:

1. Spezifizierung des ersten Operanden (d.h. seiner Adresse);

2. Spezifizierung des zweiten Operanden (entfällt natürlich bei
   einer monadischen Operation);

3. Spezifizierung der Adresse, an die das Ergebnis gebracht werden
   soll;

4. Spezifizierung der Operation, die auf den beiden Operanden ausgeführt werden soll;

5. Spezifizierung der Adresse derjenigen Anweisung, die als
   nächstes ausgeführt werden soll.

Ein Teil dieser Spezifizierungen kann implizit erfolgen. So entfällt bei fast allen Maschinensprachen die Angabe darüber, welche
Anweisung als nächstes ausgeführt werden soll. Man nimmt einfach
diejenige, die auf die augenblicklich ausgeführte im Speicher folgt
(angezeigt durch den oben erwähnten Programmzähler).

Damit erhalten wir den in Bild 4.2 gezeigten Aufbau einer Anweisung.

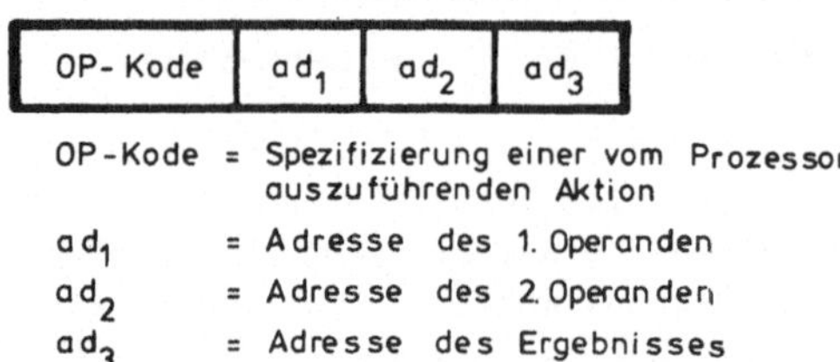

Bild 4.2: Prinzipieller Aufbau einer Maschinenanweisung

Sämtliche Komponenten einer Anweisung sind in Binärform dargestellt
und entsprechen in ihrer Gesamtlänge einem oder mehreren Maschinen-
worten (= Hauptspeichereinheiten).

Abhängig von der Anzahl der Adreßspezifizierungen nennt man die Anweisungen Drei-Adreß-, Zwei-Adreß-, Ein-Adreß- oder Null-Adreß-Be-
fehle.

4.2.1 Befehlsadreßformate

i) D r e i - A d r e ß - B e f e h l e: Über die Drei-Adreß-Befehle
ist keine Bemerkung mehr nötig. Alle drei Adressen werden explizit
angegeben, so daß jede Anweisung selbsterklärend ist (abgesehen vom
OP-Kode).

ii) Z w e i - A d r e ß - B e f e h l e: Bei den Zwei-Adreß-Befeh-
len entfällt die Angabe von ad_3. Da aber nach wie vor das Ergebnis
festgehalten werden soll, ist eine implizite Spezifizierung von ad_3
notwendig. Dazu gibt es zwei Möglichkeiten:

- Das Ergebnis wird in einem speziellen Register innerhalb der Verarbeitungseinheit abgelegt. Dieses Register nennt man A k k u -
  m u l a t o r (kurz Akku). Damit sein Inhalt anderweitig verwen-

det werden kann, muß in Anweisungsgruppe A3 eine Transportanweisung vom Akku zum Hauptspeicher existieren. (Für die umgekehrte Richtung existiert auch eine Anweisung.)

- Die Adresse ad_2 des zweiten Operanden ist gleichzeitig Adresse des Ergebnisses. Damit der ursprüngliche Operand über die Dauer dieser Anweisung hinaus erhalten bleiben kann, ist in Anweisungsgruppe A3 ebenfalls eine Transportanweisung notwendig, die allerdings auf zwei beliebige Adressen anwendbar sein muß.

Die zweite Möglichkeit stellt also eine Verallgemeinerung der ersten dar.

iii) E i n - A d r e ß - B e f e h l e: Beim Ein-Adreß-Befehl existiert nurmehr die Adresse eines Operanden. Die Adresse des zweiten Operanden und des Ergebnisses ist in diesem Fall der Akkumulator. In Anweisungsgruppe A3 existieren wieder entsprechende Transportbefehle.

iv) N u l l - A d r e ß - B e f e h l e: Bei Null-Adreß-Befehlen müssen alle drei Adreßspezifikationen implizit erfolgen. Man legt dabei einen Stack zugrunde, dessen zwei oberste Elemente Akkumulatorfunktion haben. Eine Operation läuft hierbei so ab, daß die beiden obersten Elemente des Stacks miteinander verknüpft und anschließend gelöscht werden; das Ergebnis wird danach wieder auf den Stack gebracht.

Rechner mit einer Null-Adreß-Befehlsstruktur nennt man auch S t a c k r e c h n e r .

4.2.2 Adressierungsformen
Um welche Art von Befehlsstruktur es sich auch handelt, es erhebt sich die Frage, wie alle notwendigen Angaben in einem Maschinenwort (gleich der Länge eines Hauptspeicherwortes) oder mehreren untergebracht werden können.

Unabhängig vom speziellen Maschinentyp können wir davon ausgehen, daß eine Adreßspezifikation das in Bild 4.3 angegebene Aussehen hat.

Registerbezeichnung	Modus	Adreßkonstante D

Bild 4.3: Adreßspezifikation in Maschinenanweisungen

Die Adreßkonstante wird im Englischen als "offset" oder auch "displacement" bezeichnet.

Bei den folgenden Erläuterungen der möglichen Adressierungsmodi wollen wir mit "(x)" den Inhalt des durch x bezeichneten Registers oder der durch x bezeichneten Speicherzelle verstehen.

i) D i r e k t e   A d r e s s i e r u n g: Bei der direkten Adressierungsform ist der Operand gleich dem Inhalt der durch D spezifizierten Speicherzelle: OP = (D). Die Angabe einer Registerbezeichnung entfällt.

ii) I n d i r e k t e   A d r e s s i e r u n g: Bei der indirekten Adressierung gilt: OP = ((D)), d.h. der Operand ist gleich dem Inhalt derjenigen Speicherzelle, deren Adresse in der durch D spezifizierten Speicherzelle steht.

iii) U n m i t t e l b a r e (immediate) A d r e s s i e r u n g: D wird bei dieser Adressierungsform nicht als Adresse benutzt, sondern stellt den Operanden selbst dar, d.h. OP = D.

iv) D i r e k t e   R e g i s t e r - A d r e s s i e r u n g: Analog zur direkten Adressierung wird bei dieser Form die Registerbezeichnung R zur Ermittlung des Operanden benutzt. Die Adreßkonstante entfällt. Der Operand ist gleich dem Inhalt des durch R bezeichneten Registers: OP = (R).
Entsprechend gibt es die

v) I n d i r e k t e   R e g i s t e r - A d r e s s i e r u n g: Bei dieser Adressierungsform gilt: OP = ((R)), d.h. der Operand ist gleich dem Inhalt derjenigen Speicherzelle, deren Adresse in dem durch R spezifizierten Register steht.

vi) B a s i s a d r e s s i e r u n g: Bei dieser Adressierungsform werden sowohl die Adreßkonstante als auch die Registerbezeichnung zur Spezifizierung des Operanden herangezogen, wobei letztere für ein spezielles Register steht, das sog. B a s i s r e g i s t e r, das in mehrfacher Ausführung vorhanden sein kann. Die Adresse des Operanden wird dadurch ermittelt, daß D und der Inhalt des Basisregisters addiert werden: OP = (D + (R)). Diese Adressierungsform hat zwei Vorteile. Sie benötigt zum einen nur kurze Adressen (genauer gesagt eine kurze Adreßkonstante) zur Adressierung eines gros-

sen Hauptspeichers, da ja der Inhalt des Basisregisters variiert
werden kann. Zum anderen wird dadurch das Erstellen verschieblicher
Programme ermöglicht. Das sind Programme, die bei ihrer Ausführung
nicht an eine bestimmte Lage im Hauptspeicher gebunden sind. Man
schreibt diese Programme so, daß alle direkten Adressen zu relativen Adressen bzgl. der Anfangsadresse O umgeformt werden. Diese relativen Adressen bilden die Adreßkonstanten bei der Basisadressierung. Die aktuelle Anfangsadresse des Programms wird dann in einem
Basisregister abgespeichert.

vii) I n d e x a d r e s s i e r u n g: Die Indexadressierung ist
identisch mit der Basisadressierung. Sie basiert lediglich auf anderen Registern, den I n d e x r e g i s t e r n, und wird in anderem Zusammenhang angewendet. Das bekannteste Anwendungsbeispiel ist
die Selektion der Komponenten eines Arrays. Die Anfangsadresse des
Arrays wird dabei als Adreßkonstante benutzt (man beachte den Unterschied zur Basisadressierung). Die Entfernung des anzusprechen-
den Elementes von dieser Anfangsadresse, die sich aus der Speicher-
abbildungsfunktion ergibt, wird in das Indexregister geladen.

viii) R e l a t i v e A d r e s s i e r u n g: Diese Adressierungsform benutzt den eingangs erwähnten Programmzähler als Basisregister, d.h. OP = ((PZ) + D). Sie ermöglicht ebenso wie die Basisadressierung das Erstellen von verschieblichen Programmen. Die
Adressen der Operanden werden hierbei allerdings relativ zu der sie
referierenden Anweisung angegeben.

Abschließend sei noch darauf hingewiesen, daß in Prozessoren, die
das virtuelle Speicherkonzept unterstützen, die Adresse des Operanden, die sich bei den oben genannten Adressierungsformen ergibt,
als virtuelle Adresse interpretiert wird.

4.2.3 Anweisungskodes und -formate

Neben der Spezifizierung der Adressen muß in einer Maschinenanweisung auch die Verschlüsselung der einzelnen Operationen vorgenommen
werden. Bei n verschiedenen Anweisungen werden mindestens $\lceil \log_2 n \rceil$
Bits benötigt (vollständige Kodierung).

Bei vielen Maschinensprachen findet man keine vollständige Kodierung, sondern eine redundante Darstellung, die unterschiedliche Anweisungsarten während des Interpretationsvorganges schneller und

leichter erkennen läßt. Die einzelnen Anweisungen werden dabei zu
Gruppen zusammengefaßt (nicht unbedingt identisch mit den Gruppen
A1 bis A4) und innerhalb dieser Gruppen meist vollständig kodiert.
Ein vorangestellter Gruppenkode gibt Auskunft über die Art der Anweisung. Bei dieser Kodierungsmethode findet man O p e r a t i -
o n s k o d e s   m i t   k o n s t a n t e r   L ä n g e und O p e -
r a t i o n s k o d e s   m i t   v a r i a b l e r   L ä n g e. Im
letzteren Fall wird die Länge durch den Gruppenkode angezeigt.

Die nächste Frage, die nun auftaucht, nachdem wir uns mit dem Aufbau der einzelnen Felder einer Anweisung beschäftigt haben, betrifft die Gesamtlänge einer Maschinenanweisung, d.h. ihr Format.
Als wichtigste Bezugsgröße ist dabei die Wörtlänge des Prozessors
zu sehen:

i) F e s t e s   F o r m a t: Die Anweisungen haben alle gleiche
Länge, die entweder gleich der Wortlänge oder einem Teil davon (1/2
und/oder 1/4) sein kann. Im letzteren Fall können mehrere Instruktionen in einem Hauptspeicherzyklus in den Prozessor geholt werden,
wodurch die Interpretation beschleunigt wird.

ii) V a r i a b l e s   F o r m a t: Die einzelnen Anweisungsarten
haben unterschiedliche Länge, die durch den Gruppenkode erkennbar
ist. Man findet bei dieser Form zwei verschiedene Relationen zwischen Anweisungslängen und Wortlänge. In dem einen Fall entspricht
die Länge der kürzesten Anweisung der Wortlänge, im anderen Fall
ist dies die Länge der längsten Anweisung. In beiden Fällen sind
alle Anweisungslängen ganzzahlige Vielfache der Länge der kürzesten
Anweisung.

Beispiel 4.1 Als Beispiel für den Aufbau von Maschinenanweisungen
wollen wir das IBM System/370 und die Siemens-Systeme 4004 und
7.000 betrachten, deren Anweisungsstruktur übereinstimmt.

Der Operationskode hat eine feste Länge von 8 Bits, wovon die beiden ersten zur Unterscheidung des Anweisungstypes dienen. Bild 4.4
zeigt die verschiedenen Anweisungstypen, die danach eingeteilt
sind, wo die Operanden zu finden sind (s. Erklärung in Bild 4.4).

Bitpositionen 0-1 des Operationskodes	Länge in Byte	Bezeichnung	Erklärung
0 0	2	RR	Register-Register
0 1	4	RX	Register-indizierter Speicher
1 0	4	RS	Register-Speicher
1 0	4	SI	Speicher-Direktoperand
1 1	6	SS	Speicher-Speicher

Bild 4.4: Anweisungsarten beim System IBM/370

Die einzelnen Felder, aus denen eine Instruktion besteht, sind von fester Länge (Bild 4.5).

Feldlänge	Bezeichnung	Bedeutung
8 Bits	OP	Operationskode
4 Bits	R	in einer Operation verwendetes allg. Register
4 Bits	X	als Indexregister verwendetes allg. Register
4 Bits	B	als Basisregister verwendetes allg. Register
12 Bits	D	relative Adresse
4 od. 8 Bits	L	Längenangabe für Operationen mit var. Feldlängen
8 Bits	I	Direktwert

Bild 4.5: Anweisungsfelder bei den Anweisungen des Systems IBM/370

Bild 4.6 zeigt die genauen Formate der Anweisungstypen.

Art	Halbwort		Halbwort		Halbwort	
	Byte 1	Byte 2	Byte 3	Byte 4	Byte 5	Byte 6
SS	OP	L_1 L_2	B_1	D_1	B_2	D_2
SI	OP	I_2	B_1	D_1		
RS	OP	R_1 R_3	B_2	D_2		
RX	OP	R_1 X_2	B_2	D_2		
RR	OP	R_1 R_2				

Bem.: Die Indizes bezeichnen die Nummer des Operanden

Bild 4.6: Anweisungsformate beim System IBM/370

4.3 Anweisungen zur Datenmanipulation

Wir wollen nun noch einmal auf die Anweisungsarten zurückkommen,
die wir zu Beginn von Abschn. 4.2 vorgestellt haben. Wir haben im
Zusammenhang mit den Befehlsadreßformaten gesehen, daß diese im wesentlichen die Anweisungen der Gruppe A3 festlegen. Anweisungen zur
Steuerung der Ein/Ausgabe (Gruppe A4) werden im nächsten Kapitel
besprochen, so daß wir uns in diesem und im nächsten Abschnitt auf
die beiden ersten Gruppen beschränken können.

Zur groben Charakterisierung kann man sagen, daß die Anweisungen
der Gruppe A1 Aktionen in der Verarbeitungseinheit und die der
Gruppe A2 Aktionen in der Kontrolleinheit auslösen.

4.3.1 Statusanzeigen

Um die Ergebnisse von Anweisungen des Typs A1 für Anweisungen des
Typs A2 nutzbar zu machen, existieren innerhalb eines Prozessors
sog. S t a t u s a n z e i g e n (auch Indikatorbits genannt), die
nach jeder Anweisung gesetzt werden. Sie zeigen i.a. folgendes an:

- das Ergebnis der letzten Operation war null;
- das Ergebnis der letzten Operation war negativ (wobei die Ergeb-
  nisbitfolge als Zahl interpretiert wird);
- bei der letzten Operation trat eine Überschreitung des für die
  Operanden gültigen Zahlenbereichs ein.

Welche Indikatoren wie gesetzt werden, ist den Maschinenbefehlsbe-
schreibungen der jeweiligen Maschine zu entnehmen.

4.3.2 Logische Anweisungen

Zu den elementarsten Manipulationen von Binärfolgen zählen logische
Operationen. Gebräuchlich sind die vier folgenden Anweisungen:

- AND : logisches Und
- OR : logisches Oder
- XOR : exklusives Oder
- NOT : Negation

Die jeweils korrespondierenden Stellen der Operanden werden gemäß
der spezifizierten Operation miteinander verknüpft.

4.3.3 <u>Zahlendarstellungen</u>

Bevor wir uns arithmetischen Operationen zuwenden, wollen wir die
Zahlendarstellungen betrachten, auf denen sie aufbauen.

Die arithmetischen Operationen lassen sich danach aufteilen, auf
welcher Zahlendarstellung sie aufbauen:

i) G a n z z a h l i g e   D a r s t e l l u n g: Zur Darstellung
einer Zahl a verwendet man n Bits, von denen das erste (d.h. das
linke) als Vorzeichen interpretiert wird. Die gebräuchlichste Form
für die Darstellung negativer Zahlen ist die 2-Komplement-Darstel-
lung. Dabei läßt sich dann a folgendermaßen interpretieren:

$$a = \sum_{i=o}^{n-2} a_i 2^i - a_{n-1} 2^{n-1} \quad ,$$

wobei die $a_o, \ldots, a_{n-1}$ die n Stellen von a bezeichnen.

ii) D e z i m a l d a r s t e l l u n g: Von der kommerziellen Anwendung her ist das Vorhandensein von Dezimalarithmetik äußerst wün-
schenswert. Hierbei kodiert man die einzelnen Dezimalziffern (z.B.
BCD-Kode) und manipuliert dann ziffernweise, unterstützt von einer
speziellen Hardware.

iii) G l e i t k o m m a d a r s t e l l u n g: Die Behandlung von
Gleitkommazahlen bringt eine ganze Reihe von Problemen mit sich,
die hier kurz angeschnitten werden sollen.

(a) Ausgehend von folgender Interpretation einer Zahl x:

$$x = m \cdot B^e \quad \text{(m Mantisse, e Exponent)}$$

ergibt sich zunächst die Frage der Darstellung in einem Maschinenwort. Die gebräuchlichste Form ist:

Vorzeichen	Exponent	Mantisse

Diese Form der Darstellung bringt bei der Realisierung von
Gleitkomma-Operationen eine Reihe von Vorteilen mit sich, auf
die wir später noch eingehen werden. Das Vorzeichen wird als
Vorzeichen der Mantisse, d.h. der gesamten Gleitkommazahl interpretiert.

(b) Für die Darstellung des Exponenten bietet sich die gleiche Darstellung wie für ganze Zahlen an (d.h. beispielsweise 2-Komple-
ment-Darstellung).

Daneben gibt es auch die Möglichkeit, einen basisbezogenen Exponenten (auch C h a r a k t e r i s t i k genannt) zu verwenden. Dabei wird eine positive Konstante zum Exponenten addiert, so daß nur noch positive Exponenten existieren. Die Konstante muß den Absolutwert der kleinsten, im Exponentenfeld darstellbaren Zahl haben, d.h. bei einem k-stelligen Exponenten wäre dies B^{k-1}.

Diese Form hat Vorteile bei der Darstellung der Null in Gleitkommaform. Da Null multipliziert mit einer beliebigen Zahl null ergibt, spielt der Exponent bei einer Null-Mantisse keine Rolle. In einigen Maschinen wird in diesem Fall der Exponent tatsächlich in seiner zufälligen Form belassen, was man als "schmutzige" Null bezeichnet. Dies kann später zu einem Verlust von signifikanten Stellen führen. Daher weisen die meisten Maschinen einer Null-Mantisse den kleinstmöglichen Exponenten zu, um so eine "saubere" Null zu erhalten. Im Normalfall ist dies der kleinste negative Exponent, beim basisbezogenen Exponenten jedoch null. Damit stimmen dann Gleitkommanull und ganzzahlige Null überein.

(c) Das letzte Problem betrifft die Eindeutigkeit der Darstellung. Geht man von einer Gleitkommazahl ungleich null aus, so gilt für ihre Mantisse m: $0 < m < 1$. Dies kann letztlich zu einer Vielzahl von Darstellungen für eine Gleitkommazahl führen, da man hierbei führende Nullen nicht ausschließen kann. Läßt man dagegen die führenden Nullen nicht zu, erhält man eine n o r - m a l i s i e r t e Darstellung, bei der für m gilt: $\frac{1}{B} \le m < 1$.

Zur Vertiefung der obigen Erläuterungen wollen wir die Zahlendarstellungen bei zwei konkreten Rechnern betrachten.

Beispiel 4.2 Die Modelle 40, 45 und 70 der PDP-11 Rechnerfamilie besitzen einen separaten Prozessor für Gleitkommaoperationen, der über spezielle Anweisungen gesteuert wird. Dieser verfügt u.a. über sechs Akkumulatoren der Länge 64, bei denen je nach Anweisung auch nur 32 Bits angesprochen werden können.

F-Format (floating mode):

V	Exponent	Man		tisse	
15	14	7 6	0	15	0

D-Format (double precision):

Exponenten werden basisbezogen dargestellt (Konstante 128), d.h.
die möglichen Exponenten -128 bis +127 werden als 0 bis 255 dargestellt. Mantissen werden in normalisierter Form gespeichert, wes-
halb man die erste Stelle (=1) stets wegläßt.

Der Gleitkommaprozessor kann auch ganze Zahlen interpretieren und
zwar in folgenden Formaten

I-Format (single precision integer):

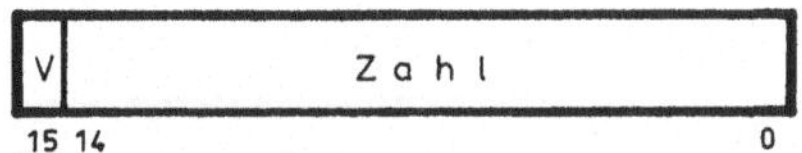

L-Format (double precision integer long number):

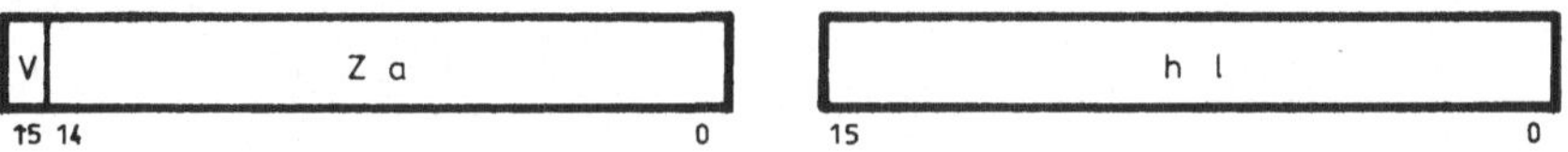

Beispiel 4.3 Bei den Rechnern der Serie /370 stehen dem Systempro-
grammierer 16 allgemeine Register der Länge 32 zur Verfügung. Diese
können für arithmetische und logische Operationen, Adreßarithmetik
und Adressierung verwendet werden. Daneben gibt es noch vier Gleit-
kommaregister der Länge 64.

Zahlendarstellungen:

- gezont-dezimales Zahlenformat: wird bei der Ein/Ausgabe im
  EBCDIC-Kode verwendet.

<table>
<tr><td>Zone</td><td>Ziffer</td><td>Zone</td><td>· · ·</td><td>Ziffer</td><td>Zone</td><td>Ziffer</td><td>Vorzeichen</td><td>Ziffer</td></tr>
</table>

höchstes Byte · · · **niedrigstes Byte**

Die Ziffern sind im BCD-Kode verschlüsselt, für die Vorzeichen
gilt: +1100, -1101

- gepackt-dezimales Zahlenformat: Eine gepackt-dezimale Zahl kann
  maximal 16 Bytes umfassen, was einer Zahlenlänge von 31 Ziffern
  plus Vorzeichen entspricht.

<table>
<tr><td>Ziffer</td><td>Ziffer</td><td>Ziffer</td><td>· · ·</td><td>Ziffer</td><td>Ziffer</td><td>Ziffer</td><td>Ziffer</td><td>Vorzeichen</td></tr>
</table>

höchtes Byte · · · **niedrigstes Byte**

- binäres Festkommazahlenformat: können in Halbworten (2 Bytes) und
  Vollworten (4 Bytes) dargestellt werden

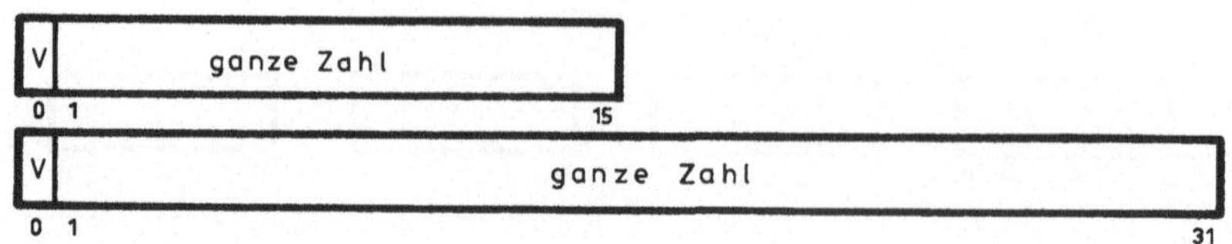

- Gleitkommazahlenformate: können in den drei Formen kurz, lang und
erweitert dargestellt werden.

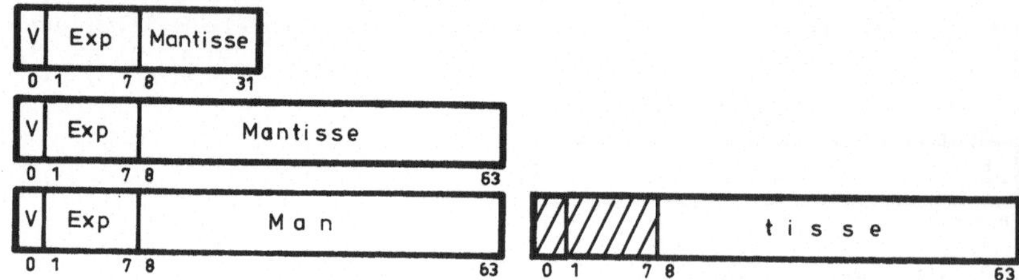

Die Mantisse einer Gleitkommazahl wird als Folge hexadezimaler Ziffern betrachtet, wobei der "Dezimalpunkt" unmittelbar links von der
höchsten Ziffer der Mantisse zu verstehen ist. Der Exponent gibt
eine 16er Potenz an, wobei eine basisbezogene Darstellung gewählt
wurde. Eine normalisierte Mantisse besitzt in der höchsten Stelle
eine hexadezimale Ziffer ungleich 0.

Eine Gleitkommazahl in erweiterter Genauigkeit besteht aus zwei
Gleitkommazahlen im langen Format, die den höheren und niederen
Teil darstellen. Die Mantisse des niederen Teils wird als Fortsetzung der Mantisse des höheren Teils betrachtet. Der höhere Teil
enthält den Exponenten. und das echte Vorzeichen. Der Exponent des
niederen Teils ist stets um 14 kleiner als der Exponent des höheren
Teils.

Die gewählte Darstellung hat den Vorteil, daß beide Teile der Mantisse gleich behandelt werden können.

4.3.4 Schiebeanweisungen

Die meisten Rechner verfügen über zwei Arten von Schiebeoperationen:

- logische: hierbei wird der Inhalt eines Registers oder einer
  Speicherzelle als Bitfolge aufgefaßt;
- arithmetische: hierbei wird der Inhalt eines Registers als Binärzahl in 2-Komplement-Darstellung aufgefaßt.

Die Verschiebungen erfolgen je nach Rechner entweder grundsätzlich
um eine Stelle oder aber um beliebig viele Stellen.

<u>Logische Verschiebungen</u>:

1. Schiebe links:

2. Schiebe rechts:

3. rotiere links:

4. rotiere rechts:

5. verschiebe
   doppelt links:

Analog zur 5. Anweisung gibt es auch die Anweisungen 2 bis 4 für doppelt lange Operanden.

<u>Arithmetische Verschiebungen</u>:

1. Schiebe links:

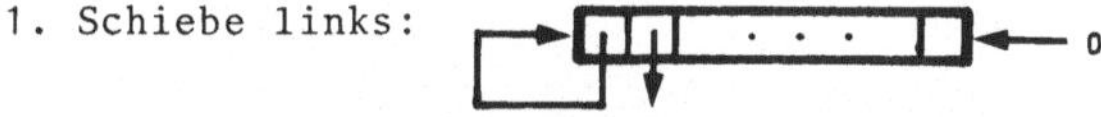

2. Schiebe rechts:

Bei beiden Schiebeoperationen bleibt das Vorzeichenbit erhalten. Die Verschiebung um eine Stelle nach links entspricht demnach einer Multiplikation mit 2, die Verschiebung nach rechts einer (ganzzahligen) Division durch 2.

3. Schiebe
   doppelt links:

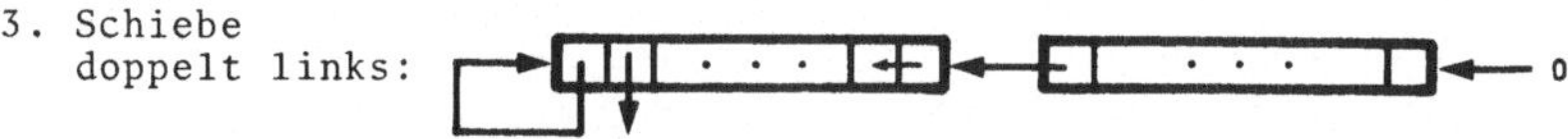

4. Schiebe
   doppelt rechts:

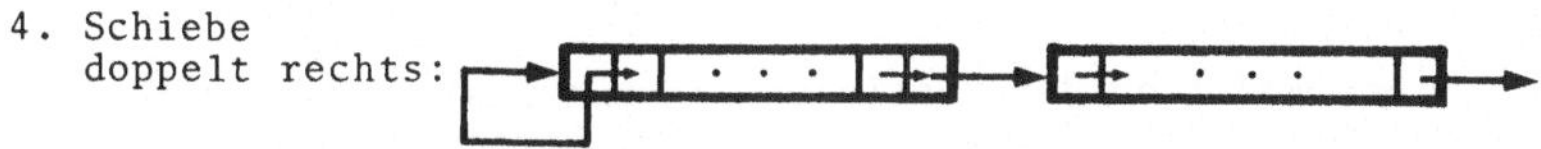

4.3.5 Arithmetische Anweisungen für ganzzahlige Operanden

Für die Manipulation ganzzahliger Operanden gibt es Additions-, Subtraktions-, Multiplikations- und Divisionsanweisungen.

Wie diese realisiert werden, soll an dieser Stelle nicht betrachtet werden.

4.3.6 Arithmetische Anweisungen für Dezimalzahlen

Einige Rechner verfügen neben den im vorigen Abschnitt angegebenen Anweisungen auch über solche, die eine Manipulation von Dezimalzahlen erlauben. Die Realisierung dieser Anweisungen soll hier wieder außer acht gelassen werden, die Wirkung dürfte ohnehin klar sein.

4.3.7 Arithmetische Anweisungen für Gleitkomma-Operanden

Für Gleitkomma-Operanden gibt es wiederum die vier Operationen Addition, Subtraktion, Multiplikation und Division. Einschränkend ist allerdings hinzuzufügen, daß insbesondere bei Kleinrechnern derartige Anweisungen nicht immer vorhanden sind. Aus diesem Grunde soll die Wirkung von Addition und Multiplikation beschrieben werden, damit ersichtlich wird, wie man mit Hilfe von ganzzahligen Operationen und Verschiebeoperationen eine Realisierung in Form eines Programmes vornehmen kann.

Gleitkomma-Addition

1. Angleichung der Exponenten:

   Der kleinere Exponent wird an den größeren durch Rechtsverschiebung angeglichen. Falls die Differenz zwischen beiden größer ist als die Mantissenlänge, werden alle signifikanten Stellen herausgeschoben, so daß die Summe gleich der größeren Zahl ist.

2. Addition der Mantissen:

   Die Mantissen werden als ganze Zahlen interpretiert und entsprechend addiert.

3. Abschlußbehandlung:

   Abhängig von den Vorzeichen der beiden Operanden werden im letzten Schritt Korrekturen am Ergebnis vorgenommen.

   gleiche Vorzeichen:

   Ist bei der Addition der Mantissen ein Überlauf aufgetreten, so ist die Mantisse des Ergebnisses um eine Stelle nach rechts zu shiften (bei gleichzeitigem Nachziehen einer "1"). Hat der Exponent allerdings schon eine maximale Größe erreicht, führt dieser Schritt zu einem Überlauf.

<u>ungleiche Vorzeichen</u>:

Ist das Ergebnis null, wird eine saubere null als Ergebnis pro-
duziert. Andernfalls erfolgt eine Normalisierung der Mantisse.

Gleitkomma-Multiplikation

1. Addition der Exponenten:

   Die Exponenten werden als ganze Zahlen interpretiert und entsprechend addiert.

   Bei der Verwendung eines basisbezogenen Exponenten muß 2** (Expo-
   nentenlänge-1) vom Ergebnisexponenten abgezogen werden. Gleichzeitig ist zu prüfen, ob nach dieser Korrektur ein Über- oder
   Unterlauf eintritt.

   Ein Überlauf wird eintreten, wenn vor der Korrektur gilt:
   Ergebnisexponent >2** (Exponentenlänge)-1+2** (Exponentenlänge
   -1), was dann der Fall ist, wenn Übertrag und höchstwertiges Bit
   1 sind.

   Sind diese beiden Bits O, wird ein Unterlauf eintreten.

2. Multiplikation der Mantissen:

   Die Mantissen werden als ganze Zahlen interpretiert und entsprechend multipliziert.

3. Abschlußbehandlung:

   Abschließend wird getestet, ob die Mantisse des Ergebnisses nor-
   malisiert ist. Falls nicht, muß eine Verschiebung um eine Stelle
   nach links vorgenommen werden. Dies ist ausreichend, da der
   kleinste normalisierte Operand 0.100...0 und damit das kleinst-
   mögliche Ergebnis 0.0100...0 ist. Da bei der Verschiebung ein
   Unterlauf des Exponenten auftreten könnte (dieser muß um 1 ver-
   mindert werden), muß zuvor getestet werden, ob der kleinste darstellbare Exponent (=O bei basisbezogener Darstellung) schon erreicht ist.

Die Division verläuft analog. Die Exponenten werden subtrahiert und
die Mantissen dividiert. Ist der Divisor null, gibt es einen Überlauf (bei manchen Maschinen wird in diesem Fall anders verfahren!),
ist der Dividend null, wird das Ergebnis auch null sein.

4.3.8 Vergleichsanweisungen

In 4.3.1 wurde bereits erwähnt, daß die Art des Ergebnisses einer
Maschinenanweisung in den Statusanzeigen wiedergegeben wird. Die
V e r g l e i c h s a n w e i s u n g e n ermöglichen ein Setzen
dieser Anzeigen, ohne daß das Ergebnis des Vergleichs wie bei anderen Anweisungen explizit abgespeichert werden muß. Sie haben damit große Bedeutung für die weiter unten beschriebenen Sprunganweisungen.

Vergleichsanweisungen kann man ganz allgemein so charakterisieren, daß sie auf Hauptspeicherzellen und/oder Registern oder Teilen davon (durch entsprechende Masken ausgewählt) operieren und deren Inhalt im Sinne von Bitfolgen, ganzen Zahlen o.ä. miteinander vergleichen, d.h. entweder eine logische Verknüpfung oder eine Subtraktion durchführen.

4.3.9 Stringanweisungen

Die meisten heutigen Rechenanlagen verfügen über keine speziellen Anweisungen zur Manipulation von Strings. Man benutzt stattdessen Befehle, die auf Bitfolgen oder ganzen Zahlen basieren, und realisiert damit typische Stringoperationen wie beispielsweise Vergleiche.

4.4 Anweisungen zur Kontrollverlagerung

Wie bereits in Abschn. 4.2 erwähnt wurde, werden Maschinenanweisungen sequentiell ausgeführt, wobei sich die Reihenfolge durch die Anordnung der Anweisungen im Hauptspeicher ergibt. Für die Unterbrechung dieser Reihenfolge gibt es spezielle Anweisungen. Sie ermöglichen die Verlagerung der Interpretation zu einer anderen Anweisung als der sequentiell folgenden.

4.4.1 Sprunganweisungen

S p r ü n g e stellen eine Möglichkeit der Kontrollverlagerung dar. Man unterscheidet auf Maschinensprachebene zwischen u n b e d i n g - t e n und b e d i n g t e n S p r ü n g e n. Ihre Wirkung besteht darin, daß die in der Anweisung enthaltene Hauptspeicheradresse neuer Inhalt des Programmzählers wird. Bei bedingten Sprüngen wird diese Veränderung vom Zustand der in 4.3.1 erwähnten Statusanzeigen oder von explizit angegebenen Vergleichsoperationen abhängig gemacht. Gebräuchliche Formen bedingter Sprünge sind:

- springe, falls Ergebnis gleich null angezeigt
- springe, falls Ergebnis kleiner null angezeigt
- springe, falls erster Operand kleiner als zweiter
- springe, falls Anzeige mit Maske xxx übereinstimmt
  etc.

4.4.2 Unterprogrammsprünge

Eine besondere Form der Kontrollverlagerung stellen U n t e r - p r o g r a m m s p r ü n g e dar. Sie unterscheiden sich von den oben genannten Sprüngen in erster Linie dadurch, daß die Stelle, von der aus der Sprung erfolgt, auch noch nach dessen Durchführung bekannt sein muß, um nach Beendigung des Unterprogramms eine Rückkehr an diese Stelle zu ermöglichen.

Für die Rettung der Rückkehradresse gibt es kein allgemeines Konzept. Es kann daher an dieser Stelle nur exemplarisch auf Realisierungsmöglichkeiten eingegangen werden.

1) Die Rücksprungadressen werden auf einem Stack abgelegt, wodurch geschachtelte Unterprogrammaufrufe sehr leicht möglich sind.

2) Die Rücksprungadresse wird in einem allgemeinen oder speziellen Register abgelegt. Bei geschachtelten Unterprogrammaufrufen wäre dann vom Programmierer eine entsprechende Aufbewahrung aller alten Rücksprungadressen notwendig.

3) Am Anfang eines Unterprogramms wird eine Speicherzelle reserviert, in die die Rücksprungadresse automatisch eingetragen wird.

Die Rückkehr an die aufrufende Stelle eines Unterprogramms kann im letzten Fall durch einen unbedingten Sprung ausgeführt werden, in den anderen Fällen gibt es eine spezielle Anweisung, die den Aufrufvorgang umkehrt.

4.4.3 Unterbrechungen

Eine U n t e r b r e c h u n g ist eine Art impliziter Unterprogrammaufruf, der automatisch bei Vorliegen gewisser Bedingungen erfolgen kann. Die Ursachen, die das Eintreten von Unterbrechungsbedingungen haben kann, lassen sich in drei Gruppen einteilen:

i) I n t e r n e U n t e r b r e c h u n g s u r s a c h e n:
- Programmfehler
  -- Division durch Null
  -- Bereichsüberschreitung bei arithmetischen Operationen
  -- Mißachtung von Schutzmechanismen (z.B. Schreiben in eine Seite, auf die nur lesender Zugriff erlaubt ist)
  -- undefinierter Operationskode
  -- unzulässige Hauptspeicheradresse
  -- Stacküberlauf

-- Versuch, ein nicht vorhandenes Ein/Ausgabegerät anzusprechen.

- Hardwarefehler
-- Stromausfall
Andere Fehler, wie der Ausfall eines Speichermoduls, werden in älteren Rechenanlagen nur indirekt als Programmfehler sichtbar. In neuerer Zeit findet man in größeren Anlagen sog. Wartungsprozessoren, die die einzelnen Baugruppen einer Platine kontrollieren und somit beim Auftreten eines Hardwarefehlers gezielte Information über die Fehlerquelle geben können.

- generierte Unterbrechungen
Viele Rechenanlagen erlauben die explizite Generierung von Unterbrechungen. Dies geschieht dadurch, daß im Programmstatuswort ein Trapbit gesetzt wird, was die Unterbrechung des ausgeführten Programms nach der nächsten Anweisung bewirkt.

Diese Möglichkeit wird beispielsweise bei Testhilfen für Maschinenprogramme ausgenutzt.

Alle internen Unterbrechungen, auch T r a p s genannt, treten synchron zu dem jeweils ablaufenden Programm auf.

ii) E x t e r n e   U n t e r b r e c h u n g s u r s a c h e n :
Externe Unterbrechungen, auch I n t e r r u p t s genannt, werden von Ein/Ausgabegeräten verursacht und zwar asynchron zum jeweils ablaufenden Programm. Ursache ist das Senden bestimmter Statusnachrichten eines Gerätes, wie "Kontroller bereit", "Fehler" u.ä. Diese bewirken, daß in der Hardware, die die Anpassung des Gerätes an das Ein/Ausgabesystem des Prozessors vornimmt (Interface, s. nächstes Kapitel), ein Unterbrechungssignal erzeugt wird.

iii) P r o g r a m m i e r t e   U n t e r b r e c h u n g e n : Fast alle Rechner verfügen über spezielle Maschinenanweisungen, die die gleiche Wirkung wie die beiden anderen Gruppen von Unterbrechungsursachen haben. Man nennt diese Anweisungen Systemaufrufe, weil sie dazu dienen, Betriebssystemfunktionen von Benutzerprogrammen her aufzurufen. Diese Methode hat gegenüber Unterprogrammaufrufen den Vorteil, daß der Aufrufer nicht die Anfangsadresse der aufzurufenden Prozedur kennen muß, was zu einer Trennung von Betriebssystem- und Benutzersoftware führt.

Bei allen genannten Unterbrechungen müssen in einem Prozessor prinzipiell folgende Schritte realisierbar sein:

1. Der Prozessor wird durch ein Unterbrechungssignal veranlaßt, nach Abarbeitung der gerade interpretierten Anweisung nicht zur sequentiell folgenden überzugehen.

2. Die Adresse dieser Anweisung, die im Befehlszähler steht, muß an einer vereinbarten Stelle im Hauptspeicher bzw. auf einem Stack (falls ein solcher vorhanden ist) gespeichert werden, um eine spätere Fortsetzung des unterbrochenen Programmes zu ermöglichen.

3. Die Anfangsadresse der Unterbrechungsbearbeitungsroutine muß an einer fest vereinbarten Stelle im Hauptspeicher verfügbar sein.

4. Für diese Routine müssen Hinweise über die Unterbrechungsursache im Hauptspeicher oder in speziellen Registern zur Verfügung stehen.

5. Es sollte möglich sein, die Annahme von Unterbrechungssignalen für eine gewisse Zeit zu unterbinden (maskieren).
   (Dies ist allerdings nicht in allen Prozessoren möglich.)

Überlagern sich Unterbrechungen, d.h. trifft während der Ausführung einer Unterbrechungsbearbeitungsroutine ein weiteres Unterbrechungssignal ein, so muß wieder nach diesem Schema verfahren werden. Ob ein derartiges Signal jedoch akzeptiert wird, wird in einem Prioritätsschema geregelt. Jedem möglichen Unterbrechungssignal wird dabei eine Maßzahl für die Dringlichkeit der Bearbeitung (Priorität) zugeordnet, und nur Unterbrechungssignale, deren Priorität größer ist als die der gerade bearbeiteten Unterbrechungsursache, können wirksam werden.

Die konkrete Realisierung der oben genannten Punkte sieht auf den einzelnen Rechnern sehr unterschiedlich aus, was an den beiden folgenden Beispielen illustriert werden soll.

Beispiel 4.4 Als erstes Beispiel wollen wir die Rechner der IBM /360-/370-Familie betrachten.

Der Zustand eines Programms, das auf diesen Rechnern abläuft, wird durch ein 64-bit langes Programmzustandswort (PSW) beschrieben, das sich im PSW-Register befindet.

Dieses hat den in Bild 4.7 gezeigten Aufbau, wobei nur die für Unterbrechungen relevanten Teile aufgeführt sind.

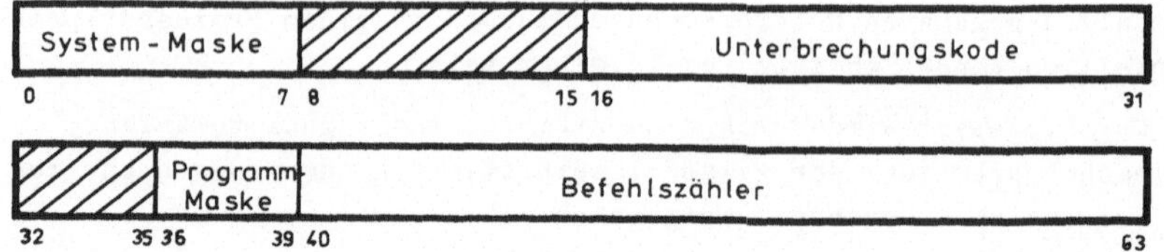

Bild 4.7: PSW der IBM/360, /370

Mit Hilfe der System-Maske können bestimmte Unterbrechungssignale vom Ein/Ausgabesystem maskiert werden, mit der Programm-Maske solche, die durch bestimmte arithmetische Fehler verursacht werden (Realisierung von Punkt 5).

Die Rechner der IBM /360-/370-Familie kennen fünf verschiedene Gruppen von Unterbrechungsursachen:

- Maschinenfehler,

- Meldungen des Ein/Ausgabesystems,

- Programmfehler,

- Zeitgeberunterbrechung oder Unterbrechung von der Operatorkonsole,

- programmierte Unterbrechung (Supervisor-Call).

Den Gruppen sind von oben nach unten abnehmende Prioritäten zugeordnet, was bedeutet, daß eine Unterbrechungsbearbeitungsroutine nur durch ein Unterbrechungssignal mit höherer Priorität unterbrochen werden kann.

Jeder der genannten Gruppen sind jeweils im Hauptspeicher zwei Plätze ("PSW-alt" und "PSW-neu") zugeordnet.

Trifft ein Unterbrechungssignal ein, so wird ein Unterbrechungskode in das entsprechende Feld des PSW-Registers geschrieben (Punkt 4). Das darin befindliche PSW wird anschließend in die der Unterbrechungsart zugeordnete Stelle "PSW-alt" geschrieben (Punkt 2) und das PSW-Register mit dem Inhalt des entsprechenden "PSW-neu" geladen (Punkt 3). Im Befehlszähler-Teil muß die Anfangsadresse der der Unterbrechungsart zugeordneten Unterbrechungsbearbeitungsroutine stehen.

Diese hat zunächst einmal die Aufgabe, aufgrund des im alten PSW übergebenen Unterbrechungskodes die genaue Unterbrechungsursache zu ermitteln und das dafür zuständige Programm auszuwählen.

Das Zurückschreiben des alten PSW in das PSW-Register muß nach Abschluß der Unterbrechungsbearbeitungsroutine mit Hilfe der LPSW ("Load Program Status Word")-Anweisung erfolgen.

Beispiel 4.5 Im Gegensatz zum Rechner des vorhergehenden Beispiels erfolgt im Unterbrechungssystem der PDP-11 eine viel weitergehende Hardwareunterstützung hinsichtlich der Ermittlung der Unterbrechungsursache. Jeder dieser Ursachen ist nämlich ein Eintrag in einem Unterbrechungsvektor zugeordnet. Darin befindet sich das Pro-

grammstatuswort und der Programmzähler für die Bearbeitung der konkreten Unterbrechungsursache (und nicht für eine Gruppe von Unterbrechungsursachen wie im vorigen Beispiel).

Trifft ein Unterbrechungssignal ein, so wird der augenblickliche
Inhalt des Programmstatuswort- und des Programmzähler-Registers auf
dem Prozessorstack abgelegt (Punkt 2) und beide Register mit denjenigen Eintragungen des Unterbrechungsvektors geladen, die der Unterbrechungsursache zugeordnet sind (Punkt 3 und Punkt 4).

Die Unterbrechungsbearbeitungsroutine wird durch eine RTI ("Return
from Interrupt")- oder eine RTT ("Return from Trap")-Anweisung abgeschlossen, die das Zurückschreiben des alten Programmstatuswortes
und des alten Programmzählers vom Stack, auf den die Rettung hardwaremäßig erfolgte, in die beiden Prozessor-Register bewirkt.

4.4.4 Wechsel von Funktionszuständen

Charakteristisch für die meisten heutigen Rechner (3. Generation)
ist das Vorhandensein verschiedener F u n k t i o n s z u s t ä n -
d e. In der Regel findet man zwei solcher Zustände:

- privilegierter Zustand (supervisor state, kernel mode)
- nichtprivilegierter Zustand (problem state, user mode)

Betriebssystemprogramme laufen im p r i v i l e g i e r t e n
Z u s t a n d ab, während der n i c h t p r i v i l e g i e r t e
Z u s t a n d für Benutzer-(Anwender-)Programme gedacht ist. Der
Unterschied zwischen beiden liegt darin, daß nur im privilegierten
Zustand eine bestimmte Klasse von Anweisungen, die sog. p r i v i -
l e g i e r t e n A n w e i s u n g e n, ausgeführt werden kann.
Dazu zählen:

- Ein/Ausgabeanweisungen (s. nächstes Kapitel)
- Anweisungen, die die Übersetzung virtueller Adressen beeinflussen
- Anweisungen, die den Speicherschutz beeinflussen
- Anweisungen zur Manipulation des Programmstatuswortes
- Anweisungen zur Manipulation von Uhren und Zeitgebern.

Bei einigen Prozessoren gibt es für jeden Funktionszustand einen
eigenen Registersatz, so daß beim Übergang von einem Zustand in den
anderen die entsprechenden Register nicht gerettet werden müssen.

Der Übergang von einem Funktionszustand in den anderen wird durch
Unterbrechungen verursacht, d.h. er wird automatisch durch interne
oder externe Unterbrechungen vollzogen oder explizit in Benutzerprogrammen durch eine programmierte Unterbrechung angestoßen.

<u>Beispiel 4.6</u> Die Rechner der IBM /360- /370-Familie verfügen über zwei Funktionszustände, genannt "supervisor state" und "problem state". Die in Beispiel 4.4 genannten Unterbrechungsarten führen vom "problem state" in den "supervisor state".

<u>Beispiel 4.7</u> Die Rechner der Serie SIEMENS 4004 und SIEMENS 7000 kennen vier Funktionszustände:

P1 ist der Verarbeitungszustand für Anwenderprogramme;

P2 ist der Verarbeitungszustand für Systemprogramme;

P3 ist der Erkennungszustand für Programmunterbrechungen;

P4 ist der Erkennungszustand für Maschinenfehler.

Aus dieser Auflistung wird deutlich, daß man im Gegensatz zur IBM /360- /370-Familie zwei Klassen von Unterbrechungen hat, Hardware-fehler und die übrigen Unterbrechungsursachen. Für jede Klasse gibt es einen eigenen Erkennungszustand, in dem die genaue Unterbre-chungsursache ermittelt wird. Die eigentliche Reaktion darauf fin-det im Zustand P2 statt.

Für jeden Funktionszustand existiert ein eigener Registersatz, so daß eine schnelle Umschaltung möglich ist.

5 Ein/Ausgabesysteme

In diesem Kapitel werden wir uns damit beschäftigen, wie ein Prozessor mit seiner Umwelt kommuniziert. Unter Umwelt sollen hier sowohl die in Kap. 2 vorgestellten Speichermedien als auch die Ein/Ausgabegeräte aus Kap. 3 verstanden werden.

Bevor wir uns Architekturfragen zuwenden, werden wir zunächst einmal die Probleme durchleuchten, die im Zusammenhang mit Ein/Ausgabevorgängen auftauchen.

5.1 Probleme im Zusammenhang mit der Ein/Ausgabe

5.1.1 Format- und Kodekonvertierung

Wie wir von Kap. 1 her wissen, existieren in einem Rechnersystem Kodes auf drei verschiedenen Ebenen:

- intern im Prozessor,
- im Kommunikationssystem zwischen Prozessor und externen Geräten,
- innerhalb der externen Geräte.

Der Prozessor kann intern binär oder dezimal, wort- oder zeichenorientiert arbeiten. Die Vielfalt der in externen Geräten vorkommenden Kodes macht noch einmal Bild 5.1 deutlich.

Gerät	Kode
Magnetband	Binärwort, ZL6, ZL8
Magnettrommel, -platte	Binärwort, ZL6, ZL8
Lochstreifenleser	Binärwort, Zeichen der Länge 5, 6, 7, 8 Bits
Lochkartenleser	spaltenweise binär (12), Hollerith, ZL6
Drucker	ZL6, ZL8
Plotter	ZL6, ZL8
Terminals	ZL6, ZL8

Binärwort = interne Wortlänge des Prozessors
ZL6 (ZL8) = Zeichen der Länge 6 Bit (8 Bit)

Bild 5.1: Kodes externer Geräte

Vor diesem Hintergrund sind bei der Eingabe folgende Schritte auszuführen:

1. gegebenenfalls Konvertierung in einen internen Kode (hardware- oder softwaremäßig);
2. Zerlegung von Kodewörtern, die durch das Format bestimmt waren, in Komponenten neu zu bildender Kodewörter;

3. Bildung der neuen Kodewörter;

4. Transfer der neuen Kodewörter zum Hauptspeicher, wo sie für den Prozessor zugreifbar sind.

Die Ausgabe verläuft in umgekehrter Reihenfolge. Dazu kommt noch die Initialisierung des Recordpuffers (s.u.) und das Einfügen der für das Gerät notwendigen Steuerzeichen (gemäß Kommunikationsprotokoll).

5.1.2 <u>Record-Strukturen</u>

Die Ein/Ausgabe von Daten erfolgt in der Regel nicht kontinuierlich sondern blockweise. Die Größe dieser Blöcke - auch R e c o r d s genannt - wird von folgenden Faktoren bestimmt:

- physikalische Kapazität des Gerätes (Zeilenlänge, Kartentyp, Segmentgröße, usw.);
- strukturelle Einschränkungen durch die Maschinensprache;
- Speicherbereich, der zum Anlegen von Ein/Ausgabepuffern zur Verfügung gestellt werden kann;
- Wahrscheinlichkeit für das Auftreten eines Fehlers während der Übertragung.

Punkt 4 soll etwas näher erläutert werden. Alle Prozeduren zur Behandlung von Übertragungsfehlern hängen davon ab, inwieweit ein System Fehler erkennen kann (in der Regel durch Bildung von Paritätsbits) und dieser dann durch erneutes Sendes des fehlerhaften Blockes behoben werden kann.

Dazu ist es notwendig, daß zwischen Sender und Empfänger eine sog. "h a n d s h a k i n g"-P r o z e d u r abläuft (vgl. Kap. 1). Der Sender wartet nach jedem Block auf eine positive oder negative Bestätigung durch den Empfänger. Ist diese positiv, wird der nächste Block übertragen, ist diese negativ, wird der letzte Block noch einmal gesendet. Diese Methode heißt "stop-and-wait ARQ (automatic-repeat-request)" und wird sowohl bei Datenfernübertragungsprozeduren als auch intern z.B. bei Magnetbändern benutzt. Die Durchsatzrate bei diesem Verfahren beträgt:

$$T = \frac{n(1-P(n))}{n+c\cdot\nu} \cdot \nu \qquad\qquad (5.1)$$

mit T   Durchsatzrate gemessen in Bit pro Sekunde
    n   Blocklänge in Bit
   P(n) Wahrscheinlichkeit, daß ein Block der Länge n Fehler enthält

c	Zeitverzögerung zwischen Beendigung einer Blockübertragung und Beginn der nächsten
v	Übertragungsrate der Verbindung oder des Gerätes
c·v	Anzahl der Bits, die während der Wartezeit hätten übertragen werden können.

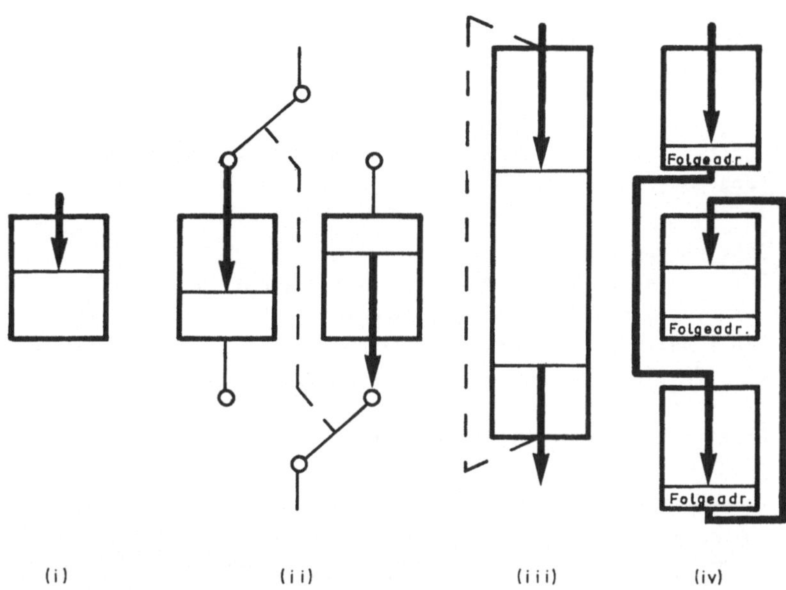

Bild 5.2: Pufferstrukturen

5.1.3 Pufferzuteilung

Für jedes aktive Geräte werden ein oder mehrere Speicherblöcke
(P u f f e r) im Hauptspeicher benötigt, die temporär zur Aufnahme
von Records dienen. Der Typ und die Länge dieser Puffer hängt ab
von den Eigenschaften des Gerätes, der speziellen Anwendung, den
durch eine Programmiersprache auferlegten Einschränkungen und dem
verfügbaren Speicherplatz. Bild 5.2 zeigt die folgenden Strukturen:

i) l i n e a r e P u f f e r f e s t e r L ä n g e: werden benutzt, wenn die Recordlänge genau feststeht (Kartenleser, Drucker).

ii) u m s c h a l t b a r e   l i n e a r e   P u f f e r: wie 1,
tragen jedoch zur schnelleren Abwicklung der Ein/Ausgabe bei, da
beispielsweise ein Gerät ein Record lesen kann, während der Prozessor das nächste schon bereitstellt.

iii) z i r k u l a r e   P u f f e r: werden benutzt, wenn sich mehrere Records (variabler oder fester Länge) in einer Eingabeschlange befinden können, bevor sie verarbeitet werden, z.B. bei Terminals.

iv) v e r b u n d e n e   P u f f e r: werden benutzt, wenn die Recordlängen stark variieren.

5.1.4 Geschwindigkeit

Der Unterschied in der Reaktionsgeschwindigkeit zwischen physikalischen Prozessen, dem Menschen, mechanischen Geräten und elektronischen Schaltkreisen macht eine asynchrone Arbeitsweise notwendig, so daß jeder Teil des Systems mit einer eigenen Geschwindigkeit arbeitet. Bild 5.3 macht die großen Unterschiede deutlich, die an jeder Schnittstelle eine Anpassung notwendig werden lassen.

Gerät	Rate des Gerätes	max. Rate (Zeichen/sec)
Mensch	bis zu 5 Aktionen/sec	5
Kommunikationsmodems	300–9600 Bit/sec	1200
interaktive Terminals		
Fernschreiber	10–60 Zeichen/sec	60
CRT	10–240 Zeichen/sec	240
Plotter		
Inkrementalplotter	bis zu 700 Zeichen/sec	700
Vektorplotter	bis zu 200 Zeichen/sec	200
Lochstreifen (5,6,7,8 Kanal)		
-Leser	10–1000 Zeichen/sec	1000
-Stanzer	10–500 Zeichen/sec	500
Karten (80 u. 96 Spalten)		
-Leser	100–2000 Karten/min	3200
-Stanzer	100–800 Karten/min	1280
Drucker		
mechanische	100–3000 Zeilen/min	6600
elektrostatische	100–40000 Zeilen/min	
Magnetband	15K–320K Zeichen/sec	320000
Magnettrommel/-platte	30K–1,5M Zeichen/sec	1500000

Bild 5.3: Übersicht über die Geschwindigkeit externer Geräte

5.1.5 Zeitverhalten und Kontrolle

Unter normalen Bedingungen kann der Prozessor simultan mit einem oder mehreren seiner externen Geräte kommunizieren, aber selten mit allen und gewöhnlich nicht nach einem starren Schema. Zusammen mit den Geschwindigkeitsunterschieden macht dies Zeitsteuerungs- und Kontrollprozeduren notwendig. Ihr Aussehen ist sehr stark abhängig von der zugrunde gelegten Ein/Ausgabearchitektur.

5.1.6 Kommunikationsstrukturen

Die verschiedenen Kommunikationssysteme sind in Kap. 1 ausführlich dargestellt worden. Welches Modell gewählt wird, hängt von der Geschwindigkeit der Geräte, der Ähnlichkeit mit den Prozessormerkmalen und den vertretbaren Kosten für die Verbindung ab.

5.1.7 Fehlererkennung und -behebung

Fehler im Zusammenhang mit Ein/Ausgabe stellen ein sehr schwerwiegendes Problem dar. Ihre Entdeckung, Lokalisierung und Behebung kann die Überprüfung der verschiedenartigsten Komponenten einer Rechenanlage notwendig machen, wie die nachfolgende Übersicht deutlich macht.

Fehlerursachen:

i) Umgebung
   a) Schmutz in optischen, magnetischen und mechanischen Speichermedien
   b) Temperatur und Luftfeuchtigkeit
   c) elektromagnetische Strahlungen
   d) Spannungsschwankungen

ii) Alterung und falsche Justierung von Komponenten
   a) Abfall von Kenndaten (phys.)
   b) mechanischer Abtrieb

iii) bisher unentdeckte Fehler
   a) unvorhergesehene Instruktionsfolgen und Kodekombinationen
   b) unkorrekte Speicherbelegung und Puffergröße für Ein/Ausgabe
   c) unvollständig geplante und getestete Kombinationen von Systemmoduln

iv) Benutzer- und Operateurfehler
  a) falsche Reihenfolge von Programmen
  b) unkorrekte Prozeduren
  c) nicht betriebsbereite Speichermedien

Von Seiten eines Gerätes werden im allgemeinen folgende Fehler entdeckt (Ursachen siehe z.B. Punkte i) und ii)) und durch eine entsprechende Nachricht angezeigt (vgl. hierzu die Kap. 1 bis 3):

1. Entdeckung falscher Parität
2. Verlust eines eingegebenen Zeichens
3. keine Übereinstimmung bei Leseüberprüfung

Ist ein Fehler entdeckt worden, hängt es vom Gerät, der Fehlerart, der Wichtigkeit der Daten und der zur Verfügung stehenden Zeit ab, welche Maßnahme getroffen wird.

Mit Hilfe von Fehlerbehandlungsprozeduren kann man versuchen, auf der Basis der verfügbaren Information (falls genügend viele Überprüfungsbits existieren) oder durch Wiederholen der Operation den Fehler zu korrigieren. Letzteres hängt natürlich vom Gerätetyp ab. Bei Magnetbändern ist ein Zurückspulen um einen Block notwendig, bei Magnetplatten ein erneuter Versuch nach einer Umdrehung, bei Karten ein Eingreifen des Operateurs und bei Geräten, die weiter entfernt vom Rechner aufgestellt sind, eine wiederholte Übermittlung des fehlerhaften Blockes.

Beim Auftreten nicht behebbarer Fehler sollte die Maschine in einen Zustand überführt werden, der ein Weiterarbeiten ohne das defekte Gerät ermöglicht. Dazu ist allerdings wieder zusätzliche Software oder auch Hardware nötig.

5.1.8 Effizienz
Die Effizienz einer Aktion läßt sich allgemein definieren als

$$\mu = \frac{\text{Ergebnis einer Aktion}}{\text{Aufwand}} \tag{5.2}$$

Für die Effizienz von Ein/Ausgabevorgängen ist demnach aus der Sicht des Prozessors von Bedeutung, wieviel Aufwand er zu deren Abwicklung treiben muß. Dieser Aufwand schlägt sich in Anweisungen nieder, die ausgeführt werden müssen. Wir erhalten damit folgende Effizienz:

$$\mu_{E/A} = \frac{\text{Anzahl der übertragenden Datenelemente}}{\text{aufzuwendende Instruktionsausführungszeiten}} \qquad (5.3)$$

Vor dem Hintergrund der in diesem Abschnitt aufgezeigten Problematik wollen wir uns nun mit der Struktur von Ein/Ausgabesystemen beschäftigen.

5.2 E/A - Prozessoren mit Nachrichtenvermittler-Funktion

Die meisten der heutigen Rechnersysteme enthalten zur Abwicklung von Ein/Ausgabevorgängen spezielle E / A - P r o z e s s o r e n, die eng mit dem Prozessor verbunden sind und lediglich Nachrichtenvermittler-Funktion haben.

Die Steuerungen der externen Geräte bzw. die Nachrichtenkanäle, sprich Leitungen, die von diesen ausgehen, sind mittels einer speziellen Hardware, die man I n t e r f a c e nennt, an die E/A-Prozessoren angepaßt.

5.2.1 Konventionelle Architekturen

Den typischen Aufbau konventioneller Architekturen zeigt Bild 5.4.

Hierzu ist zu bemerken, daß der Inhalt des gestrichelt gezeichneten Kastens oft als Zentraleinheit (CPU!) bezeichnet wird (vgl. Terminologie von Kap. 4). Ferner ist zu beachten, daß die Interfaces in zwei verschiedenen Funktionen vorkommen, als Anpassungshardware im oben beschriebenen Sinne (bei schnellen und mittelschnellen Geräten) und als Nachrichtenvermittler (bei langsamen Geräten).

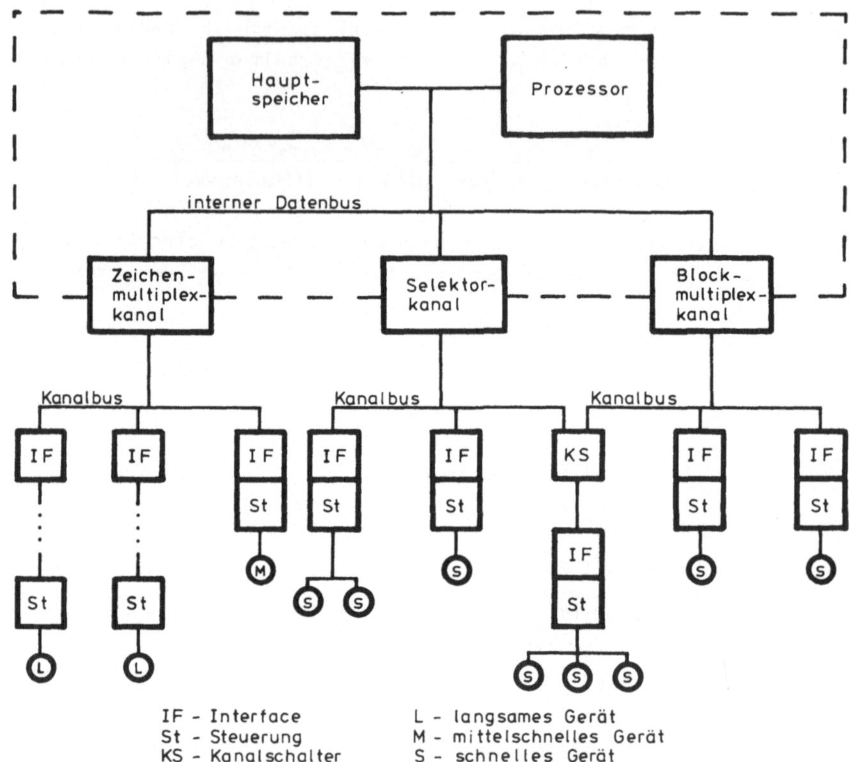

Bild 5.4: Beispiel einer konventionellen Ein/Ausgabearchitektur

Jede Kommunikation mit externen Geräten erfolgt über Ein/Ausgabe-
Prozessoren, die man K a n ä l e nennt (nicht zu verwechseln mit
den Nachrichtenkanälen aus Kap. 1). Sie arbeiten unabhängig vom
(zentralen) Prozessor und haben getrennten Zugriff zum Hauptspeicher. Da die Übertragung von Daten zeitkritisch und oft auch von
den mechanischen Eigenschaften bestimmter Geräte abhängig ist, erhalten die Kanäle Priorität beim Zugriff auf den Hauptspeicher,
d.h. sie dürfen dem Prozessor Speicherzyklen stehlen (engl.:
c y c l e   s t e a l i n g).

Kanäle übertragen immer Datenblöcke. Dazu erhalten sie vom Prozessor eine Hauptspeicheradresse, an der der Block zu finden ist, und
die entsprechende Blocklänge.

Das Arbeiten der Kanäle wird durch sog. K a n a l p r o g r a m m e (spezielle Form von Kommuníkationsprozeduren) gesteuert, die im Kanal resident oder aber im Hauptspeicher abgelegt sein können.

Der Kanal hat eine Schnittstelle, an die die Steuerungen der externen Geräte mittels eines Interfaces angepaßt werden müssen.

Wenn wir versuchen, die konventionelle Architektur in das Schema von Kap. 1 einzuordnen, so entdecken wir zwei überlagerte Kommunikationsarchitekturen. Aus der Sicht des Prozessors handelt es sich dabei um den zentralen Speicher (DASp), über den die Kommunikation mit den externen Geräten abgewickelt wird. Diese Kommunikation findet aber nicht direkt statt, sondern durch Einschaltung eines Nachrichtenvermittlers, des Kanals, der aus der Sicht des Prozessors der Repräsentant aller Geräte ist. Global betrachtet liegt eine Architektur vor, bei der der Kanal als Busfenster (IDABf) fungiert. Es gilt allerdings die Einschränkung, daß ein an den Kanalbus angeschlossenes Gerät nur mit dem Hauptspeicher kommunizieren kann.

Der Nachrichtenvermittler Kanal arbeitet nach dem Prinzip der Nachrichtenvermittlung, wie die nachfolgenden Erläuterungen deutlich machen werden.

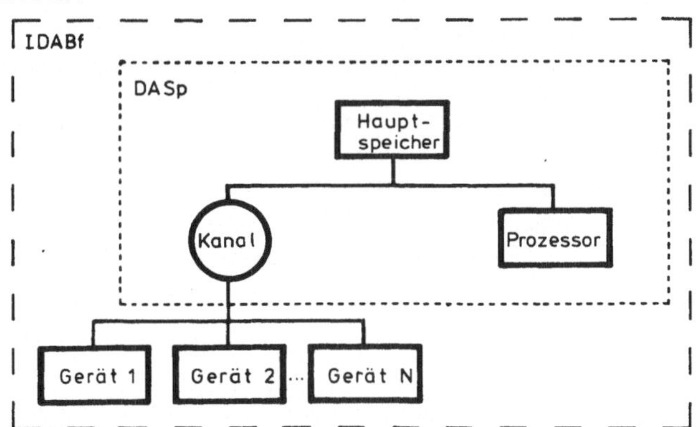

Bild 5.5: Klassifizierung der konventionellen Ein/Ausgabearchitektur

Wir unterscheiden drei Arten von Kanälen.

i) S e l e k t o r k a n a l: Der Selektorkanal ist ein kleiner, in seinen Funktionen beschränkter Prozessor, der zur Kontrolle von Datentransfers zwischen dem Hauptspeicher und schnellen externen Geräten dient. Dabei wird er dem ausgewählten Gerät total zugeordnet und kann, solange der Transfer nicht abgeschlossen ist, von keinem anderen Gerät benutzt werden.

Die Initialisierung eines Datentransfers über einen Selektorkanal erfordert Angaben über die Startadresse der Daten im Hauptspeicher, die Länge der zu transferierenden Daten und die Geräteidentifikation. Nach der Initialisierung übernimmt der Selektorkanal folgende Funktionen:

1. Bereitstellung der Hauptspeicheradresse, auf die als nächstes zugegriffen wird,
2. Bereitstellung der Anzahl noch zu übertragender Datenelemente,
3. Anpassung der Daten an den internen Bus bzw. an den Kanalbus,
4. Überprüfung oder Generierung eines Paritätsbits,
5. Anzeige des Kanal- und Gerätestatus und Erzeugung von Interrupts,
6. Synchronisation der unterschiedlichen Übertragungsgeschwindigkeiten auf den beiden Bussen.

Das WSR dient zur Aufnahme des Wortes (hier: 1 Wort = 4 Bytes), das augenblicklich übertragen oder empfangen wird. Es ist als Schieberegister ausgelegt, das byteweise verschiebt und mit der Kontrolleinheit des angeschlossenen externen Gerätes synchronisiert wird. Wie auf dem Bild dargestellt ist, empfängt und sendet es byteweise, während wortweise vom und zum Hauptspeicher übertragen wird.

Das KPR enthält das Wort, das gerade vom Hauptspeicher ankommt oder zu ihm transferiert wird. Es ist mit dem Prozessor synchronisiert. Der Transfer zwischen WSR und KPR geschieht parallel und asynchron, wodurch eine Angleichung der unterschiedlichen Geschwindigkeiten vorgenommen werden kann. Kanäle können auch nur mit einem Datenregister konstruiert werden. Es besteht dann allerdings die Gefahr, daß Daten verloren gehen.

SAR und BZR enthalten die augenblickliche Adresse und die verbleibende Blocklänge des zu übertragenden Datenblockes. Nach einem Worttransfer werden sie um 1 erhöht bzw. erniedrigt. Ein "Übertragungsende"-Interrupt wird generiert, wenn BZR den Wert 0 enthält. Fehler-Interrupts werden bei falscher Parität, bei Empfang einer Fehlernachricht von einem externen Gerät und beim Verlust eines Zeichens bei der Eingabe erzeugt.

Bild 5.6 zeigt die Organisation eines typischen Selektorkanals.

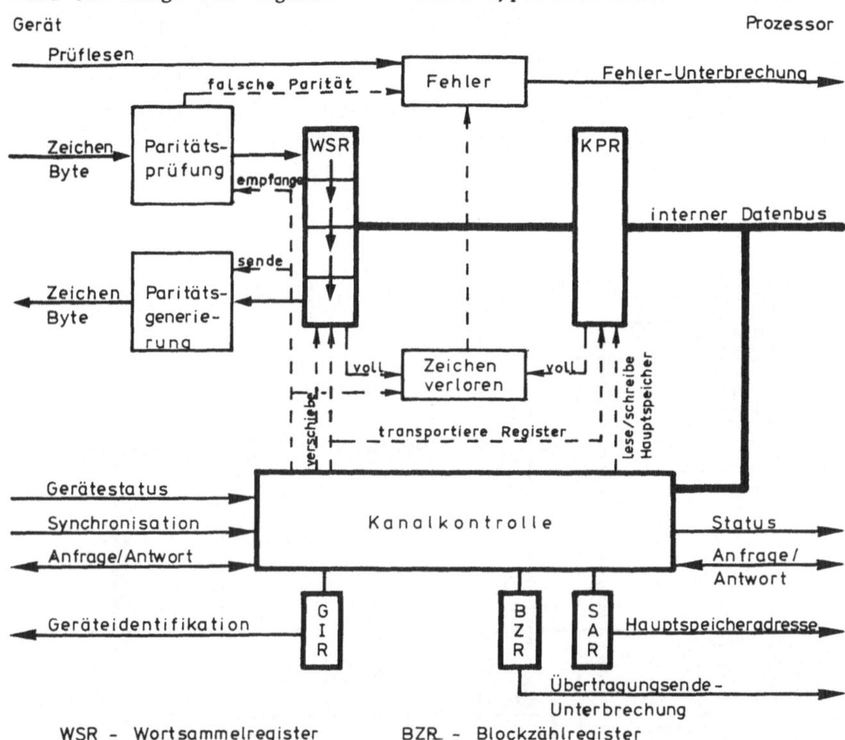

WSR - Wortsammelregister
KPR - Kanalpufferregister
SAR - Speicheradreßregister

BZR - Blockzählregister
GIR - Geräteidentifikationsregister

Bild 5.6: Struktur eines Selektorkanals

ii) Z e i c h e n - M u l t i p l e x k a n a l: Der in Bild 5.7
gezeigte Zeichen-Multiplexkanal kann als eine Menge langsamer Se-
lektorkanäle betrachtet werden. Er hat zwei verschiedene Arbeits-
modi. Im ersten wird wie beim Selektorkanal einem externen Gerät
der Kanal zur Verfügung gestellt (engl.: b u r s t m o d e), beim
zweiten werden die Unterkanäle zyklisch angesprochen und zwar nur
solange, wie die Übertragung eines Zeichens dauert (engl.:
m u l t i p l e x m o d e). In beiden Fällen ist die Kontrolle der
Ein/Ausgabeoperation mit der des Selektorkanals identisch, außer
daß die Veränderung der Datenadresse und -länge auf Zeichenbasis
statt auf Wortbasis vorgenommen wird. Ferner sind diese beiden An-

gaben für jeden Unterkanal in Listen innerhalb des Hauptspeichers abgelegt und nicht in Registern, die sich im Kanal befinden.

Im Multiplexmodus werden der Reihe nach die Anfrageindikatoren (request flags) jedes Unterkanals angeschaut. Ist der Indikator gesetzt, wird weiter untersucht, ob eine Ein/Ausgabeoperation durchgeführt werden soll (angezeigt durch den Unterkanalmodus-Indikator). Bei einer Ausgabeoperation werden folgende Operationen vom Kanal durchgeführt:

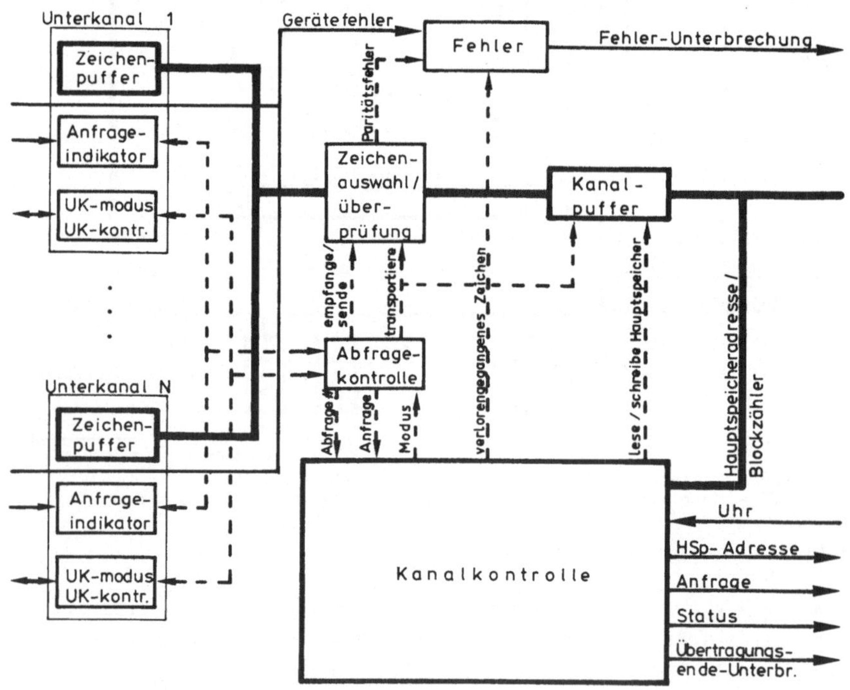

Bild 5.7: Struktur eines Zeichen-Multiplexkanals

1. Die Datenadresse aus der Hauptspeicherliste wird gelesen, um 1 erhöht und wieder zurückgeschrieben.

2. Das nächste Zeichen wird vom Hauptspeicher zum Kanalpuffer übertragen.

3. Das Zeichen wird vom Kanalpuffer zum Zeichenpuffer des Unterkanals gebracht; der Datenzähler wird gelesen, um 1 erniedrigt und auf null getestet. Ist er null, so wird eine Übertragungsende-Unterbrechung ausgelöst.

4. Der nächste Unterkanal wird inspiziert.

Bei der Eingabe muß das eingegebene Zeichen zum Kanalpuffer gebracht und gleichzeitig die Zeichenadresse gelesen werden, damit im
nächsten Schritt der Transfer zum Hauptspeicher durchgeführt werden
kann.

iii) B l o c k - M u l t i p l e x k a n a l: Der Block-Multiplex-
kanal verbindet die Vorzüge von Selektorkanal und Zeichen-Multiplexkanal. Wie beim Selektorkanal befinden sich Hauptspeicheradresse und Blocklänge in Registern innerhalb des Kanals, so daß eine
Veränderung parallel zum Datentransfer durchgeführt werden kann.
Die Zuteilung der Kontrolle an einen Unterkanal geschieht für die
Dauer einer Blockübertragung.

Im Gegensatz zum Selektorkanal muß der Block-Multiplexer nicht
einem externen Gerät zugeteilt sein, wenn kein Datentransfer stattfindet (z.B. wenn auf einer Trommel erst eine bestimmte Spur ge-
sucht werden muß). Erst wenn dieser tatsächlich beginnen kann, wird
vom Gerät eine entsprechende Nachricht gesendet. Ist der Kanal in
diesem Augenblick beschäftigt, muß die Nachricht vom Gerät wiederholt werden (z.B. nach einer weiteren Umdrehung bei einer Trommel).

Zusammenfassung der Kanaleigenschaften:
Als wesentliche Eigenschaft eines Kanals kann man festhalten, daß
er den Transfer eines Datenblockes zwischen einem externen Gerät
und dem Hauptspeicher eines Rechners selbständig abwickeln kann.
Von den in Abschnitt 5.1 angesprochenen Problemen kann ein Kanal
nicht lösen:

- die Umkodierung von Zeichen,
- die Fehlerbehandlung.

5.2.2 Kleinrechnerarchitekturen
Kleinrechner verfügen nicht über Kanäle, so wie wir sie im vorigen
Abschnitt kennengelernt haben. Vielmehr gibt es einen einfachen
E/A-Prozessor (auch E/A-Steuerung genannt), mit dem der zentrale
Prozessor über ein EADR (Ein/Ausgabe-Daten-Register) und ein EASR
(Ein/Ausgabe-Status-Register) kommunizieren kann. Der E/A-Prozessor
ist mittels eines E/A-Busses mit den Kontrollern der E/A-Geräte
verbunden und gibt an sie die in den beiden Registern enthaltenen
Nachrichten weiter. Er hat keinen Zugriff auf den Hauptspeicher.

Aus der Sicht des zentralen Prozessors spricht man daher bei Benutzung dieses E/A-Prozessors von p r o g r a m m k o n t r o l -
l i e r t e r   E i n/A u s g a b e, da der Prozessor die Übertragung eines Datenblockes zeichenweise durchführen muß.

<u>Bemerkung</u>: Es gibt eine Reihe von Kleinrechnerarchitekturen, bei
denen Prozessor und Hauptspeicher direkt an den E/A-Bus angeschlossen sind (DAB-Architektur). Jedes Gerät verfügt dann über ein EADR
und ein EASR, wodurch sich aber an der Form der Ein/Ausgabe nichts
ändert.

Im Gegensatz dazu gibt es noch die Möglichkeit über sog. D M A
(direct memory access)-K a n ä l e einen Blocktransfer anzustoßen.
Dieser wird auf der Basis des "cycle stealing" zwischen Hauptspeicher und externem Gerät abgewickelt.

<u>Bemerkung</u>: Bei neueren Systemen werden in verstärktem Maße Geräte
mit einem DMA-Anschluß eingesetzt.

Bild 5.8 zeigt die Struktur eines Ein/Ausgabesystems bei Kleinrechnern. Die gerade beschriebenen Möglichkeiten der Ein/Ausgabe sollen
im folgenden näher untersucht werden.

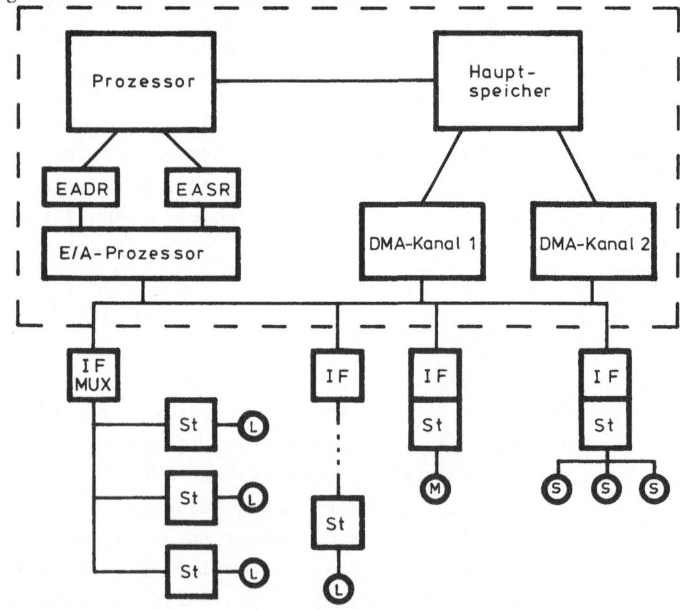

Bild 5.8: Ein/Ausgabearchitektur eines Kleinrechners

i) P r o g r a m m g e s t e u e r t e   E i n / A u s g a b e: Bei
der programmgesteuerten Ausgabe (die Eingabe erfolgt analog) sind
auf der Prozessorseite folgende Schritte durchzuführen:

1. Das auszugebende Wort bzw. Zeichen ist vom Speicher oder einem
   allgemeinen Register ins EADR zu bringen.

2. Das externe Gerät und die Art der Operation ist im EASR zu spezifizieren.

3. Nach Erhöhung der Hauptspeicheradresse und Erniedrigung des
   Blockzählers muß der Prozessor in eine Warteschleife gehen oder
   zum zuletzt unterbrochenen Programm zurückkehren. In der Zwi-
   schenzeit schickt der E/A-Prozessor eine Schreibnachricht zum
   Gerät und übermittelt das Wort oder Zeichen.

4. Nach Abschluß der Ausgabeoperation wird dem E/A-Prozessor eine
   entsprechende Nachricht gesendet, die er im EASR hinterlegt.
   Gegebenenfalls schickt er dem Prozessor ein Unterbrechungssignal
   (Interrupt), worauf dieser wie folgt reagiert: Falls Ausgabeoperation korrekt abgeschlossen wurde, gehe zu Punkt 1, ansonsten
   führe entsprechende Fehlerbehandlung durch.

Aus der Beschreibung wird deutlich, daß diese Form der Ein/Ausgabe
einerseits flexibel ist, andererseits aber auch sehr ineffizient.
Dies nicht zuletzt deshalb, weil im Normalfall, d.h. wenn nicht die
noch ineffizientere Warteschleifenmethode angewendet wird, der Prozessor nach jedem übermittelten oder empfangenen Zeichen einen Interrupt erhält. Die Prozedur, die zur Realisierung der oben skizzierten Schritte im Prozessor dient, heißt G e r ä t e t r e i -
b e r (engl.: device driver). Sie besteht aus einer Komponente, die
von einem Programm mit Ein/Ausgabewunsch angestoßen wird, und einer
Komponente, die durch das Unterbrechungssignal angestoßen wird.

ii) D i r e k t e r   S p e i c h e r z u g r i f f: Der direkte
Speicherzugriff wird durch den DMA-Kanal realisiert, der den internen Speicherbus des Prozessors mit dessen Ein/Ausgabebus verbindet,
und zwar in derselben Weise wie dies bei einem Selektorkanal geschieht. Im Vergleich zu diesem sind aber folgende Unterschiede
festzuhalten:

- Der DMA-Kanal ist nicht programmierbar.

- Da der DMA-Kanal nur eine Verbindung zwischen Speicherbus und
  Ein/Ausgabebus herstellt, kann jedes Gerät von jedem DMA bedient
  werden.
  Bemerkung: Es gibt aber auch Systeme, bei denen ein DMA-Kanal
  einem Gerät fest zugeordnet ist.

- Ein Interrupt wird nur nach Beendigung eines Blocktransfers erzeugt, da keinerlei Fehlerüberprüfung hinsichtlich der Daten

stattfindet. Diese müßte von der Steuerung des Gerätes durchgeführt und entsprechend angezeigt werden.

Die Steuerung eines DMA-Kanals seitens des Prozessors geschieht über die vier folgenden Register:

1. einem D a t e n r e g i s t e r zur Zwischenpufferung der zu transferierenden Daten,

2. einem A d r e ß r e g i s t e r zur Spezifizierung der Anfangsadresse eines Datenblockes im Hauptspeicher,

3. einem B l o c k z ä h l e r zur Spezifizierung der Datenblocklänge und

4. einem K o n t r o l l r e g i s t e r zur Aufnahme von Kommandonachrichten seitens des Prozessors und von Statusnachrichten seitens des Kanals.

5.3 Eigenständige E/A-Prozessoren

Die Probleme, die in Abschn. 5.1 aufgezeigt wurden, implizieren einige funktionelle Anforderungen an Ein/Ausgabesysteme, die durch die relativ unselbständigen E/A-Prozessoren des vorigen Abschnitts nicht erfüllt werden können:

1. Kodeumwandlung, wenn interner und externer Kode nicht übereinstimmen;

2. allgemeine Fehlerbehandlung;

3. Fehlerentdeckung und -korrektur, wenn der Fehler nur beim Betrachten mehrerer Worte oder Zeichen zu erkennen ist;

4. Formatkontrolle, wenn der Ein/Ausgabeblock zusammengefügt oder zerlegt werden muß.

Alle diese Dinge müssen durch spezielle Programme vorgenommen werden, die auf dem Prozessor ablaufen müssen.

Eine Entlastung des Prozessors ist dadurch möglich, daß man diese Aufgaben auf leistungsfähigere Prozessoren überträgt, als dies Kanäle sind.

5.3.1 Vorrechner

Das Konzept des Vorrechners kann man als eine Ergänzung der konventionellen Ein/Ausgabearchitektur auffassen, da es bei den meisten der als konventionell bezeichneten Systemen heutzutage rea-

lisiert ist. Der Vorrechner hat die Aufgabe, langsame Ein/Ausgabe-
geräte wie Fernschreiber und Datensichtstationen und darüberhinaus
sog. RJE-Stationen (remote job entry), die mit einem Karteleser und
einem Drucker ausgestattet sind, zu verwalten.

Der Datenaustausch mit den meisten dieser Geräte wird über Datenfernübertragungsprozeduren abgewickelt. Ferner weisen gerade diese
Geräte sehr unterschiedliche Datenformate auf. Dies macht deutlich,
daß für eine relativ geringe Datenmenge ein sehr großer Aufwand bei
der Ein/Ausgabe getrieben werden muß. Dadurch, daß der Vorrechner
nun die Bedienung derartiger Geräte übernimmt, er aber gleichzeitig
nur noch als ein Gerät gegenüber dem Prozessor in Erscheinung tritt,
kann er diesen wesentlich entlasten.

Der Vorrechner wird wie ein normales Ein/Ausgabegerät an einen Kanal angeschlossen, in der Regel an den Zeichen-Multiplexkanal.

5.3.2 Front-End-Prozessoren

Eine stärkere Entlastung als durch den Vorrechner ist durch die
Verwendung eines sog. "front-end"-Prozessors möglich, der die Verwaltung sämtlicher externen Geräte übernimmt oder übernehmen kann.

Bei der ersten Form der Verbindung zwischen zentralem Prozessor und
Front-End-Prozessor wird ein Plattenspeicher mit Zweikanalschalter
benutzt, an den die beiden Prozessoren über einen ihrer Kanäle angeschlossen werden (Bild 5.9).

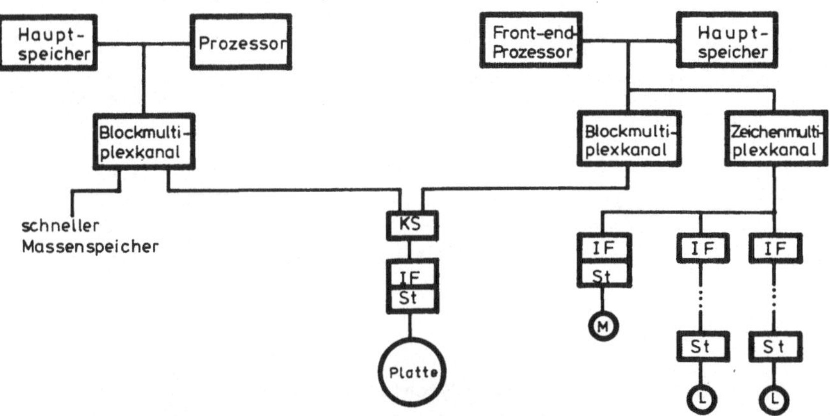

Bild 5.9: Front-End-Prozessor mit Plattenkopplung

Der Front-End-Prozessor kontrolliert hierbei die Kommunikation mit
Geräten mittlerer Geschwindigkeit (z.B. Papierperipherie), puffert
und bildet Blöcke aus den übertragenen Daten, prüft auf Fehler,
nimmt Kodeumwandlungen und Zeilenformatierung vor und speichert und
liest Programme und Datenstrukturen auf der Platte.

Bei der Implementierung eines Betriebssystems wird dem Front-End-
Prozessor die Aufgabe zufallen, die Programmeingabeschlange und den
Plattenspeicher zu verwalten. Ein/Ausgabe wird über Dateien erfolgen, die vor Beginn bzw. während der Abarbeitung eines Programms
auf der Platte angelegt werden.

Der Vorteil des hier beschriebenen Systems liegt im Vergleich zu
konventionellen Ein/Ausgabearchitekturen darin, daß auf dem zentralen Prozessor nur noch ein Programm zur Abwicklung des Datentransfers von und zur Platte abläuft. Dieser Transfer wirft aber nur das
oben genannte Problem 2 und in beschränktem Maße das Problem 3 auf.

Die zweite Form des Front-End-Prozessors basiert auf einer Kopplung
über den Hauptspeicher, die aber je nach Realisierung ein Übereinstimmen der Prozessorarchitekturen erforderlich machen kann.

Abhängig von den speziellen Prozessoren können die Verbindungen
folgendermaßen aussehen:

1. DMA-DMA Verbindung, wobei jeder Kanal von seinem Prozessor ini-
   tialisiert wird und Zugriff auf bestimmte Speicherbereiche des
   anderen Prozessors hat;
2. Anschluß an getrennte Speichereingänge (ports), wobei bei gleichzeitigem Zugriff der Front-End-Prozessor höhere Priorität hat;
3. Anschluß an einen gemeinsamen Bus, wobei der Front-End-Prozessor
   höhere Priorität (asynchrone Arbeitsweise) oder alternierende
   Zyklen bekommt (synchrone Arbeitsweise).

Der Vorteil dieser Systeme liegt darin, daß Programme und Daten
nicht über einen Zwischenspeicher ausgetauscht werden müssen. Bei
den letzten Verbindungsmöglichkeiten entfällt sogar der Speicher-
Speicher-Transfer.

5.3.3 Integrierte Prozessoren

Die beiden zuletzt besprochenen Systeme zeigen eine Möglichkeit
auf, wie man mit existierenden Architekturen eine Verbesserung des
Ein/Ausgabesystems vornehmen kann, indem man praktisch eine Zwei-

prozessoranlage schafft. Größere Architekturen werden von vornherein als Mehrprozessoranlagen konzipiert. Typisch hierfür ist die CDC 6600, die in Bild 5.10 dargestellt ist. Sie hat bis zu 10 Peripherieprozessoren, die auf der Basis eines Polling-Mechanismus Zugriff zum Hauptspeicher erhalten. Einer dieser Prozessoren hat die logische Kontrolle über das gesamte System, d.h. über den zentralen Prozessor und über die neun anderen Peripherieprozessoren. Von der Architektur her sind alle gleich und haben Zugriff zu jedem der max. zwölf Ein/Ausgabekanäle.

Man kann dieses System als ein DASp-Kommunikationssystem (Zentraler Speicher) bezeichnen.

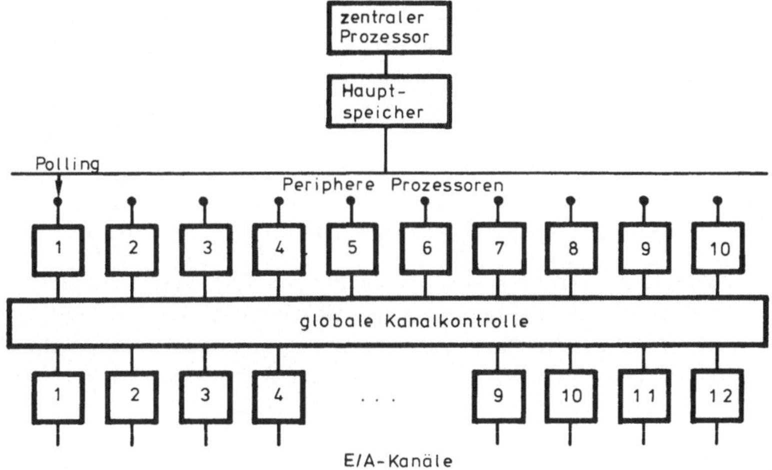

Bild 5.10: Integrierte Ein/Ausgabearchitektur

5.4 Ein/Ausgabeanweisungen und -programmierung

Wir wollen nun die in Kap. 4 außer acht gelassene Gruppe der Ein/Ausgabeanweisungen näher betrachten. Dabei wollen wir auf jede der in den beiden vorhergehenden Abschnitten besprochenen Ein/Ausgabesysteme eingehen.

5.4.1 <u>Konventionelle Architekturen</u>

Die Prozessoren konventioneller Architekturen verfügen im wesentlichen über vier Ein/Ausgabeanweisungen:

1. Starte E/A-Vorgang
2. Stoppe E/A-Vorgang
3. Prüfe Gerät
4. Prüfe Kanal.

Zur Abwicklung eines E/A-Vorgangs muß zunächst einmal im Hauptspeicher ein Kanalprogramm vorbereitet werden. Die Startadresse dieses Programms muß daraufhin in einer fest vereinbarten Speicherzelle abgelegt werden. Durch eine "Starte E/A-Vorgang"-Anweisung wird das anzusprechende Gerät spezifiziert und derjenige Kanal angestoßen, der die Kommunikation abwickeln soll. Dieser lädt die erste Anweisung des Kanalprogramms aus dem Hauptspeicher in ein internes Register und beginnt mit der Ausführung der Anweisung. Der zentrale Prozessor kann nach dem Anstoßen des Kanals mit der Ausführung eines anderen Programms fortfahren. Der Abschluß einer Ein/Ausgabeoperation wird ihm ebenso durch ein Unterbrechungssignal mitgeteilt wie der frühzeitige Abbruch aufgrund einer Fehlersituation.

Zur Analyse des Zustandes von E/A-Geräten und Kanälen kann der Prozessor auf verschiedene Indikatoren sowie Status- und Fehlerregister zugreifen, in die der Kanal eigene Status- und Fehlernachrichten sowie solche der Gerätesteuerungen überträgt. Der Zugriff hierauf erfolgt mit Hilfe der Anweisungen "Prüfe Gerät" und "Prüfe Kanal".

Aus den obigen Erläuterungen läßt sich ableiten, daß bei der Kommunikation mit einem externen Gerät auf dem Prozessor zwei Programme ablaufen müssen. Ein erstes Programm muß die Maßnahmen durchführen, die einer "Starte E/A-Vorgang"-Anweisung vorauszugehen haben. Ein zweites Programm wird durch das Unterbrechungssignal gestartet, den das Gerät im Fehlerfalle oder nach Abschluß einer E/A-Operation auslöst. Dieses muß die Status- und Fehleranzeigen prüfen, ggfs. irgendeine Fehlerbehandlung durchführen und schließlich eine Nachricht über den Verlauf der E/A-Operation an dasjenige Programm senden, das diese Operation ausgelöst hat.

Damit wären die Ein/Ausgabeanweisungen und der Ablauf von E/A-Operationen auf der Prozessorebene grob skizziert, wir wenden uns nun der Kanalprogrammierung zu.

Der Kanal ist ein einfacher Prozessor, der nur über einen eng begrenzten Anweisungsvorrat verfügt. Die Operationen, die er ausführen kann, sind:

- Lesen,
- Schreiben,
- Rückwärts lesen,
- Kontrolloperationen (Rückwärtsspulen eines Magnetbandes, Zeilenvorschub bei einem Drucker, etc.),
- Übernehmen von Statusnachrichten,
- Springen innerhalb eines Kanalprogramms.

Diese Operationen werden in den Kanalbefehlsworten spezifiziert, deren Aufbau in Bild 5.11 dargestellt ist.

OP-Kode	Pufferadresse	Kennzeichenbits	Blockzähler
8	24	16	16

Bild 5.11: Aufbau eines Kanalbefehlswortes

Die Kanalbefehlsworte eines Kanalprogramms werden wie bei Maschinenprogrammen üblich sequentiell im Hauptspeicher abgelegt und entsprechend vom Kanal interpretiert. Es gibt dabei aber zwei Arten der Verkettung, von denen außer im letzten Befehlswort eines Kanalprogramms immer eine (durch die Kennzeichenbits) spezifiziert sein muß:

- D a t e n k e t t u n g: aus dem nächsten Befehlswort werden nur Pufferadresse und Blockzähler, nicht aber der OP-Kode übernommen;
- B e f e h l s k e t t u n g: das nächste Kanalbefehlswort wird vollständig übernommen.

Der Operationskode der Kanalbefehlsworte wird in entsprechende Kommandonachrichten umgesetzt, die an die Steuerung des angesprochenen Gerätes gesendet werden.

5.4.2 Kleinrechnerarchitekturen

Wie wir in Abschn. 5.2.2 gesehen haben, gibt es bei Kleinrechnerarchitekturen zwei Arten der Ein/Ausgabe, nämlich die programmge-
steuerte und die Ein/Ausgabe über DMA-Kanäle. Zur Abwicklung beider
Formen existieren prinzipiell folgende Anweisungen:

- **lese X,Y**: Vom Gerät, das in X spezifiziert ist, wird ein Wort gelesen und in die in Y spezifizierte Speicherzelle (Register) geschrieben.

- **schreibe X,Y**: Zu dem in X spezifizierten Gerät wird das Datum aus
der in Y spezifizierten Speicherzelle (Register) gebracht.

- **setze Status X,Y**: Das EASR wird für das in X spezifizierte Gerät
mit dem Inhalt der in Y spezifizierten Speicherzelle (Register)
geladen.

- **kopiere Status X,Y**: Die Statusanzeige des in X spezifizierten Gerätes wird in die in Y spezifizierte Speicherzelle (Register) gebracht.

- **verbinde Kanal X,Y**: Der Inhalt der durch Y spezifizierten Speicherzelle (Register) wird in das Statusregister des in Y spezifizierten Kanals gebracht.

- **lese Kanal X,Y,Z**: Der Inhalt der in Y spezifizierten Speicherzelle (Register) wird in den Blockzähler und der Inhalt der durch Z
spezifizierten Speicherzelle (Register) in das Adreßregister des
in X spezifizierten Kanals gebracht. Der DMA-Kanal startet daraufhin eine Eingabeoperation vom angeschlossenen Gerät.

- **schreibe Kanal X,Y,Z**: Analog zur "lese Kanal"-Anweisung.

- **kopiere Kanalstatus X,Y**: Der Inhalt des Statusregisters, das dem
in X spezifizierten Kanal zugeordnet ist, wird in die in Y spezifizierte Speicherzelle (Register) gebracht.

- **löse Kanalverbindung X**: Die Verbindung zu dem in X spezifizierten
Kanal wird aufgelöst, d.h. das Statusregister gelöscht und evtl.
laufende Operationen abgebrochen.

Wie bei den konventionellen E/A-Architekturen gibt es auch bei den
Kleinrechnern zwei Programme, die eine Ein/Ausgabeoperation abwik-
keln. Das erste Programm prüft, ob das Gerät verfügbar ist und baut
die Verbindung auf ("verbinde"-Anweisung). Handelt es sich um eine
Ausgabeanweisung, wird zusätzlich das erste Zeichen ins EADR gebracht ("schreibe"-Anweisung).

Das zweite Programm wird in der Regel durch einen Interrupt des Gerätes gestartet. Es prüft zunächst einmal den Zustand des Gerätes.
Liegt eine Fehlersituation vor, werden entsprechende Maßnahmen
durchgeführt (vgl. 5.1.7), ansonsten wird entweder das nächste Datenelement ins EADR gebracht (Ausgabe) oder das vom Gerät angelie-
ferte Zeichen vom EADR in einen Puffer im Hauptspeicher gebracht

(Eingabe). Danach geht die Kontrolle an das durch den Interrupt unterbrochene Programm zurück. Wird das Ende einer Operation erkannt, so wird eine entsprechende Nachricht an dasjenige Programm gesendet, das die Ausführung der Operation veranlaßt hat.

<u>Bemerkung</u>: Bei der bereits vielfach zitierten PDP-11 handelt es sich um einen Kleinrechner, bei dem die Ein/Ausgabe vollkommen anders aussieht. Der Grobaufbau ist in Bild 5.12 gezeigt.

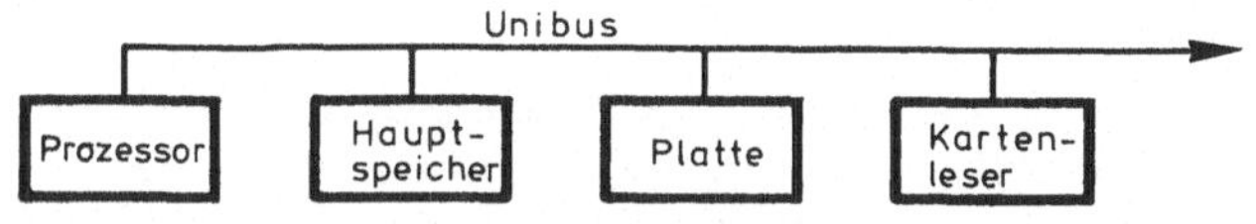

Bild 5.12: Grobaufbau der PDP-11

Das System verfügt über einen globalen Bus, an den der Prozessor, der Hauptspeicher und alle weiteren Speicher sowie Ein/Ausgabegeräte angeschlossen sind. Jede Komponente ist über spezielle Register (Status- und Datenregister) mit dem globalen Bus verbunden. Jedes Register hat eine feste Adresse, die zum Adreßraum des Rechners gehört, d.h. es macht keinen Unterschied, ob ein Wort von einer Hauptspeicherzelle zur anderen oder zum Datenregister eines Gerätes gebracht wird.
Aufgrund dieser Eigenschaft besitzt die PDP-11 keine speziellen Ein/Ausgabeanweisungen. Jede Ein/Ausgabeoperation kann mit den Anweisungen der Gruppen A1 und A3 (s. Kap. 4) abgewickelt werden.

5.4.3 <u>Systeme mit eigenständigen E/A-Prozessoren</u>
Für die in 5.3.1 bis 5.3.2 vorgestellten Prozessoren sind keine zusätzlichen Angaben zur Ein/Ausgabe zu machen, da sie alle unter die konventionellen Architekturen oder die Kleinrechnerarchitekturen fallen.

5.4.4 <u>Integrierte Systeme</u>
Der zentrale Prozessor des integrierten Systems besitzt keine Ein/Ausgabeanweisungen. Um mit der Umwelt zu kommunizieren, bedarf es der Unterstützung durch die peripheren Prozessoren. Soll eine Ein/Ausgabeoperation durchgeführt werden, so legt der zentrale Prozessor eine entsprechende Mitteilung in einem Kommunikationsbereich innerhalb des Hauptspeichers ab. Die Kommunikationsbereiche müssen von einem oder mehreren peripheren Prozessoren inspiziert werden. Findet einer eine derartige Mitteilung, so wickelt er selbständig die Ein/Ausgabeoperation ab. Nach ihrer Beendigung informiert er darüber den zentralen Prozessor durch einen Interrupt.

Die peripheren Prozessoren sind von ihrem Ein/Ausgabeverhalten her wie Kleinrechner einzustufen.

5.5 Initiales Laden

Zum Abschluß dieses Kapitels wollen wir uns mit einem ganz speziellen Eingabevorgang in Rechenanlagen beschäftigen, dem initialen Laden.

Digitale Rechenanlagen werden von Programmen gesteuert, die im Hauptspeicher abgelegt sind. Diese Programme können unter anderem auch andere Programme in den Hauptspeicher laden (Ladeprogramm). Ist nun aber überhaupt kein Programm vorhanden, was z.B. bei einem Kernspeicher durch einen Fehler oder bei einem Halbleiterspeicher durch Abschalten des Stromes bedingt sein kann, so stellt sich natürlich die Frage, wie man ein solches wieder in den Hauptspeicher bekommen kann. Den Vorgang, der dieses bewirkt, nennt man i n i - t i a l e s L a d e n. Er läuft in der Regel so ab, daß an der Frontkonsole des Rechners die Adresse desjenigen Gerätes eingestellt wird, von dem das Programm geladen werden soll (in der Regel Platte oder Magnetband). Durch Drücken einer Ladetaste wird dann das hardwaremäßig implementierte Ladeprogramm angestoßen. Das geladene Programm wird meistens automatisch gestartet, indem das initiale Ladeprogramm an eine festgelegte Adresse verzweigt.

Teil II Realisierung der Maschinensprachenebene

Im ersten Teil dieses Buches haben wir digitale Rechenanlagen von der Maschinensprachenebene her betrachtet. Dabei kann man folgende Punkte als wesentlich festhalten:

- die Leistungsfähigkeit eines Rechners dokumentiert sich in seinem Anweisungsrepertoire;

- die Hauptspeicheransteuerung geschieht über Adreßspezifikationen innerhalb dieser Anweisungen;

- die Verwaltung von Ein/Ausgabegeräten muß programmgesteuert vorgenommen werden und stellt einen wesentlichen Teil der Programmierung auf Maschinenebene dar.

Von den besprochenen Komponenten einer digitalen Rechenanlage mußten auf der gewählten Betrachtungsebene lediglich Speicher und Ein/Ausgabegeräte sowie das zugrunde gelegte Ein/Ausgabesystem von der Struktur her bekannt sein. Vom Prozessor genügte es zu wissen, welche Auswirkungen die einzelnen Anweisungen der Maschinensprache auf den Inhalt von bestimmten Registern und Hauptspeicherzellen haben.

In diesem Teil wollen wir uns nun damit beschäftigen, wie die Abarbeitung von Maschinenanweisungen auf einem Prozessor exakt abläuft, d.h. wie Verarbeitungs- und Kontrolleinheit eines Prozessors aufgebaut sind und wie in ihnen die Abarbeitung oder Interpretation von Maschinenanweisungen realisiert wird.

6 Interpretation von Maschinenanweisungen

Die Abarbeitung oder Interpretation einer Maschinenanweisung sieht,
wie wir von Kap. 4 her wissen, in groben Zügen so aus, daß die Anweisung zunächst einmal vom Hauptspeicher ins Instruktionsregister,
das sich in der Kontrolleinheit befindet, geholt wird. Dort wird
sie dekodiert, d.h. es wird ermittelt, um welche Anweisung es sich
handelt. Anschließend stößt die Kontrolleinheit die zur Realisierung notwendigen Aktionen an (z.B. Operationen in der Verarbeitungseinheit). Die genannten Schritte wollen wir mit
- Holphase
- Dekodierphase
- Ausführungsphase
bezeichnen. Die Ausführung der einzelnen Phasen wird durch Hardwarekomponenten unterstützt. Allerdings ist für die Ausführungsphase der einzelnen Anweisungen nicht jeweils eine komplexe Komponente
vorhanden, sondern es gibt eine Reihe elementarer Komponenten, die
innerhalb der Ausführungsphase mehrerer Anweisungen benutzt werden.
Daraus folgt, daß sich eine Ausführungsphase aus mehreren Schritten
zusammensetzt.

Wir wollen uns in diesem Kapitel damit beschäftigen, welche Hardwarekomponenten im Prozessor vorhanden sind und welche Aktionen
(Schritte) damit ausgeführt werden.

6.1 Prozessor-Komponenten

6.1.1 Register

Die Menge der in einem Prozessor vorhandenen Register faßt man unter dem Begriff l o k a l e r   S p e i c h e r (engl.: local store
oder scratchpad memory) zusammen. Die Anzahl der Register im lokalen Speicher stimmt nicht unbedingt mit der Anzahl der Register
überein, die auf Maschinensprachenebene vom Programmierer ansprechbar sind. Häufig hat ein Teil von ihnen eine ganz spezielle Funktion wie z.B. Programmzähler, Instruktionsregister, Zählregister
oder Register zur Aufnahme von Teilen einer Maschinenanweisung.

Die Organisation des lokalen Speichers hängt weitgehend davon ab,
wie die einzelnen Register gebraucht werden.

Allgemeine Register, d.h. solche, ohne festgeschriebene Funktion,
faßt man zu einer Gruppe zusammen, R e g i s t e r f e l d (Regi-
sterfile) genannt, aus dem vielfach nur ein Register zu einer Zeit
benutzt werden darf.

Bemerkung: Bei einigen Rechnern wird das Registerfeld auch als lo-
kaler Speicher bezeichnet.

Charakterisiert werden Register wie Hauptspeicherzellen, d.h. durch
ihre Länge.

6.1.2 Datenwege

Mit dem Begriff D a t e n w e g bezeichnet man Nachrichtenleitungen,
die Register mit anderen Komponenten oder untereinander verbinden.
Es handelt sich dabei in aller Regel um parallele simplex Leitungen.
Die Anzahl der Bits, die parallel übertragen werden können, bezeichnet man als die B r e i t e   e i n e s   D a t e n w e g e s.
Bild 6.1 zeigt die Darstellung für Register und Datenwege, die wir
im folgenden benutzen wollen (hier: Breite des Datenweges = 16).

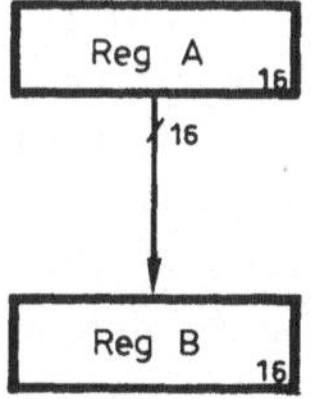

Bild 6.1: Darstellung für Register und Datenwege

Vielfach gibt es mehrere Register, deren Inhalt in dasselbe Zielregister gebracht werden kann. Als Verbindung benutzt man dann entweder einen Bus (Bild 6.2 (a)) oder direkte Verbindungen, von denen
eine mittels eines Schalters ausgewählt werden kann (Bild 6.2 (b)).

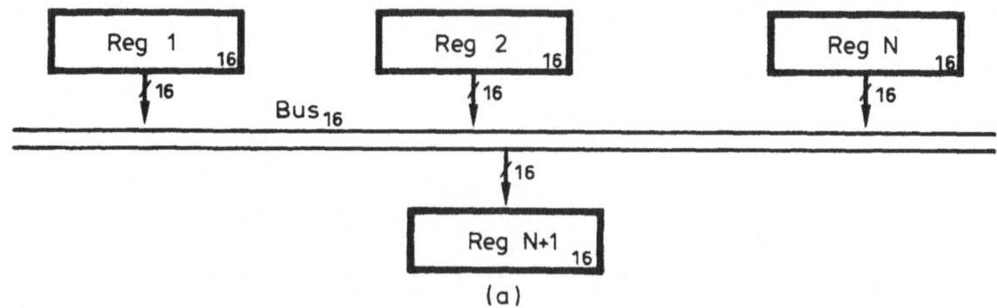

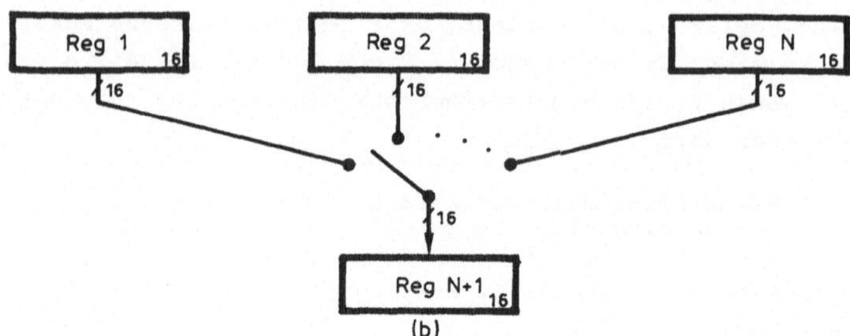

Bild 6.2: Verbindung mehrerer Quellregister mit einem Zielregister

6.1.3 Hauptspeicher

Wegen seiner großen Bedeutung für die Aktionen des Prozessors wird
der Hauptspeicher hier mit aufgezählt, obwohl er nicht.Bestandteil
des Prozessors ist. Sein Aufbau stellt sich so wie in Bild 2.1 gezeigt dar.

6.1.4 Arithmetisch-logische Einheiten und Shifter

Die a r i t h m e t i s c h - l o g i s c h e E i n h e i t
(ALU = arithmetic logical unit) bildet das Kernstück des Verarbei-
tungsteils eines Prozessors. In ihr werden u.a. Addition, Subtraktion und logische Verknüpfungen durchgeführt. Welche Operationen
bei einem speziellen Prozessor implementiert sind, hängt in erster
Linie von der zu interpretierenden Maschinensprache ab. Vielfach
findet man ALU's, in denen die in Bild 6.3 beschriebenen Verknüpfungen durchgeführt werden. Neben den beiden Operanden a und b wird
dabei auch noch ein Übertragsbit C (Carry Bit) als Eingabe mit berücksichtigt.

Die Länge der Eingaberegister bestimmt im wesentlichen die Verarbeitungsgeschwindigkeit, aber auch die Flexibilität einer ALU.

Mit heutigen Technologien können die Operationen aus Bild 6.3 in
ca. 30-100 nsec ausgeführt werden (bezogen auf 16 Bit Operanden).
Spezielle Multiplizierwerke können eine Multiplikation in weniger
als 200 nsec ausführen.

Neben der ALU gibt es noch einen oder mehrere Shifter, in denen die
in Abschn. 4.3.4 angegebenen Verschiebeoperationen durchgeführt
werden.

	logische Funktionen	arithmetische Funktionen	
		c = 0	c = 1
0	$\overline{A}$	A – 1	A
1	$\overline{A \wedge B}$	$(A \wedge B) - 1$	$A \wedge B$
2	$\overline{A} \vee B$	$(A \wedge \overline{B}) - 1$	$A \wedge \overline{B}$
3	true	true	false
4	$\overline{A \vee B}$	$(A \vee \overline{B}) + A$	$(A \vee \overline{B}) + A + 1$
5	$\overline{B}$	$(A \vee \overline{B}) + (A \wedge B)$	$(A \vee \overline{B}) + (A \wedge B) + 1$
6	$\overline{A \bullet B}$	A – B – 1	A – B
7	$A \vee \overline{B}$	$A \vee \overline{B}$	$(A \vee \overline{B}) + 1$
8	$\overline{A} \wedge B$	$(A \vee B) + A$	$(A \vee B) + A + 1$
9	$A \bullet B$	A + B	A + B + 1
10	B	$(A \vee B) + (A \wedge \overline{B})$	$(A \vee B) + (A \wedge \overline{B}) + 1$
11	$A \vee B$	$A \vee B$	$(A \vee B) + 1$
12	false	A + A	A + A + 1
13	$A \wedge \overline{B}$	$A + (A \wedge B)$	$A + (A \wedge B) + 1$
14	$A \wedge B$	$A + (A \wedge \overline{B})$	$A + (A \wedge \overline{B}) + 1$
15	A	A	A + 1

Bild 6.3: ALU-Funktionen

Shifter und ALU können unabhängig voneinander (Bild 6.4 (a)) oder aber miteinander gekoppelt sein (Bild 6.4 (b) - (d)).

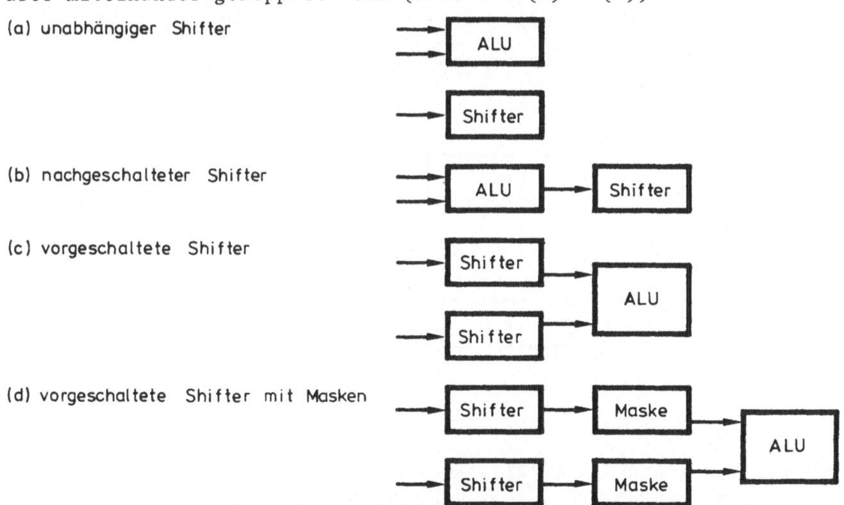

Bild 6.4: Kopplungsmöglichkeiten für ALUs und Shifter

Bestimmte Bedingungen, die während der Ausführung von ALU- oder
Shifter-Operationen auftreten können, werden in speziellen Status-
registern (vgl. Abschn. 4.3.1) abgelegt. Zu diesen Bedingungen gehören:

- ALU-Ergebnis gleich null
- ALU-Ergebnis negativ
- verlorengegangenes Bit während einer Shift-Operation
- Übertragsbit (Carry-Bit)
- ALU-Überlauf

Die beiden Eingänge einer ALU sind entweder mit zwei speziellen
Eingaberegistern verbunden oder mit einer Vielzahl von Registern
des lokalen Speichers.

6.1.5 Kontrollsignale und Kontrollpunkte

K o n t r o l l s i g n a l e kontrollieren den Fluß von Nachrichten über Datenwege und das Arbeiten von mehreren Prozessorkomponen-
ten wie beispielsweise der ALU. Ein Kontrollsignal wird wirksam an
einem K o n t r o l l p u n k t (vielfach auch Gatter genannt).

Eine Nachricht kann nur dann über einen Datenweg geschickt werden
bzw. eine Prozessorkomponente kann nur dann eine bestimmte Funktion
ausführen, wenn an den zugeordneten Kontrollpunkten ein Kontrollsignal anliegt.

Bild 6.5 zeigt die graphische Darstellung für Kontrollsignale und
Kontrollpunkte.

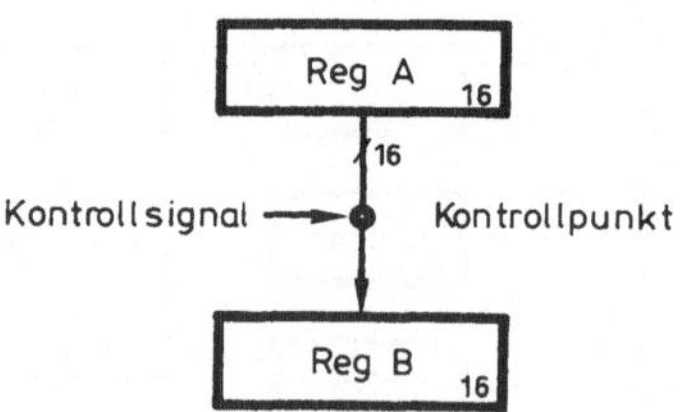

Bild 6.5: Darstellung für Kontrollsignale und -punkte

6.1.6 Uhren

Zur Steuerung und Synchronisation der Aktionen, die in einem Prozessor ablaufen, dienen U h r e n. In der Regel gibt es eine
B a s i s u h r, die in festen Zeitabständen Impulse aussendet. Den

zeitlichen Abstand zwischen zwei Impulsen der Basisuhr nennt man
Z y k l u s z e i t. Bild 6.6 (a) zeigt die graphische Darstellung
für die Impulse. Diese lassen sich in Kontrollsignale für die Kontrollpunkte des Prozessors umsetzen. Das Kontrollsignal wird dann
solange gesendet, wie sich (bildlich gesprochen) die Impulskurve
auf dem Niveau "high" befindet.

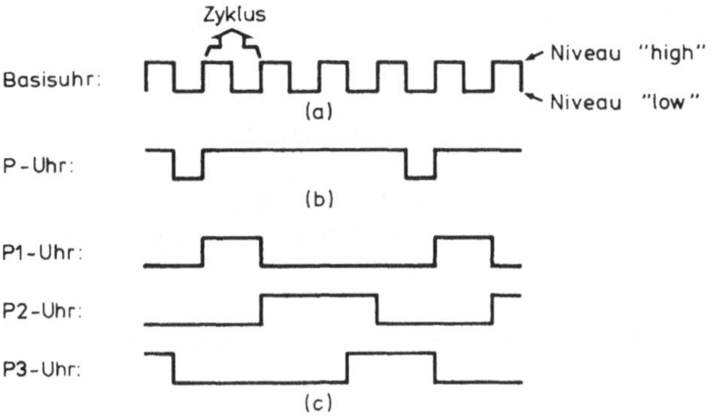

Bild 6.6: Basisuhr eines Prozessors und daraus abgeleitete Uhren

Typische Werte für die Zykluszeit sind 30-60 nsec. Diese Zeiten
sind aber in der Regel zu klein, als daß man währenddessen komplexere Operationen (wie beispielsweise in der ALU) durchführen könnte. Man legt daher beim Entwurf eines Prozessors eine sog. P r o -
z e s s o r z y k l u s z e i t fest, in der sich typische Aktionen
durchführen lassen. Bild 6.6 (b) zeigt die graphische Darstellung
für eine Zykluszeit, die sich aus 4 Teilzyklen zusammensetzt. Die
Uhr mit der gezeigten Impulskurve, hier P-Uhr genannt, ist sozusa-
gen eine virtuelle Uhr, die von der Basisuhr gesteuert wird.

Beim Ablauf einer Aktionsfolge ist es nicht unbedingt notwendig,
daß alle Kontrollsignale zur gleichen Zeit und gleich lange gesendet werden. Man kann sich daher neben der P-Uhr noch andere Uhren
konstruieren, deren Impulse als die gewünschten Kontrollsignale
weitergeleitet werden können. Bild 6.6 (c) zeigt Beispiele für derartige Uhren. Die Impulse, die sie senden, müssen nicht notwendig
auf einen Prozessorzyklus beschränkt sein.

6.2 Elementarschritte

Zentrale Komponente bei der Interpretation von Maschinenanweisungen ist die im vorigen Abschnitt vorgestellte Basisuhr. Ihre Impulse bzw. die der daraus abgeleiteten Uhren werden in Kontrollsignale umgesetzt und sorgen somit dafür, daß

- Nachrichten aus einem Register auf einen Datenweg gelangen,
- Nachrichten von einem Datenweg in ein Register gelangen,
- Funktionen in ALU und Shifter angestoßen werden,
- Lese- und Schreiboperationen im Hauptspeicher angestoßen werden,
- der Inhalt eines Instruktionsregisters dekodiert wird.

Die durch ein Kontrollsignal ausgelöste Aktion wollen wir einen E l e m e n t a r s c h r i t t nennen.

Zur Darstellung der zeitlichen Abfolge von Elementarschritten werden wir die in Bild 6.7 gezeigte Darstellungsform verwenden.

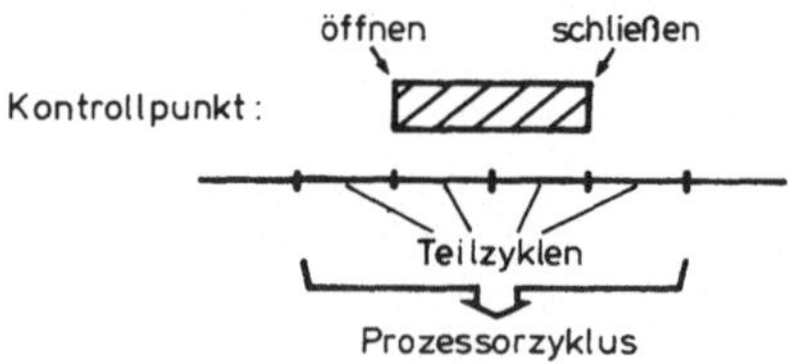

Bild 6.7: Zeitdiagramm für das Öffnen und Schließen von Kontrollpunkten

6.3 Elementaroperationen

E l e m e n t a r o p e r a t i o n e n setzen sich aus einem oder mehreren Elementarschritten zusammen. Die Interpretation einer Maschinenanweisung kann dann durch eine Folge von Elementaroperationen beschrieben werden.

Wir werden im nachfolgenden auf die gebräuchlichsten Elementaroperationen näher eingehen.

6.3.1 Registertransfers

Eine der grundlegendsten Operationen in einem Prozessor ist der Registertransfer, bei dem man vier Formen unterscheiden kann.

i) d i r e k t e r T r a n s f e r: Jedes Bit i eines Quellregisters wird in das Bit i des Zielregisters kopiert (Bild 6.8 (a)).

ii) v e r s c h o b e n e r T r a n s f e r: Jedes Bit i eines
Quellregisters wird in das Bit i+k ($k \epsilon \mathbf{Z}$) des Zielregisters kopiert.
Die rechten oder linken k Bit des Zielregisters werden mit Nullen
aufgefüllt (Bild 6.8 (b)).

iii) s t r e u e n d e r T r a n s f e r: Das Quellregister wird
in Felder unterteilt, von denen alle oder ein Teil in unterschiedliche Zielregister gebracht werden (Bild 6.8 (c)).

iv) s a m m e l n d e r T r a n s f e r: Dieser Transfer ist eine
Umkehrung des streuenden Transfers, d.h. das Zielregister wird in
Felder unterteilt und in alle Felder oder einen Teil von ihnen werden verschiedene Quellregister kopiert. Diejenigen Felder, in die
nicht kopiert wird, werden mit Nullen aufgefüllt (Bild 6.8 (d)).

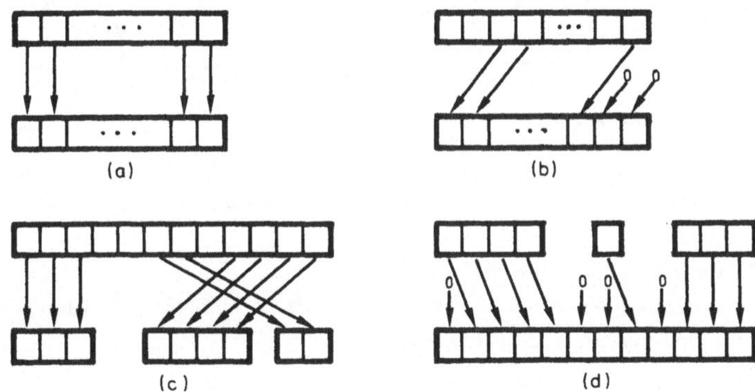

(a)   (b)

(c)   (d)

Bild 6.8: Formen von Registertransfers

Wir wollen uns nun der Frage zuwenden, aus welchen Elementarschritten sich Registertransfers zusammensetzen. Dabei beschränken wir
uns auf die gebräuchlichste der besprochenen Formen, den direkten
Transfer.

Sind zwei Register über eine direkte Leitung miteinander verbunden,
so benötigt man zur Steuerung des Transfers einen einzigen Kontrollpunkt (vgl. Bild 6.5).

Hat man den Fall von Bild 6.2 (b), d.h. mehrere Quellregister, von
denen eines mittels Schalter als Eingabe für ein Zielregister ausgewählt wird, so benötigt man für jede Schalterstellung einen Kontrollpunkt. Bei Verwendung eines Busses wird für jeden Register-

ausgang ein Kontrollpunkt benötigt. Wie im oben genannten Fall
setzt sich die Elementaroperation "Registertransfer" aus einem Elementarschritt zusammen, nämlich dem Senden eines Kontrollsignals zu
dem entsprechenden Kontrollpunkt.

Im Falle mehrerer Quellregister und mehrerer Zielregister (vgl.
Bild 6.9) benötigt man für jedes Quellregister und jedes Zielregister einen Kontrollpunkt. Zur Realisierung des Registertransfers
werden zwei parallel ausführbare Elementarschritte benötigt: das
Senden eines Kontrollsignals zu einem der den Quellregistern zugeordneten Kontrollpunkte und das Senden eines Kontrollsignals zu
einem der den Zielregistern zugeordneten Kontrollpunkte.

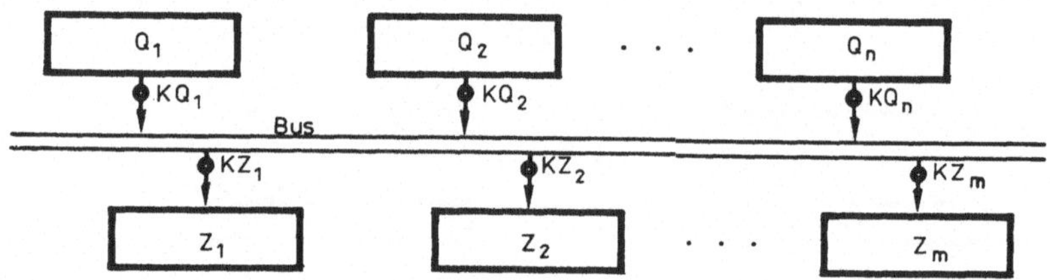

Bild 6.9: Kontrollpunkte für allgemeinen Datentransfer

6.3.2 Transformationsoperationen

Transformationsoperationen lassen sich danach unterscheiden, auf
wievielen Operanden sie definiert sind.

i) E i n s t e l l i g e T r a n s f o r m a t i o n s o p e r a -
t i o n e n: Einstellige Transformationsoperationen werden in Shif-
tern, ALUs oder speziellen Addierern (Erhöhen oder Erniedrigen um
1) durchgeführt. Sie setzen sich aus folgenden Elementarschritten
zusammen:
- Auswahl eines Eingaberegisters,
- Spezifizierung einer Operation in der Transformationseinheit,
- Auswahl eines Zielregisters.

Das nachfolgende Beispiel soll diese Schritte und die Zeitbedingun-
gen, unter denen sie ablaufen, näher erläutern.

Beispiel 6.1 Gegeben sei die in Bild 6.10 dargestellte Struktur,
für deren Zeitverhalten folgendes gelten soll:
- die Auswahl eines Quell- bzw. eines Zielregisters dauert 50 nsec.,
- die Durchführung einer der vier Verschiebeoperationen dauert
  100 nsec.

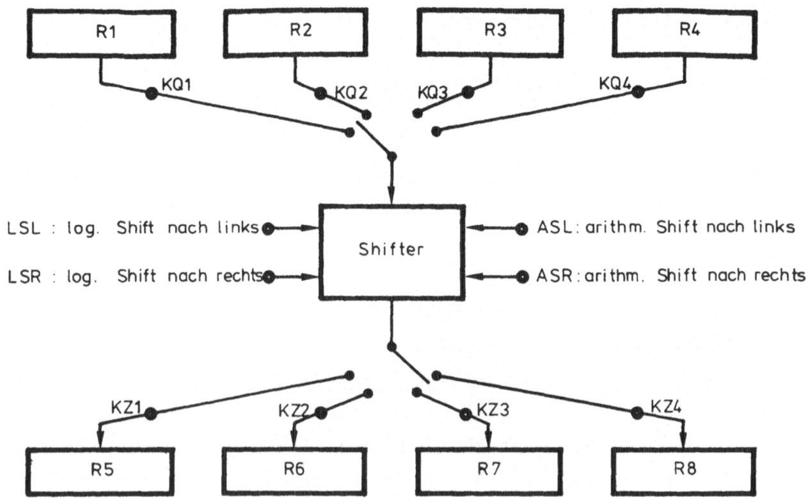

Bild 6.10: Beispiel für eine einstellige Transformationsstruktur

Legt man eine Prozessorzykluszeit von 200 nsec mit einer Teilzykluszeit von 50 nsec zugrunde, so ergibt sich für die Operation R8:= ASR (R2) das in Bild.6.11 dargestellte Zeitdiagramm.

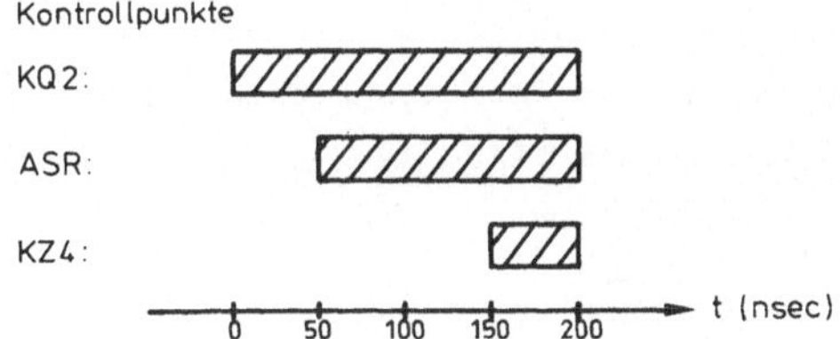

Bild 6.11: Zeitdiagramm für die Operation R8:= ASR(R2)

<u>Bemerkung</u>: Die Anzahl der Elementarschritte ist von der Komplexität der zugrunde gelegten Hardware abhängig. Verwendet man beispielsweise in Bild 6.10 nur ein Register und einen Shifter mit nur einer Operation, so wäre lediglich ein Elementarschritt nötig.

ii) Z w e i s t e l l i g e   T r a n s f o r m a t i o n s o p e r a t i o n e n: Die zweistelligen Transformationsoperationen werden in ALUs durchgeführt. Sie setzen sich aus folgenden Elementarschritten zusammen:

- Auswahl des ersten Eingaberegisters,

- Auswahl des zweiten Eingaberegisters (kann parallel zum ersten Schritt erfolgen),

- Spezifikation einer Operation in der Transformationseinheit,

- Auswahl eines Zielregisters.

6.3.3 Hauptspeicheroperationen

Für die beiden Hauptspeicheroperationen "Lesen" und "Schreiben"
gibt es jeweils einen Kontrollpunkt. Darüberhinaus kann ein Kontrollpunkt für das SAR und zwei für das SIR (für Eingabe- und Aus-
gabedatenweg) existieren. Die beiden Operationen laufen dann wie
folgt ab:

i) L e s e n:
- Senden des Kontrollsignals "Lesen",
- Warten bis Hauptspeicherzugriffszeit abgelaufen ist.

Mit der Leseoperation sind zwei Registertransferoperationen verbunden. Eine geht ihr voraus und sorgt für den Transport der Adresse
ins SAR, die andere folgt ihr und sorgt für den Transport des gelesenen Datums vom SIR in eins der möglichen Zielregister.

ii) S c h r e i b e n:
- Senden des Kontrollsignals "Schreiben".
Dem Schreiben gehen zwei Registertransferoperationen voraus. Eine
sorgt wieder für den Transport der Adresse ins SAR, die andere für
den Transport des zu schreibenden Datums ins SIR. Eine Lese- oder
Schreiboperation kann auf diese Schreiboperation erst folgen, nachdem die Hauptspeicherzykluszeit vergangen ist.

6.3.4 Konvertierungsoperationen

Konvertierungsoperationen, auch Testoperationen genannt, dienen zur
Überprüfung bestimmter Registerinhalte. Das Ergebnis der Überprüfung wird zur Bestimmung der als nächstes auszuführenden Elementaroperationen benutzt. Man kann sie also mit den Sprunganweisungen
auf Maschinensprachenebene vergleichen, allerdings mit dem Unterschied, daß hier die Testmöglichkeiten vielfältiger sind. Als Testobjekte kommen in Frage:

- Statusanzeigen der ALU (Carry, Überlauf, Ergebnis negativ, Ergebnis null),
- Statusanzeigen des Hauptspeichers (Zugriff beendet, Zyklus beendet, Fehler),
- beliebige Bitpositionen innerhalb eines Registers (z.B. im Instruktionsregister),
- spezielle Felder in ausgezeichneten Registern (Instruktionsregister, Programmstatusregister),

- Interrupt-Anzeige,
- Statusanzeigen des Ein/Ausgabesystems.

6.4 Beispielarchitektur

Zur Vertiefung der in den vorigen Abschnitten besprochenen Punkte und als Basis für die weiteren Betrachtungen, wollen wir eine Beispielarchitektur benutzen.

6.4.1 Registerfeld

Zentrale Komponente dieser Architektur ist ein Registerfeld von 16 Registern à 16 Bit. Daneben gibt es noch ein Instruktionsregister. Auf die übrigen Register mit spezieller Funktion werden wir später eingehen.

6.4.2 Hauptspeicher

Der Hauptspeicher hat eine Größe von 64 KW à 16 Bit. Seine Zugriffszeit beträgt 350 nsec und seine Zykluszeit 500 nsec. Die ihm zugeordneten Register SAR und SIR sind über drei Busse mit dem Registerfeld verbunden:

- Speicheradreßbus,
- Speichereingabebus,
- Speicherausgabebus.

Die Kontrollpunkte SDB_0 bis SDB_{15} ermöglichen die Auswahl eines Registers aus dem Registerfeld, dessen Inhalt ins SAR gebracht werden soll. Zusätzlich kann auch der Inhalt des IR ins SAR gebracht werden. Dafür ist der Kontrollpunkt SDB_{16} vorgesehen.

Als Quellregister für das SIR dienen die Register des Registerfeldes (Kontrollpunkte SEB_0 bis SEB_{15}).

Ein aus dem Hauptspeicher gelesenes Wort, das sich im SIR befindet, kann über den Speicherausgabebus in jedes Register des Registerfeldes (Kontrollpunkte: SAB_0 bis SAB_{15}) und in das Instruktionsregister (Kontrollpunkt SAB_{16}) gelangen.

Der Hauptspeicher führt Lese- und Schreiboperationen aus (zugeordnete Kontrollpunkte: LES und SRB) und setzt die Statusanzeigen "ZUB-Zugriff beendet", "ZYB-Zyklus beendet" und "FEH-Fehler".

In Bild 6.12 ist der in diesem Abschnitt besprochene Teil der Beispielarchitektur dargestellt.

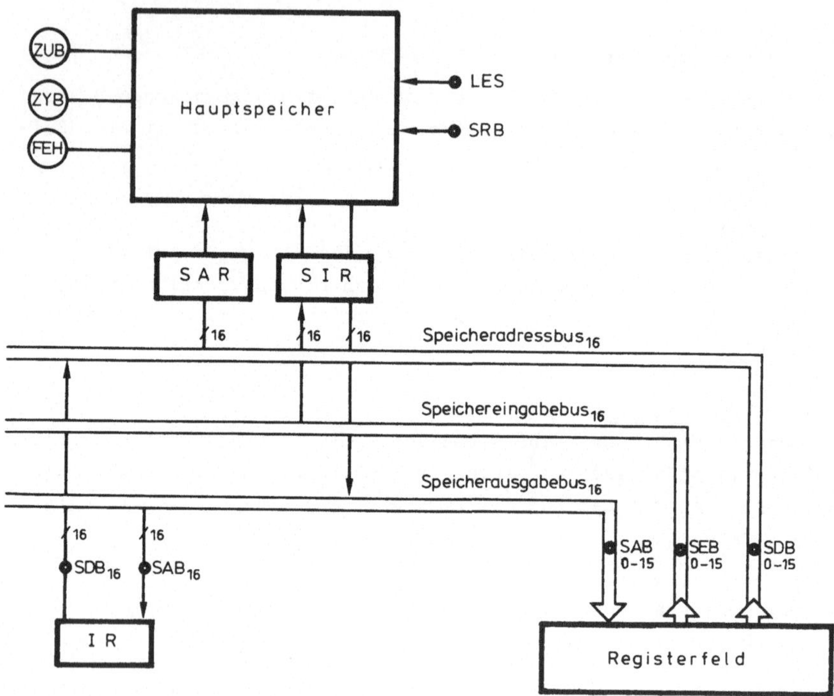

Bild 6.12: Hauptspeicherkomplex der Beispielarchitektur

6.4.3 ALU und Shifter

Unsere Beispielarchitektur verfügt über eine ALU (Bild 6.13), in der die in Bild 6.3 dargestellten Verknüpfungen durchgeführt werden können. Der Eingangsübertrag ist im 1-Bit-Register CE, der Ausgangsübertrag im CA-Register abgespeichert (näheres dazu weiter unten). Die den 32 ausführbaren Operationen zugeordneten Kontrollpunkte sind mit LV_0 bis LV_{15} bzw. AV_0 bis AV_{15} bezeichnet.

Als Quellregister für die beiden Eingabebusse "ALU-Eingabebus links" und "ALU-Eingabebus rechts" kommen jeweils die Register des Registerfeldes in Betracht (zugeordnete Kontrollpunkte: AEL_0 bis AEL_{15} und AER_0 bis AER_{15}).

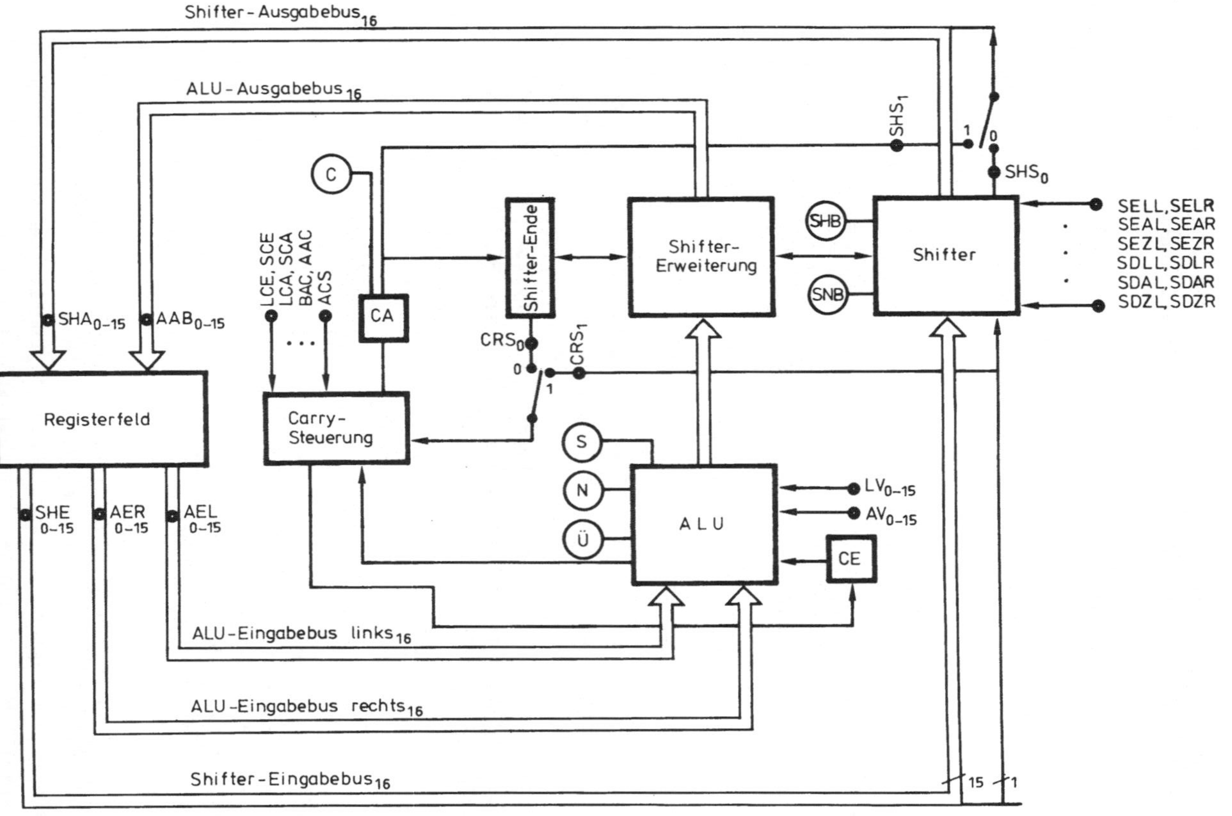

Bild 6.13: ALU/Shifter-Komplex der Beispielarchitektur

Neben der ALU gibt es zwei Shifter. Der eine ist unabhängig von der ALU und erhält seine Daten über den Shifter-Eingabebus zugeführt. Als Quellregister kommen wieder die Register des Registerfeldes in Betracht (zugeordnete Kontrollpunkte: SHE_0 bis SHE_{15}). Wird für diesen Shifter keine Operation spezifiziert, so kann man über Shifter-Eingabebus und Shifter-Ausgabebus einen Register-Register-Transfer bezogen auf Register des Registerfeldes durchführen.

Folgende Operationen können vom Shifter durchgeführt werden:

<u>Operation</u>	<u>Kontrollpunkte</u>
- logisch links	SELL
- logisch rechts	SELR
- arithmetisch links	SEAL
- arithmetisch rechts	SEAR
- zirkular links	SEZL
- zirkular rechts	SEZR

<u>Bemerkung</u>: Zur Bedeutung dieser Operationen vgl. 4.3.4 .

Der zweite Shifter, "Shifter-Erweiterung" genannt, ist der ALU nachgeschaltet, erhält also das Ergebnis der ALU als Eingabe. Er kann nur mit dem Shifter kombiniert werden, um doppelt lange Shifts durchzuführen. Bit 15 der Shifter-Erweiterung ist mit einem 1-Bit-Register "Shifter-Ende" kombiniert, das seine Eingabe immer vom CA-Register erhält und bei logischen Shifts benutzt wird.

Folgende doppelt lange Shifts können durchgeführt werden:

<u>Operation</u>		<u>Kontrollpunkte</u>
- logisch links		SDLL
- logisch rechts	33-Bit-Operand	SDLR
- arithmetisch links (wie logisch links)		SDAL
- arithmetisch rechts		SDAR
- zirkular links	32-Bit-Operand	SDZL
- zirkular rechts		SDZR

Besondere Aufmerksamkeit verdient bei unserer Beispielmaschine die Carry-Steuerung, die eine flexible Handhabung des Eingangs- und Ausgangsübertrags sowie des niederwertigen Bits der Shifter-Ausgabe ermöglicht. Dadurch ist, wie wir später z.T. noch sehen werden,

eine Realisierung beliebiger Operationen für die Maschinensprachenebene möglich.

Zum Komplex der Carry-Steuerung gehören zwei Schalter:

- Carry-Schalter (CRS_0 und CRS_1): wählt entweder den Inhalt des
  Shifter-Endes oder das Bit O des Shifter-Eingabebusses aus,

- Shifter-Schalter (SHS_0 und SHS_1): wählt als Bit O des Shifter-
  Ausgabebusses entweder Bit O der Shifterausgabe oder den Inhalt
  von Register CA aus.

Die Carry-Steuerung selbst ermöglicht eine Beeinflussung des Inhal-
tes von CE und CA. Im einzelnen sind folgende Operationen möglich:

Operation	Kontrollpunkt
- setze CE auf null	LCE
- setze CE auf eins	SCE
- setze CA auf null	LCA
- setze CA auf eins	SCA
- ALU-Carry nach CE und CA	BAC
- ALU-Carry nach CA	AAC
- Wert an Carry-Schalter nach CA	ACS

Bemerkung: Die Operationen der Carry-Steuerung schließen sich gegenseitig aus, d.h. es kann jeweils nur eine der genannten Operationen durchgeführt werden.

Die Ausgabe der ALU und der Shifter-Erweiterung gelangt über den
ALU-Ausgabebus zu einem der Register des Registerfeldes (zugeordnete Kontrollpunkte: AAB_0 bis AAB_{15}). Die Ausgabe des Shifters gelangt über den Shifter-Ausgabebus ebenfalls zu diesen Registern
(zugeordnete Kontrollpunkte SHA_0 bis SHA_{15}).

Um die Überprüfung des Ergebnisses einer Operation zu ermöglichen,
werden vom ALU/Shifter-Komplex folgende Statusanzeigen gesetzt:

- C (Carry): Inhalt des CA-Registers;
- S (Signum): Bit 15 des ALU-Ausgabebusses, d.h. Vorzeichen des
  Ergebnisses;
- N (Null): logisches ODER der Bits O bis 14 des ALU-Ausgabebusses;
  ist einer der beiden Schalter auf 1 gesetzt, so schließt das lo-
  gische ODER die 16 Bit des Shifter-Ausgabebusses mit ein;

- Ü (Überlauf): logisches ODER zwischen einem ALU-Überlauf und
  einem Shifter-Überlauf,
    -- ALU-Überlauf: S-Bit und das von der ALU erzeugte Carry-Bit sind
       verschieden,
    -- Shifter-Überlauf: beim doppelt langen arithmetischen Shift nach
       links wird das Vorzeichen des Operanden geändert;
- SHB (Shifter-höherwertigstes Bit): Bit 15 des Shifter-Ausgabebusses;
- SNB (Shifter-niederwertigstes Bit): Bit O des Shifter-Ausgabebusses.

6.4.4 Ein/Ausgabe

Für die Ein/Ausgabe gibt es in unserer Beispielmaschine eine Ein/
Ausgabesteuerung und drei Register:

- EAAR (Ein/Ausgabe-Adreßregister): enthält die Adresse desjenigen
  Gerätes, auf das sich eine Ein/Ausgabeoperation bezieht;
- EADR (Ein/Ausgabe-Datenregister): enthält die Ein/Ausgabedaten;
- EASR (Ein/Ausgabe-Statusregister).

Diese Register sind über folgende Busse mit den Registern des Registerfeldes verbunden:

- Ein/Ausgabe-Adreßbus: verbindet das EAAR mit den Registern des
  Registerfeldes (zugeordnete Kontrollpunkte: ARB_0 bis ARB_{15})
- Datenausgabebus: verbindet die Register des Registerfeldes mit
  dem EADR (zugeordnete Kontrollpunkte: DAB_0 bis DAB_{15})
- Dateneingabebus: verbindet das EADR mit den Registern des Regi-
  sterfeldes (zugeordnete Kontrollpunkte: DEB_0 bis DEB_{15})
- Statusbus: verbindet das EASR mit den Registern des Registerfel-
  des (zugeordnete Kontrollpunkte: STB_0 bis STB_{15}).

Die Ein/Ausgabesteuerung übernimmt bzw. setzt die Inhalte der drei
genannten Register. Sie ist über eine Reihe von Datenwegen mit den
Ein/Ausgabegeräten verbunden (s. dazu Bild 6.14). Folgende Operationen können von der Steuerung ausgeführt werden:

Operationen	Kontrollpunkte
- lese: fordere Daten vom angeschlossenen Gerät an (Adresse in EAAR) und bringe sie ins EADR	EIN
- schreibe: bringe Daten vom EADR zum an-geschlossenen Gerät	AUS
- kopiere Status: fordere Statusinforma-tion vom angeschlossenen Gerät an und	KST

bringe diese ins EASR

- lese Status: bringe die im EASR enthal-   LST
  tene Statusinformation zum angeschlossenen Gerät

Nach Durchführung dieser Operationen zeigt die Ein/Ausgabe-Steuerung
an, ob die angesprochenen Geräte auf die Operation reagiert haben:

- akzeptiert (AKZ): bedeutet, daß die Daten entgegengenommen bzw.
  der Status oder die Daten angeliefert wurden,
- zurückgewiesen (ZRK): bedeutet, daß das angesprochene Gerät nicht
  korrekt auf die Operation reagiert hat.

6.4.5 <u>Unterbrechungen</u>

Eng verknüpft mit der Ein/Ausgabe ist der Unterbrechungsmechanismus.
In unserer Beispielmaschine soll dieser in die Ein/Ausgabe-Steuerung
integriert sein. Das bedeutet, daß die Steuerung die ankommenden
Unterbrechungssignale entgegennimmt und die ihnen zugeordnete Priorität mit denjenigen vergleicht, die eventuell früher angekommenen
Signalen zugeordnet sind. Ist die neue Priorität größer, schreibt
die Steuerung diese ins ITR (Interruptregister). Das alte Inter-
ruptsignal wird gespeichert genauso wie im umgekehrten Fall das
neue Signal gespeichert wird. Das Vorliegen eines Interrupts wird
dem Prozessor gegenüber durch eine Interrupt-Anzeige (INT) angezeigt. Daran wird deutlich, daß auf der Ebene, auf der wir uns jetzt
befinden, Interrupts nicht zu einer sofortigen Unterbrechung des
Interpretationsablaufs führen. In der Regel wird, wie wir es auch
bei unserer Beispielmaschine voraussetzen wollen, die augenblicklich laufende Interpretation abgeschlossen, ehe die Interrupt-Anzeige getestet und somit der Interrupt wirksam werden kann.

Um die Priorität des Interrupts, die man gleichzeitig als Interruptnummer interpretieren kann, für weitere Verarbeitungsschritte
verwenden zu können, ist das ITR mit dem Speicheradreßbus (zugeordneter Kontrollpunkt: SDB_{17}) und dem Registerfeld verbunden (zugeordnete Kontrollpunkte: ITE_{0-15}).

Das Aktivieren von Kontrollpunkt SDB_{17} bzw. einem ITE_i deutet eine
Reaktion auf einen Interrupt an. In diesem Fall wird die Interrupt-
Anzeige gelöscht.

Während einer Interruptbehandlung wird sie nur neu gesetzt, wenn
ein Interrupt mit höherer Priorität vorliegt. Solche mit niederer

Priorität können erst erkannt werden, wenn der aktuelle Interrupt durch das Kontrollsignal "lösche Interrupt" (zugeordneter Kontrollpunkt: LIT) aufgehoben wurde. Um aber zu verhindern, daß dadurch ein evtl. unterbrochenes Interruptbehandlungsprogramm mit höherer Priorität benachteiligt wird, besteht die Möglichkeit, das ITR mit dessen Priorität zu laden (zugeordnete Kontrollpunkte: ITA_{0-15}).

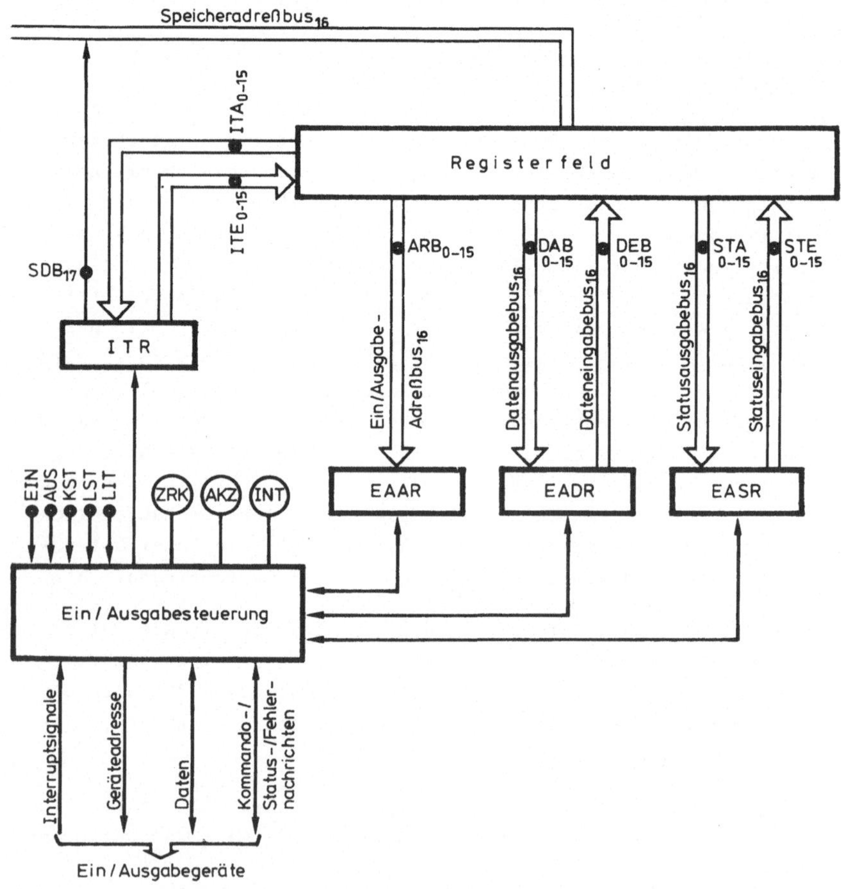

Bild 6.14: Ein/Ausgabe- und Interrupt-Komplex der Beispielarchitektur

6.4.6 Zusammenfassung der Elementarschritte

Bevor wir uns mit der zeitlichen Steuerung unserer Beispielmaschine
beschäftigen, wollen wir die in den vorhergegangenen Abschnitten
eingeführten Elementarschritte noch einmal zusammenfassen. Dabei
soll eine Gruppierung gewählt werden, die für spätere Betrachtungen
noch benötigt wird. Von den Elementarschritten einer Untergruppe
kann immer nur einer ausgeführt werden.

Charakterisiert werden die Elementarschritte durch Angabe des Kon-
trollpunktes, an dem sie ausgelöst werden.

<u>Gruppe 1</u>

1.1	SDB_{0-15}	$Register_{0-15}$ nach SAR
	SDB_{16}	IR nach SAR
	SDB_{17}	ITR nach SAR
1.2	SEB_{0-15}	$Register_{0-15}$ nach SIR
1.3	AEL_{0-15}	$Register_{0-15}$ auf ALU-Eingabebus links
1.4	AER_{0-15}	$Register_{0-15}$ auf ALU-Eingabebus rechts
1.5	SHE_{0-15}	$Register_{0-15}$ auf Shifter-Eingabebus
1.6	ARB_{0-15}	$Register_{0-15}$ nach EAAR
1.7	DAB_{0-15}	$Register_{0-15}$ nach EADR
1.8	STA_{0-15}	$Register_{0-15}$ nach EASR
1.9	ITA_{0-15}	$Register_{0-15}$ nach ITR

<u>Gruppe 2</u>

2.1	LES	Lesen eines Hauptspeicherwortes, dessen Adresse im SAR steht
	SRB	Schreiben des Inhalts vom SIR in diejenige Hauptspeicherzelle, deren Adresse im SAR steht
2.2	LV_{0-15}	logische Verknüpfung 0-15 in der ALU gemäß Bild 6.3
	AV_{0-15}	arithmetische Verknüpfung 0-15 in der ALU gemäß Bild 6.3
2.3	CRS_{0}	Carry-Schalter auf 0
	CRS_{1}	Carry-Schalter auf 1
2.4	LCE	setze CE auf null
	SCE	setze CE auf eins

	LCA	setze CA auf null
	SCA	setze CA auf eins
	BAC	ALU-Carry nach CE und CA
	AAC	ALU-Carry nach CA
	ACS	Wert an Carry-Schalter nach CA
2.5	EIN	Lese-Operation der E/A-Steuerung
	AUS	Schreib-Operation der E/A-Steuerung
	LST	der Inhalt des EASR wird als Statusnachricht an das angeschlossene Gerät gesendet
	KST	kopiere Status des angeschlossenen Gerätes ins EASR
	LIT	lösche aktuellen Interrupt

Gruppe 3

3.1	SELL	Einfachshift logisch links
	SELR	Einfachshift logisch rechts
	SEAL	Einfachshift arithmetisch links
	SEAR	Einfachshift arithmetisch rechts
	SEZL	Einfachshift zirkular links
	SEZR	Einfachshift zirkular rechts
	SDLL	Doppelshift logisch links
	SDLR	Doppelshift logisch rechts
	SDAL	Doppelshift arithmetisch links
	SDAR	Doppelshift arithmetisch rechts
	SDZL	Doppelshift zirkular links
	SDZR	Doppelshift zirkular rechts

Gruppe 4

4.1	SAB_{0-15}	SIR nach $Register_{0-15}$
	SAB_{16}	SIR nach IR
4.2	SHS_{0}	Shifter-Schalter auf 0
	SHS_{1}	Shifter-Schalter auf 1
4.3	AAB_{0-15}	ALU-Ausgabe nach $Register_{0-15}$
4.4	SHA_{0-15}	Shifter-Ausgabe nach $Register_{0-15}$
4.5	DEB_{0-15}	EADR nach $Register_{0-15}$
4.6	STE_{0-15}	EASR nach $Register_{0-15}$
4.7	ITE_{0-15}	ITR nach $Register_{0-15}$

6.4.7 Elementaroperationen

Auf der Basis der Elementarschritte, die in unserer Beispielmaschine durchgeführt werden können, wollen wir uns nun die möglichen Elementaroperationen ansehen.

i) Registertransfers

allgemeine Beschreibung:

TRANSFER (quelle, ziel); [zu aktivierende Kontrollpunkte]

Mögliche Registertransfers:

- TRANSFER (REG_{0-15}, SAR);   [SDB_{0-15}]
- TRANSFER (IR, SAR);   [SDB_{16}]
- TRANSFER (ITR, SAR);   [SDB_{17}]
- TRANSFER (REG_{0-15}, SIR);   [SEB_{0-15}]
- TRANSFER (REG_{0-15}, EAAR);   [ARB_{0-15}]
- TRANSFER (REG_{0-15}, EADR);   [DAB_{0-15}]
- TRANSFER (REG_{0-15}, EASR);   [STA_{0-15}]
- TRANSFER (SIR, REG_{0-15});   [SAB_{0-15}]
- TRANSFER (SIR, IR);   [SAB_{16}]
- TRANSFER (EADR, REG_{0-15});   [DEB_{0-15}]
- TRANSFER (EASR, REG_{0-15});   [STE_{0-15}]
- TRANSFER (REG_{0-15}, REG_{0-15}); [SHE_{0-15}, SHS_{0}, SHA_{0-15}]
- TRANSFER (ITR, REG_{0-15});   [ITE_{0-15}]

ii) Transformationsoperationen: Aufgrund der Operationen, die ALU und Shifter ausführen können, und der Kombinationsmöglichkeiten der beiden Komponenten, ließen sich eine Vielzahl von Transformationsoperationen für unsere Beispielarchitektur definieren. Wir wollen uns hier auf eine kleine Auswahl beschränken, an der die prinzipiellen Möglichkeiten demonstriert werden sollen.

Einstellige Transformationsoperationen

allgemeine Beschreibung:

operation (operand, ziel); [zu aktivierende Kontrollpunkte]

- NEG (REG_i,REG_j); [AEL_i,CRS_0,LCE,LV_0,AAB_j]
  Negation von Register i
- SLL (REG_i,REG_j); [SHE_i,SELL,SHS_0,SHA_j]
  logischer Shift von Register i nach links
- INC (REG_i,REG_j); [AEL_i,CRS_0,SCE,AV_{15},AAB_j]
  Erhöhen von Register i um 1

- DEC (REG$_i$,REG$_j$); [AEL$_i$,CRS$_o$,LCE,AV$_o$,AAB$_j$]
  Erniedrigen von Register i um 1

Zweistellige Transformationsoperationen

allgemeine Beschreibung:

operation (operand1,operand2,ziel); [zu aktivierende Kontrollpunkte]

oder

operation (operand1,operand2); [zu aktivierende Kontrollpunkte]

- AND (REG$_i$,REG$_j$,REG$_k$); [AEL$_i$,AER$_j$,CRS$_o$,LCE,LV$_{14}$,AAB$_k$]
  logisches UND zwischen Register i und Register j
- ADD (REG$_i$,REG$_j$,REG$_k$); [AEL$_i$,AER$_j$,CRS$_o$,AV$_9$,AAC,AAB$_k$]
  Addition der Inhalte von Register i und Register j
- DSLR (REG$_i$,REG$_j$); [AEL$_i$,SHE$_j$,CRS$_o$,ACS,LV$_{15}$,SDLR,SHS$_o$,AAB$_i$,SHA$_j$]
  Logische Verschiebung der Register i und j nach rechts
  (Doppelshift)

Folgende "etwas ungewöhnliche" Transformationsoperationen werden
später noch benötigt:

- AUSH (REG$_i$,REG$_j$,REG$_k$); [AEL$_i$,AER$_j$,SHE$_k$,ACS,CRS$_1$,SHS$_o$,AV$_9$,SDAR,
                                   AAB$_i$,SHA$_k$]
  Addiere die Inhalte von Register i und j und verschiebe das Er-
  gebnis und den Inhalt von Register k nach rechts (arithmetisch)
- SUSH (REG$_i$,REG$_j$,REG$_k$); [AEL$_i$,AER$_j$,SHE$_k$,ACS,CRS$_1$,SHS$_o$,AV$_6$,SDAR,
                                   AAB$_i$,SHA$_k$]
  Analog zur vorhergehenden, nur daß Register j von Register i
  subtrahiert wird
- SLLØ (REG$_i$,REG$_j$); [LCE,SHE$_i$,SELL,SHS$_o$,SHA$_j$]
  Logischer Shift von Register i nach links und Setzen von CE auf O
- SLL1 (REG$_i$,REG$_j$); [SCE,SHE$_i$,SELL,SHS$_o$,SHA$_j$]
  Logischer Shift von Register i nach links und Setzen von CE auf 1
- DSR (REG$_i$,REG$_j$); [AEL$_i$,SHE$_j$,CRS$_1$,ACS,SHS$_o$,SDAR,AAB$_i$,SHA$_j$]
  Arithmetische Verschiebung der Register i und j nach rechts
  (Doppelshift)
- TST (REG$_i$); [AEL$_i$,LCE,CRS$_o$,SHS$_o$,AV$_{15}$,AAB$_i$]
  Setzen der ALU-Anzeigen für den Inhalt von Register i

iii) Hauptspeicheroperationen

allgemeine Beschreibung:

- operation (adresse,quell/zielregister);

                        [zu aktivierende Kontrollpunkte]

Die beiden möglichen Operationen dieser Gruppe sind:
- LESEN (REG$_i$,REG$_j$); [SDB$_i$,LES,{warte 350 nsec},SAB$_j$]
- SCHREIBEN (REG$_i$,REG$_j$); [SDB$_i$,SEB$_j$,SRB]

Man sieht an diesen beiden Operationen, daß sie jeweils zwei Registertransferoperationen beinhalten. Um derartige Überschneidungen zu vermeiden, könnte man diese Operationen entweder hier oder aus der Liste der Registertransferoperationen streichen.

iv) Ein/Ausgabeoperationen
allgemeine Beschreibung:
operation; [zu aktivierende Kontrollpunkte]
- EIN;   [EIN]
- AUS;   [AUS]
- LSTATUS;   [LST]
- SSTATUS;   [KST]
- LÖSCHE;   [LIT]

v) Konvertierungsoperationen: Als Testobjekte für Konvertierungsoperationen kommen in unserer Beispielmaschine zunächst einmal die Statusanzeigen des Hauptspeichers, der ALU und des Shifters sowie der Ein/Ausgabesteuerung in Betracht. Ferner soll jedes beliebige Teilfeld des Instruktionsregisters überprüft werden können.

Zur Beschreibung der Konvertierungsoperationen benutzen wir folgende Darstellung:

    if <testobjekt> = <wert>|<testobjekt>=<testobjekt1>
    then <marke1>[else <marke2>]

Bedeutung: Falls <testobjekt> mit <wert> bzw. <testobjekt1> übereinstimmt, wird als nächstes diejenige Elementaroperation ausgeführt, die die Kennzeichnung <marke1> trägt, ansonsten die im "else"-Teil spezifizierte Operation. Entfällt letzterer, so kommt die nächste Elementaroperation zur Ausführung.

    case <testobjekt> of
     <wert1>: goto <marke1>
      ⋮
     <wertn>: goto <marke n>
     [otherwise: goto <marke n+1>]

Bedeutung: Diese Operation stellt eine Verallgemeinerung der ersten Operation dar. Es wird eine gleichzeitige Überprüfung aller möglichen Werte eines Testobjektes vorgenommen, und im Anschluß findet die entsprechend notwendige Kontrollverlagerung statt.

Soll eine Änderung des Interpretationsablaufs vorgenommen werden,
ohne daß eine besondere Bedingung vorliegt, so wird dies durch die
Elementaroperation _goto_ <marke> beschrieben.

6.4.8 Prozessoruhr und Steuerung der Elementarschritte

Betrachtet man die möglichen Elementaroperationen, die unsere Beispielmaschine ausführen kann, so stellt man sehr leicht fest, daß
gleichzeitig jeweils eine Operation aus den Gruppen (ii) bis (iv)
durchgeführt werden kann. Dies hat seine Ursache in der großen Anzahl von Datenwegen, die unsere Architektur aufweist.

Bei der Planung der Kontrolle, auf die wir in Abschn. 6.5 eingehen
werden, wird man sicherlich versuchen, die Möglichkeiten der parallelen Ausführung weitgehend auszunutzen. Das bedeutet dann auch,
daß bei der Festlegung der Prozessorzykluszeit darauf Rücksicht genommen werden muß. Im nachfolgenden sind die beiden wesentlichen
Festlegungsmöglichkeiten beschrieben.

Möglichkeit 1: Man wählt als Prozessorzykluszeit die Zykluszeit der
Prozessoruhr und berechnet darauf aufbauend die Durchführungszeit
für jede der parallel durchführbaren Operationsgruppen. Für jede
der Gruppen läßt sich eine eigene Uhr konstruieren. Bei der parallelen Abarbeitung von Elementaroperationen wählt man dann die Uhr
derjenigen Operation zur Steuerung aus, die die längste Durchführungszeit benötigt.
Bei Architekturen, die wie in unserem Falle eine große Parallelität
ermöglichen, ist eine derartige Methode nicht sehr geeignet, da
beispielsweise bei einem Hauptspeicherzugriff der Prozessor relativ
lange im Wartezustand bleibt.
Wo diese Form Anwendung findet, werden wir im nächsten Kapitel noch
erläutern.

Möglichkeit 2: Man setzt als Prozessorzykluszeit die längste Durchführungszeit der Elementaroperationen fest, klammert dabei allerdings den Speicherzugriff aus. Diese Möglichkeit wollen wir für unsere Beispielarchitektur weiterverfolgen.

Wir wählen eine Prozessoruhr mit einer Zykluszeit von 50 nsec und
setzen eine Prozessorzykluszeit von 250 nsec fest. Für jede der in
Abschn. 6.4.6 vorgestellten Gruppen von Elementarschritten konstruieren wir eine eigene Uhr (Bild 6.15).

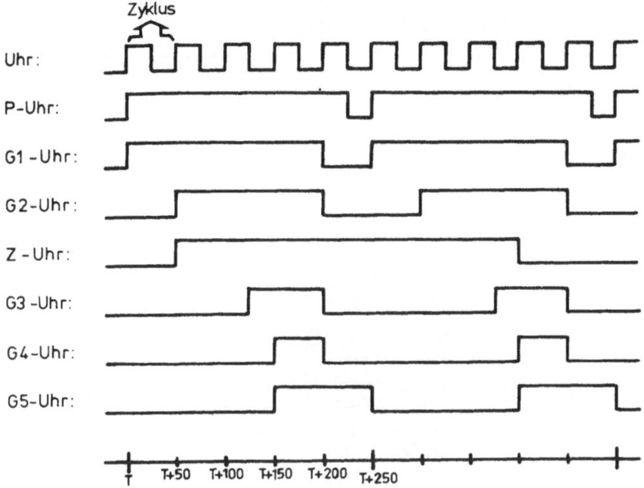

Bild 6.15: Uhren der Beispielarchitektur

Die Kontrollsignale der Gruppe 1 werden grundsätzlich zu Beginn des
ersten Teilzyklus (bezogen auf die Prozessorzykluszeit) gesendet,
d.h. Inhalte von Registern des Registerfeldes bzw. des IR werden
grundsätzlich im ersten Teilzyklus ausgelesen (kontrolliert durch
die G1-Uhr).

Operationen in der ALU, im Hauptspeicher und in der Ein/Ausgabe-
steuerung beginnen immer mit dem zweiten Teilzyklus (G2-Uhr), die
des Shifter nach 2 1/2 Teilzyklen (G3-Uhr).

Die Ergebnisse von ALU/Shifter und E/A-Steuerung (auf den Hauptspeicherzugriff und die Z-Uhr gehen wir etwas später ein) liegen
nach Beendigung des dritten Teilzyklus vor, so daß im vierten Teilzyklus das Abspeichern der Ergebnisse vorgenommen werden kann
(G4-Uhr). Dieses Abspeichern erfolgt immer in Registern des Registerfeldes bzw. im IR.

Im vierten Teilzyklus können auch die Statusanzeigen von ALU/Shif-
ter und E/A-Steuerung getestet werden, anschließend im fünften
Teilzyklus kann die nächste (bzw. die nächsten) Elementaroperation
(en) ausgewählt werden. Die G5-Uhr steuert also die Konvertierungsoperationen. Sofern diese sich auf das IR beziehen, darf das IR
im laufenden Prozessorzyklus nicht verändert worden sein.

Zur Vertiefung sind in Bild 6.16 die Zeitdiagramme für die beiden
im vorigen Abschnitt vorgestellten Elementaroperationen
- AND (REG_i, REG_j, REG_k) und
- EIN

dargestellt.

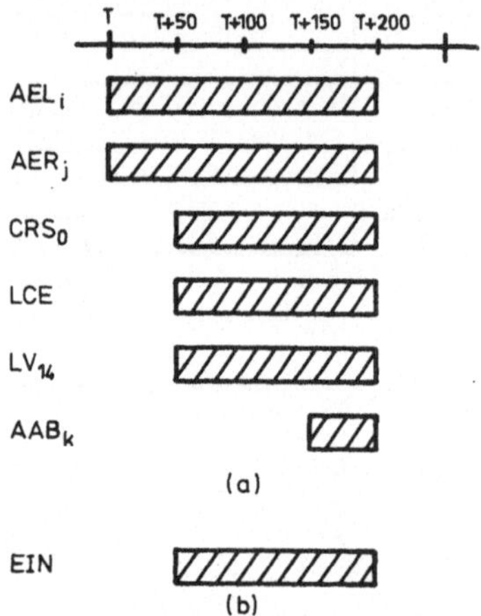

Bild 6.16: Zeitdiagramme für die Elementaroperationen
(a) AND (REG i, REG j, REG k) und
(b) EIN

Wir kommen nun zum Problem des Hauptspeicherzugriffs. Eine Leseoperation startet im zweiten Teilzyklus, der Inhalt des SIR kann
aber grundsätzlich nur im vierten Teilzyklus ausgelesen werden.
Sollten beide Elementarschritte in einem Prozessorzyklus ausgeführt
werden, so wäre ein Hauptspeicher mit einer Zugriffszeit von 100 nsec
notwendig. Da die Kosten für derartig schnelle Speicher sehr hoch
sind, käme höchstens ein Pufferspeicher (siehe Kap. 2) an dieser
Stelle in Betracht.

Wartet man mit dem Auslesen aus dem SIR bis zum vierten Teilzyklus
des nächsten Prozessorzyklus, so wären bis dahin seit Beginn der
Leseoperation 350 nsec vergangen. Speicher mit derartigen Zugriffszeiten sind nach dem heutigen technologischen Stand wesentlich
kostengünstiger zu realisieren. Wartet man noch einen weiteren Prozessorzyklus, so kommt man mit 600 nsec in den Bereich von Kern-
speicherzugriffszeiten.

Diese Überlegungen sollten die starke Abhängigkeit zwischen Prozessorzykluszeit und Hauptspeicherzugriffszeit deutlich machen und zugleich darauf hinweisen, daß durchaus Speicherblöcke unterschiedlicher Technologien (Halbleiter- und Kernspeicher) nebeneinander vorhanden sein können.

Noch ein Wort zu den Hauptspeicherzykluszeiten. Der frühest mögliche Zeitpunkt für einen erneuten Zugriff nach Abschluß einer Leseoperation liegt 150 nsec später, d.h. zu Beginn des zweiten Teilzyklus des nächsten Prozessorzyklus. Es wäre daher eine Hauptspeicherzykluszeit von 500 nsec notwendig, eine Zeit, die beim heutigen technologischen Stand ohne weiteres realisierbar ist.

Bei der Verwendung von Kernspeicher müßte bis zum zweiten Teilzyklus des vierten Prozessorzyklus nach Beginn der Speicheroperation gewartet werden. Man hätte dann die bei Kernspeichern vielfach übliche Zykluszeit von 1000 nsec = 1 µs.

Das Zeitdiagramm für den Hauptspeicherzugriff bei den von uns gewählten Werten (Zugriffszeit: 350 nsec, Zykluszeit: 500 nsec) ist in Bild 6.17 dargestellt.

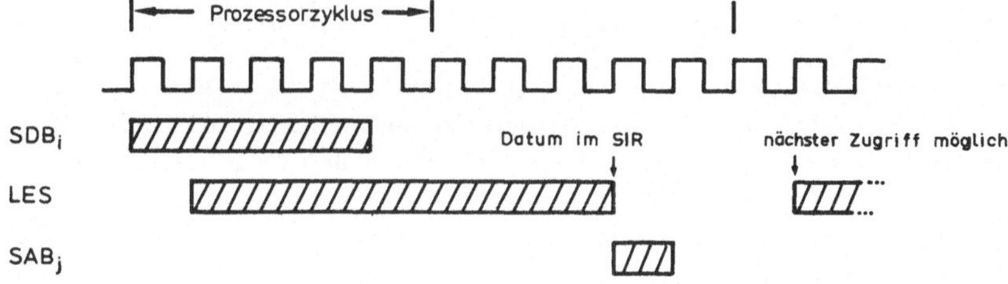

Bild 6.17: Zeitdiagramm für die Elementaroperation LESEN (REG i, REG j)

Da sich die beiden Elementaroperationen LESEN und SCHREIBEN über mehr als einen Prozessorzyklus erstrecken, wollen wir für spätere Beschreibungen die Operationen LESEN[*] und SCHREIBEN[*] einführen, die lediglich aus den Hauptspeicheroperationen bestehen sollen.

Mit den in diesem Abschnitt vorgenommenen Festlegungen sind wir nun in der Lage, die Interpretation einer Maschinensprache auf unserer Beispielarchitektur exakt zu beschreiben.

6.4.9 Eine Beispielmaschinensprache

Wir wählen für unsere Betrachtungen eine hypothetische Maschinensprache aus, an der die wesentlichen Probleme der Interpretation deutlich gemacht werden sollen. An einigen Stellen werden wir nur Repräsentanten einer Menge von Maschinenanweisungen gleicher Struktur angeben, um den Sprachumfang nicht zu groß und damit zu unübersichtlich werden zu lassen. Die Kodierung wird also nicht vollständig sein. Die Beispielmaschinensprache soll für einen 16-Bit-Rechner mit 8 allgemeinen Registern (Akkumulatoren) gedacht sein. Eine Maschinenanweisung hat eine der in Bild 6.18 gezeigten Formen.

AWT	AWK	OP1	OP2
15,14,13,12	11,10,9,8,7,6,5	4,3,2	1,0

(a)

AWT	AWK	OP1	OP3
15,14,13,12	11,10,9,8,7,6	5,4,3	2,1,0

(b)

AWT - Anweisungstyp
AWK - Anweisungskode
OP1 - 1. Operand
OP2
OP3 - 2. Operand

Bild 6.18: Struktur von Anweisungen der Beispielmaschinensprache

Der Operationskode einer Anweisung besteht aus zwei Teilen. Im ersten Teil wird eine Anweisungsgruppe (AWT) charakterisiert, der zweite Teil enthält die Kodierung innerhalb der Gruppe. Das Feld OP1 bezeichnet grundsätzlich eines der acht allgemeinen Register, das den 1. Operanden enthält und das das Ergebnis aufnimmt. OP3 enthält eine Registerspezifizierung und OP2 den Adressierungsmodus für den (bzw. einen möglichen) zweiten Operanden. Folgende Adressierungsformen sollen möglich sein:

- direkte Adressierung (00)
- indirekte Adressierung (01)
- unmittelbare Adressierung (10)
- relative Adressierung (11)

Die Adreßkonstante D soll dabei immer in dem Maschinenwort stehen, das auf die Anweisung folgt.

Im nachfolgenden werden wir nun die einzelnen Anweisungstypen besprechen, wobei ihre mnemotechnischen Bezeichnungen fett gesetzt sind, um sie von den Elementaroperationen zu unterscheiden.

Typ 1: Datenmanipulation mit einem Operanden

Gruppenkode: 0 0 0 0

- NEG (Anweisungskode: 0 0 0 0 0 0 0):
  logische Negation bezogen auf eins der acht allgemeinen Register
- ASL (Anweisungskode: 0 0 0 0 0 0 1):
  arithmetischer Shift nach links (vgl. 4.3.4)
- ASR (Anweisungskode: 0 0 0 0 0 1 0):
  arithmetischer Shift nach rechts (vgl. 4.3.4)
- LSL (Anweisungskode: 0 0 0 0 0 1 1):
  logischer Shift nach links (vgl. 4.3.4)
- LSR (Anweisungskode: 0 0 0 0 1 0 0):
  logischer Shift nach rechts (vgl. 4.3.4)

Typ 2: Datenmanipulation mit zwei Operanden

Gruppenkode: 0 0 0 1

- AND (Anweisungskode: 0 0 0 0 0 0 0):
  logisches UND
- OR (Anweisungskode: 0 0 0 0 0 0 1):
  logisches ODER
- ADD (Anweisungskode: 0 0 0 0 0 1 0):
  ganzzahlige Addition auf 2-Komplement-Basis
- SUB (Anweisungskode: 0 0 0 0 0 1 1):
  ganzzahlige Subtraktion auf 2-Komplement-Basis
- MUL (Anweisungskode: 0 0 0 0 1 0 0):
  ganzzahlige Multiplikation; das Ergebnis ist doppelt lang und
  wird in dem in OP1-Feld spezifizierten Register i und in Register
  i+1 (höherwertiger Teil) abgelegt.
- DIV (Anweisungskode: 0 0 0 0 1 0 1):
  ganzzahlige Division analog zur Multiplikation

Typ 3: Speichertransportoperationen

Gruppenkode: 0 0 1 0

- LDE (Anweisungskode: 0 0 0 0 0 0 0):
  lade das in OP1 angegebene Register mit dem in OP2 spezifizierten
  Operanden
- SPE (Anweisungskode: 0 0 0 0 0 0 1):
  bringe den Inhalt des in OP1 angegebenen Registers in die in OP2
  spezifizierte Speicherzelle

Die unmittelbare Adressierung ist bei diesem Anweisungstyp nicht
zulässig.

Typ 4: Registertransportoperationen

Gruppenkode: 0 0 1 1

Die Anweisung dieser Gruppe weist das Anweisungsformat (b) auf.

- SCH (Anweisungskode: 0 0 0 0 0 0 0):
  bringe den Inhalt des. in OP1 angegebenen Registers in das in OP3
  spezifizierte Register

Typ 5: Sprunganweisungen

Gruppenkode: 0 1 0 0

- SPR (Anweisungskode: 0 0 0 0 0 0 0):
  springe an die in OP2 spezifizierte Adresse
- SNE (Anweisungskode: 0 0 0 0 0 0 1):
  springe, falls der Inhalt des in OP1 spezifizierten Registers negativ ist
- SNL (Anweisungskode: 0 0 0 0 0 1 0):
  springe, falls der Inhalt des in OP1 spezifizierten Registers
  null ist
- SPO (Anweisungskode: 0 0 0 0 0 1 1):
  springe, falls der Inhalt des in OP1 spezifizierten Registers
  positiv ist

Die unmittelbare Adressierung ist bei Sprunganweisungen nicht zulässig.

Typ 6: Unterprogrammbehandlung

Gruppenkode: 0 1 0 1

- USP (Anweisungskode: 0 0 0 0 0 0 0):
  Unterprogrammsprung; OP2 bezeichnet die Zieladresse. An diese
  Adresse wird die Rücksprungadresse gerettet, das Programm beginnt
  an der Folgeadresse
- URK (Anweisungskode: 0 0 0 0 0 0 1):
  Unterprogrammrücksprung. Macht USP rückgängig, dabei bezeichnet
  OP2 die Anfangsadresse des Unterprogramms.

Die unmittelbare Adressierung ist bei beiden Anweisungen wieder
ausgeschlossen.

Typ 7: Unterbrechungsanweisungen

Gruppenkode: 0 1 1 0

Wir wollen bei unserer Beispielarchitektur nur externe Unterbrechungen berücksichtigen, für die es im Hauptspeicher einen Interruptvektor gibt. Dieser enthält pro möglichen Interrupt einen Eintrag mit der Startadresse des Interruptbehandlungsprogramms.

Wird eine Unterbrechung wirksam, so wird automatisch (durch eine
Folge von Elementaroperationen) der alte Programmzähler und die aktuelle Interruptnummer (Programme, die keine Interruptbehandlung
durchführen, haben die kleinste Interruptnummer) auf einen Stack
gebracht, der innerhalb des Hauptspeichers organisiert wird, vom

Programm her aber nicht angesprochen werden kann. Die aus dem Interruptvektor gelesene neue Startadresse wird neuer Inhalt des Programmzählers.

Bemerkung: Normalerweise verfügen Prozessoren über ein Programmstatuswort (vgl. Abschn. 4.4.3), in dem u.a. die aktuelle Interruptnummer bzw. die Priorität eines Programms enthalten ist. Der Einfachheit halber haben wir hier das Programmstatuswort fortgelassen und nur die Interruptnummer berücksichtigt.

Nach Abschluß eines Interruptbehandlungsprogramms erfolgt mittels der nachfolgenden Anweisung eine Rückkehr zu dem vorher unterbrochenen Programm.

- IRK (Anweisungskode: 0 0 0 0 0 0 0):
  Rücksprung aus einem Interruptbehandlungsprogramm

Typ 8: Ein/Ausgabeanweisungen
Gruppenkode: 0 1 1 1

Bei den Ein/Ausgabeanweisungen wollen wir uns an den in Abschn. 5.4.2 angegebenen Anweisungen orientieren. Sie sollen das Format (b) aus Bild 6.18 haben.

- EAL (Anweisungskode: 0 0 0 0 0 0): lese
- EAS (Anweisungskode: 0 0 0 0 0 1): schreibe
- EAKS(Anweisungskode: 0 0 0 0 1 0): kopiere Status
- EASS(Anweisungskode: 0 0 0 0 1 1): setze Status

6.4.10 Interpretation der Beispielmaschinensprache
Wir wollen uns nun ansehen, wie die im vorigen Abschnitt vorgestellte Maschinensprache auf unserer Beispielarchitektur interpretiert wird, wobei wir uns an den drei zu Beginn des Kapitels genannten Interpretationsphasen orientieren wollen.

Als Vorbemerkung ist noch zu sagen, daß die Register 0 bis 7 die acht Register sein sollen, die auf Maschinensprachenebene ansprechbar sind. Register 8 dient als Programmzähler.

Den Interpretationsablauf werden wir im folgenden durch die in 6.4.7 vorgestellten Elementaroperationen beschreiben. Die Operationen, die in einem Prozessorzyklus ausgeführt werden, sind in eckige Klammern gesetzt.

<u>Holphase</u>: In der Holphase wird die als nächstes zu interpretierende Anweisung, deren Adresse im Programmzähler enthalten ist, aus dem Hauptspeicher gelesen und ins IR gebracht. Der Programmzähler wird um 1 erhöht. Folgende Elementaroperationen werden ausgeführt:

[TRANSFER (REG$_8$, SAR); LESEN*]
[INC (REG$_8$, REG$_8$); TRANSFER (SIR, IR)]

Die Durchführung benötigt zwei Prozessorzyklen, also 500 nsec.

<u>Dekodierphase</u>: In der Dekodierphase muß ermittelt werden, um welche Anweisung es sich im IR handelt. Dies geschieht in zwei Schritten. Zunächst einmal wird die Anweisungsgruppe bestimmt. Anschließend erfolgt die Bereitstellung des 2. Operanden (soweit benötigt) und die Ermittlung der konkreten Anweisung. Der 1. Operand ist immer in einem allgemeinen Register enthalten. Da die Elementaroperationen der Ausführungsphase die zugehörige Registerspezifizierung benötigen, wird das Feld OP1 hardwaremäßig an die entsprechenden Stellen dieser Elementaroperationen kopiert.

```
case IR [15,12] of
   0000 : goto typ1
   0001 : goto typ2
   0010 : goto typ3
   0011 : goto typ4
   0100 : goto typ5
   0101 : goto typ6
   0110 : goto typ7
   0111 : goto typ8
   otherwise: goto unzulässiger_kode
end;

typ 1:

case IR [11,5] of
   0000000 : goto neg
   0000001 : goto asl
   0000010 : goto asr
   0000011 : goto lsl
   0000100 : goto lsr
   otherwise : goto unzulässiger_kode
end;
```

typ 2:

Der 2. Operand muß gemäß der Adreßspezifikation aus dem Hauptspeicher geholt werden. Er soll in Register 9 bereitgestellt werden.

```
case IR [1,0] of
  00 : goto t2-direkt
  01 : goto t2-indirekt
  10 : goto t2-unmittelbar
  11 : goto t2-relativ
end;
```

t2-direkt:
```
  [TRANSFER (REG_8, SAR); INC (REG_8, REG_8); LESEN*]
    TRANSFER (SIR, REG_10)
  [TRANSFER (REG_10, SAR); LESEN*]
  [TRANSFER (SIR, REG_9); goto t2-anw]
```

t2-indirekt:
```
  [TRANSFER (REG_8, SAR); INC (REG_8, REG_8); LESEN*]
    TRANSFER (SIR, REG_10)
  [TRANSFER (REG_10, SAR); LESEN*]
    TRANSFER (SIR, REG_10)
  [TRANSFER (REG_10, SAR); LESEN*]
  [TRANSFER (SIR, REG_9); goto t2-anw]
```

t2-unmittelbar:
```
  [TRANSFER (REG_8, SAR); INC (REG_8, REG_8); LESEN*]
  [TRANSFER (SIR, REG_9); goto t2-anw]
```

t2-relativ:
```
  [TRANSFER (REG_8, SAR); TRANSFER (REG_8, REG_9); LESEN*]
  [INC (REG_8, REG_8); TRANSFER (SIR, REG_10)]
    ADD (REG_9, REG_10, REG_10)
  [TRANSFER (REG_10, SAR); LESEN*]
  [TRANSFER (SIR, REG_9); goto t2-anw]
```

t2-anw:

An dieser Stelle wird nun wie bei Gruppe 1 der Anweisungskode entschlüsselt.

typ 3:

Bei den Speichertransportoperationen muß wie beim Typ 2 zunächst
einmal das Feld OP2 ausgewertet werden. Allerdings fallen bei den
drei möglichen Adressierungsformen jeweils die beiden letzten Zyklen in Bezug auf Typ 2 fort.

typ 4:

Für die Registertransportoperationen ist keine weitere Dekodierung
notwendig, da nur eine Anweisung vorhanden ist.

typ 5:

Bei den Sprunganweisungen wäre es nicht günstig, die Auswertung der
Adreßspezifikation in OP2 mit in die Dekodierphase einzubeziehen,
da diese ja nur benötigt wird, wenn ein Sprung tatsächlich ausgeführt wird (mit Ausnahme des unbedingten Sprungs). Wir ziehen sie
also mit in die Ausführungsphase hinein.

typ 6:

Bevor die beiden Anweisungen des Typs 6 ausgeführt werden, wird das
Feld OP2 ausgewertet.

```
  case IR [1,0] of
    00 : goto t4-direkt
    01 : goto t4-indirekt
    11 : goto t4-relativ
    otherwise : goto unzulässiger_kode
  end;

  t4-direkt:
    [TRANSFER (REG_8, SAR); INC (REG_8, REG_8); LESEN*]
    [TRANSFER (SIR, REG_9); goto t4-anw]

  t4-indirekt:
    [TRANSFER (REG_8, SAR); INC (REG_8, REG_8); LESEN*]
     TRANSFER (SIR, REG_9)
    [TRANSFER (REG_9, SAR); LESEN*]
    [TRANSFER (SIR, REG_9); goto t4-anw]
```

t4-relativ:
  [TRANSFER (REG$_8$, SAR); TRANSFER (REG$_8$, REG$_9$); LESEN*]
  [INC (REG$_8$, REG$_8$); TRANSFER (SIR, REG$_{10}$)]
  [ADD (REG$_9$, REG$_{10}$, REG$_9$); goto t4-anw]

t4-anw:
Hier werden wieder die einzelnen Anweisungen des Typs 4 entschlüsselt.

typ 7:

Da es nur eine Anweisung vom Typ 7 gibt, kann sogleich die Ausführungsphase angeschlossen werden.

typ 8:

Analog zu Typ 1.

Ausführungsphase: Bevor wir auf die Ausführungsphasen einiger re-
präsentativer Anweisungen eingehen, sei noch einmal bemerkt, daß
die Spezifizierung eines allgemeinen Registers i im Feld OP1 in die
Elementaroperationen übernommen wird.

neg:
  [NEG (REG$_i$, REG$_i$); if INT=1 then interrupt else holphase]
add:
  [ADD (REG$_i$, REG$_9$, REG$_i$); if INT=1 then interrupt else holphase]

mul:
Da in der ALU unserer Beispielarchitektur keine Multiplikation ausgeführt werden kann, müssen wir mit Hilfe der Elementaroperationen
einen Multiplikationsalgorithmus beschreiben. Wir legen dabei den
sog. Booth'schen Algorithmus für vorzeichengerechte Multiplikation
zugrunde.

Die beiden Register REG$_i$ und REG$_9$ enthalten die Operanden a und b.
Für das Ergebnis benötigen wir ein doppeltlanges Register, für das
wir REG$_{i+1}$ und REG$_i$ auswählen (Schreibweise: REG$_{i+1}$, REG$_i$). Dieses
Register wird innerhalb des Algorithmus nach rechts verschoben. i_o
soll dann das niederwertige Bit von REG$_i$ und i_{-1} das herausgescho-
bene Bit bezeichnen. Initial gilt folgende Regelung:
  REG$_{i+1}$:= 0 / REG$_i$:= a / i_{-1} := 0

Zur Durchführung der Multiplikation müssen die beiden Schritte i) und ii) n=16-mal durchgeführt werden:

i)   falls $i_0 = i_{-1}$ dann tue nichts

    falls $i_0 i_{-1} = 01$ dann $REG_{i+1} := REG_{i+1} + b$

    falls $i_0 i_{-1} = 10$ dann $REG_{i+1} := REG_{i+1} - b$

ii) verschiebe REG_{i+1}, REG_i um eine Stelle nach rechts.

Dieser Algorithmus läßt sich durch die nachfolgend beschriebenen Elementaroperationen realisieren. Zur Kontrolle der Iterationsschritte wird Register REG_{10} benutzt, das initial den Wert true (= alle Stellen mit Einsen besetzt) erhält (mittels der Elementaroperation TRUE) und nach jedem Schritt um eine Stelle nach links geschoben wird. Wenn das Register den Wert 0 enthält, sind die 16 Schritte durchgeführt.

```
mul:
  [TRUE (REG₁₀, REG₁₀); TRANSFER (REGᵢ, REGᵢ);
   if SNB=1 then subtrahiere else shifte]

  addiere:
    [SLLØ (REG₁₀, REG₁₀); case SHB, INT of
                    00 : goto holphase
                    01 : goto interrupt
                    otherwise : goto ad1
                  end]

  ad1:
    [AUSH (REGᵢ₊₁, REG₉, REGᵢ); case SNB;C of
                      01 : goto addiere
                      10 : goto subtrahiere
                      otherwise : goto shifte
                    end]

  subtrahiere:
    [SLL1 (REG₁₀, REG₁₀); case SHB,INT of
                    00 : goto holphase
                    01 : goto interrupt
                    otherwise : goto sub1
                  end]
```

sub1:
  [SUSH (REG$_{i+1}$, REG$_9$, REG$_i$); <u>case</u> SNB,C <u>of</u>
                        01 : <u>goto</u> addiere
                        10 : <u>goto</u> subtrahiere
                        otherwise : <u>goto</u> shifte
                <u>end</u>]

shifte:
  [SLLØ (REG$_{10}$, REG$_{10}$); <u>case</u> SHB,INT <u>of</u>
                      00 : <u>goto</u> holphase
                      01 : <u>goto</u> interrupt
                      otherwise : <u>goto</u> sh1
              <u>end</u>]

sh1:
  [DSR (REG$_{i+1}$, REG$_i$); <u>case</u> SNB,C <u>of</u>
                    01 : <u>goto</u> addiere
                    10 : <u>goto</u> subtrahiere
                    otherwise : <u>goto</u> shifte
             <u>end</u>]

Ende des Multiplikationsalgorithmus.

lde:
In der Dekodierphase wurde in Register REG$_{10}$ die Adresse des Operanden bereitgestellt.

  [TRANSFER (REG$_{10}$, SAR); LESEN[*]]
  [TRANSFER (SIR, REG$_i$); <u>if</u> INT=1 <u>then</u> interrupt <u>else</u> holphase]

spe:
  [TRANSFER (REG$_{10}$, SAR); TRANSFER (REG$_i$, SIR); SCHREIBEN[*]]
  <u>if</u> INT=1 <u>then</u> interrupt <u>else</u> holphase

sch:
  [TRANSFER (REG$_i$, REG$_j$); <u>if</u> INT=1 <u>then</u> interrupt <u>else</u> holphase]

spr:
  <u>case</u> IR [1,0] <u>of</u>
    00 : <u>goto</u> springe-direkt
    01 : <u>goto</u> springe-indirekt
    11 : <u>goto</u> springe-relativ
    otherwise : <u>goto</u> unzulässige_adressierung
  end;

springe-direkt:
  [TRANSFER (REG$_8$, SAR); LESEN*]
  [TRANSFER (SIR, REG$_8$); <u>if</u> INT=1 <u>then</u> interrupt <u>else</u> holphase]

springe-indirekt:
  [TRANSFER (REG$_8$, SAR); LESEN*]
   TRANSFER (SIR, REG$_9$)
  [TRANSFER (REG$_9$, SAR); LESEN*]
  [TRANSFER (SIR, REG$_8$); <u>if</u> INT=1 <u>then</u> interrupt <u>else</u> holphase]

springe-relativ:
  [TRANSFER (REG$_8$, SAR); LESEN*]
   TRANSFER (SIR, REG$_9$)
  [ADD (REG$_8$, REG$_9$, REG$_8$); <u>if</u> INT=1 <u>then</u> interrupt <u>else</u> holphase]

sne:
  [TST (REG$_i$); <u>case</u> S,INT <u>of</u>
                10 : <u>goto</u> spr
                00 : <u>goto</u> holphase
                01 : <u>goto</u> interrupt
                11 : <u>goto</u> spr
             end]

usp:
  [TRANSFER (REG$_9$, SAR); TRANSFER (REG$_8$, SIR); SCHREIBEN*]
  [INC (REG$_9$, REG$_8$); <u>if</u> INT=1 <u>then</u> interrupt <u>else</u> holphase]

urk:
  [TRANSFER (REG$_9$, SAR); LESEN*]
  [TRANSFER (SIR, REG$_8$); <u>if</u> INT=1 <u>then</u> interrupt <u>else</u> holphase]

interrupt:
Im Zusammenhang mit der Interruptbehandlung müssen wir im Hauptspeicher einen Stack organisieren, auf dem die Programmzähler und Interruptnummern der unterbrochenen Programme abgelegt werden. Wir benutzen dazu Register REG$_{15}$ als "Stackpointer", dessen Inhalt immer als Zeiger auf den obersten Eintrag zu interpretieren ist. REG$_{14}$ enthält die aktuelle Interruptnummer.

  [TRANSFER (ITR, SAR); LESEN*; INC (REG$_{15}$, REG$_{15}$);
   TRANSFER (ITR, REG$_{13}$)]
   TRANSFER (SIR, REG$_9$)
  [TRANSFER (REG$_{15}$, SAR); TRANSFER (REG$_{14}$, SIR); SCHREIBEN*]

```
[TRANSFER (REG₁₃, REG₁₄); INC (REG₁₅, REG₁₅)]
[TRANSFER (REG₁₅, SAR); TRANSFER (REG₈, SIR); SCHREIBEN*]
[TRANSFER (REG₉, REG₈); if INT=1 then interrupt else holphase]
```

irk:
```
[TRANSFER (REG₁₅, SAR); LESEN*]
[DEC (REG₁₅, REG₁₅); TRANSFER (SIR, REG₈)]
[TRANSFER (REG₁₅, SAR); LESEN*]
[DEC (REG₁₅, REG₁₅); TRANSFER (SIR, REG₁₄)]
[TRANSFER (REG₁₄, ITR); LÖSCHE; goto holphase]
```

eal:
```
[TRANSFER (REGᵢ, EAAR); EIN; TRANSFER (EADR, REGⱼ);
 if INT=1 then interrupt else holphase]
```

eas:
```
[TRANSFER (REGᵢ, EAAR); TRANSFER (REGⱼ, EADR); AUS;
 if INT=1 then interrupt else holphase]
```

eaks:
```
[TRANSFER (REGᵢ, EAAR); LSTATUS; TRANSFER (EASR, REGⱼ);
 if INT=1 then interrupt else holphase]
```

eass:
```
[TRANSFER (REGᵢ, EAAR); TRANSFER (REGⱼ, EASR); SSTATUS;
 if INT=1 then interrupt else holphase]
```

Bemerkung: Bei den vier Ein/Ausgabeanweisungen ist aus Vereinfa-
chungsgründen eine Statusabfrage bezüglich der Ein/Ausgabesteuerung
fortgelassen worden.

Abschließend wollen wir nun untersuchen, welche Ausführungszeiten
die beschriebenen Anweisungen der Beispielmaschinensprache haben.
Dazu haben wir in Bild 6.19 eine entsprechende Übersicht zusammen-
gestellt.

6.5 Kontrolle des Interpretationsablaufs

Bei unseren bisherigen Betrachtungen, insbesondere bei unserer Beispielarchitektur, sind wir nicht darauf eingegangen, wie der Ablauf
der Elementaroperationen angestoßen und kontrolliert wird, d.h. wir
sind nicht auf den Aufbau und die Wirkungsweise der Kontrolleinheit
innerhalb eines Prozessors eingegangen. Von der Interpretation der

Beispielmaschine her läßt sich jedoch ableiten, welche Fähigkeiten eine Kontrolleinheit haben muß:

- Sie muß Konvertierungsoperationen durchführen können.
- Sie muß uhrengesteuert die zur Realisierung einer Elementaroperation notwendigen Kontrollsignale senden können.

Wir wollen nun in den beiden folgenden Abschnitten darauf eingehen, wie Kontrolleinheiten aufgebaut sein können.

| Anwei-sung | Unterscheidungs-merkmale | Zyklen in | | | Gesamt-zyklen | Ausführungs-zeit |
		Holphase	Dekodier-phase	Ausführungs-phase		
NEG		2	2	1	5	1,25 µsec
ADD	direkt	2	7	1	10	2,5 µsec
	indirekt	2	9	1	12	3,0 µsec
	unmittelbar	2	5	1	8	2,0 µsec
	relativ	2	8	1	11	2,75 µsec
MUL	direkt	2	7	32	41	10,25 µsec
	indirekt	2	9	32	43	10,75 µsec
	unmittelbar	2	5	32	39	9,75 µsec
	relativ	2	8	32	42	10,5 µsec
LDE	direkt	2	4	2	8	2,0 µsec
	indirekt	2	6	2	10	2,5 µsec
	relativ	2	5	2	9	2,25 µsec
SCH		2	1	1	4	1,0 µsec
SPR	direkt	2	2	3	7	1,75 µsec
	indirekt	2	2	5	9	2,25 µsec
	relativ	2	2	4	8	2,0 µsec
SNE	kein Sprung	2	2	1	5	1,25 µsec
	direkt	2	2	2	6	1,5 µsec
	indirekt	2	2	4	8	2,0 µsec
	relativ	2	2	3	7	1,75 µsec
USP	direkt	2	5	2	9	2,25 µsec
	indirekt	2	7	2	11	2,75 µsec
	relativ	2	6	2	10	2,5 µsec
interrupt		-	-	6	6	1,5 µsec
IRK		2	1	5	8	2,0 µsec
EAL		2	2	1	5	1,25 µsec

Bild 6.19: Ausführungszeiten der Beispielmaschinensprache

6.5.1 Hardwarekontrolle

Eine Möglichkeit zur Realisierung einer Kontrolleinheit sieht so aus, daß man diese in Form eines sehr komplexen Schaltnetzes konstruiert, das die Statusanzeigen und das IR als Eingabedaten verwertet und daraus die für den Interpretationsablauf notwendigen Kontrollsignale generiert (Bild 6.20).

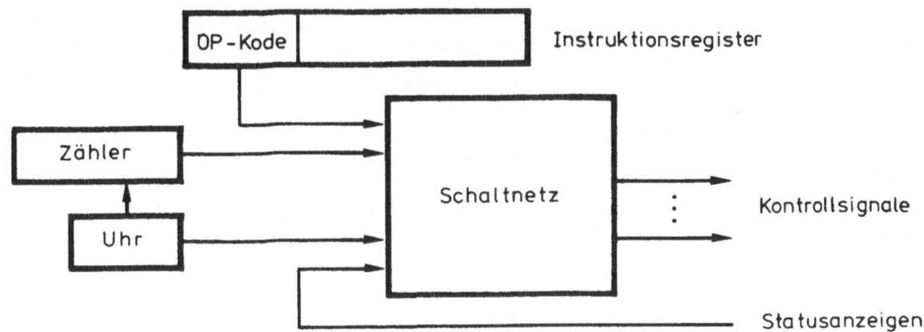

Bild 6.20: Prinzipieller Aufbau einer Hardwarekontrolle

Die Nachteile dieser Konstruktionsmethode liegen in dem hohen Hardwareaufwand und in der Starrheit des Endproduktes, das eine Änderung im Interpretationsablauf nur unter sehr großen Schwierigkeiten zuläßt. Aus diesen Gründen wird die nachfolgend beschriebene Form häufiger verwendet.

6.5.2 Mikroprogrammierte Kontrolle

Diese Form der Kontrolle geht auf Wilkes [38] zurück und basiert auf der Überlegung, daß man die in einem Prozessorzyklus benötigten Kontrollsignale bzw. Elementaroperationen in irgendeiner Form in einem Speicher ablegen kann. Diesen Speicher nennt man K o n - t r o l l s p e i c h e r oder M i k r o p r o g r a m m s p e i - c h e r. Die Kontrolle hat jetzt nur noch die Aufgabe, die für den jeweiligen Interpretationsschritt benötigte Zelle aus dem Kontrollspeicher auszuwählen und das Senden der darin beschriebenen Kontrollsignale zu veranlassen. Bild 6.21 veranschaulicht diese Form der Kontrolleinheit.

Eine Kontrolleinheit, die mikroprogrammgesteuert arbeitet, ist wesentlich einfacher zu konstruieren als eine hardwaregesteuerte. Vor allen Dingen ist bei ihrem Entwurf nicht der gesamte Interpretationsablauf zu berücksichtigen. Dieser kann später festgelegt werden. Ergibt sich dabei irgendwann einmal die Notwendigkeit einer Änderung, so ist lediglich der Inhalt des Kontrollspeichers zu ändern.

Im nächsten Kapitel werden wir uns ausführlich mit dieser Form der Kontrolle beschäftigen.

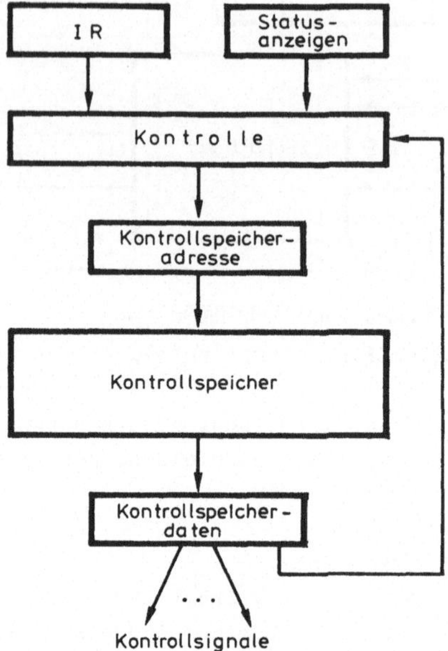

Bild 6.21: Prinzipieller Aufbau einer mikroprogrammierten Kontrolle

7 Mikroprogrammierung

Im Mittelpunkt der Betrachtungen über Mikroprogrammierung steht der
Kontrollspeicher und die darin enthaltene Information. Diese ist in
Form von M i k r o i n s t r u k t i o n e n strukturiert. Welche
Beziehungen diese Instruktionen zu den im vorigen Kapitel vorgestellten Elementarschritten und Elementaroperationen haben, werden
wir im Verlauf dieses Kapitels eingehend untersuchen. Eine Folge
von Mikroinstruktionen, die die Interpretation einer Maschinenanweisung beschreibt, nennen wir M i k r o p r o g r a m m. Prozessoren, in denen die Interpretation der (einer) Maschinensprache durch
Mikroprogramme festgelegt ist, heißen m i k r o p r o g r a m -
m i e r t e   P r o z e s s o r e n; Prozessoren, bei denen der Benutzer dynamisch neue Mikroprogramme im Kontrollspeicher unterbrin-
gen kann, nennt man m i k r o p r o g r a m m i e r b a r e   P r o -
z e s s o r e n. Bei dieser Form hat der Benutzer die Möglichkeit,
zeitkritische Algorithmen als Mikroprogramm zu formulieren, wodurch
in der Regel eine Geschwindigkeitsverbesserung gegenüber Programmen
in Maschinensprache zu erzielen ist. Ferner läßt sich die Maschinensprache um solche Anweisungen erweitern, die eine bessere Lösung
von speziellen Benutzerproblemen ermöglichen als die vorgegebenen
Anweisungen.

7.1 Entwicklung der Mikroprogrammierung

Die Mikroprogrammierung hat bisher drei Phasen durchlaufen.

<u>1. Phase</u>: Ursprünglich wurde die Mikroprogrammierung von Entwick-
lungsingenieuren "erfunden", um den Bau von Rechenanlagen zu er-
leichtern. Der Kontrollspeicher enthielt Muster der Kontrollsignale,
die in jedem Zyklus zu den Kontrollpunkten geschickt wurden. Zur
Realisierung benutzte man einfach Diodenmatrizen.

Am besten läßt sich diese Vorgehensweise am sog. Wilkes-Schema de-
monstrieren (Bild 7.1).

Dieses Schema ist technisch sehr einfach, bringt aber Geschwindig-
keitsprobleme mit sich. Die einzelnen Verarbeitungszyklen sind relativ lang, was aber bei früheren Rechnern mit großen Hauptspeicher-
Zykluszeiten nicht ins Gewicht fiel. Mit geringer werdenden Zykluszeiten der Hauptspeicher lassen sich aber nicht mehr genügend Verarbeitungszyklen durchführen.

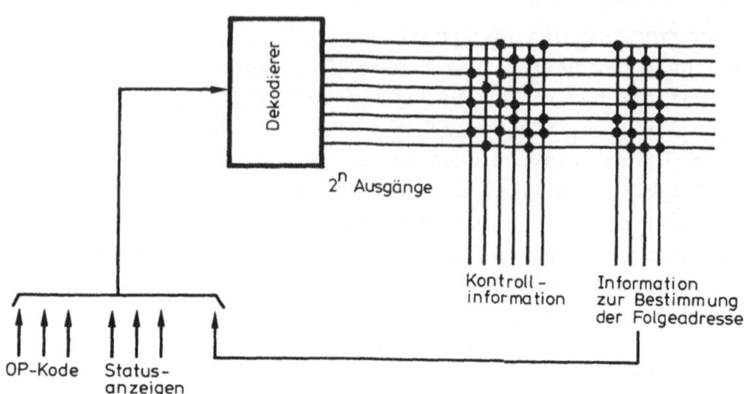

Bild 7.1: Wilkes - Schema

2. Phase: Die 2. Phase ist dadurch gekennzeichnet, daß sich Haupt-
speicherzyklus- und Prozessorzykluszeit immer mehr voneinander ent-
fernten. In den frühen sechziger Jahren ging die Hauptspeicherzykluszeit auf unter 1 µsec herunter - die besten Zugriffszeiten für
"Read-only"-Speicher lagen bei 200 bis 400. nsec.

Mit der Einführung des Systems IBM/360 zu Beginn des Jahres 1964
kam allerdings eine sehr wichtige Anwendung in das Gebiet der Mikroprogrammierung herein, die die oben geschilderten technologischen
Schwierigkeiten überdeckte. Es handelte sich hierbei um die Emula-
tion verschiedener Maschinen (d.h. ihrer Maschinensprache) auf
einer Hardware.

Ein Maschinenbefehl ist durch eine Folge von Mikroinstruktionen
charakterisiert. Ersetzt man diese Folge durch ein anderes Mikroprogramm, so wird ein anderer Maschinenbefehl simuliert. Da dieser
Simulationsvorgang unter der Maschinensprachenebene, d.h. unter der
Softwareebene abläuft, bezeichnet man ihn als E m u l a t i o n.

3. Phase: Die dritte Phase beginnt etwa 1970, als erstmals schnelle
Lese-Schreibspeicher entwickelt wurden, die dieselbe Geschwindigkeit hatten wie die logischen Schaltkreise. Der schreibbare Kontrollspeicher stellt eine wichtige Neuerung dar, da nun der Kontrollspeicher echt in die Speicherhierarchie, die vom Benutzer angesprochen werden kann, integriert ist. Damit konnte man den Übergang zu mikroprogrammierbaren Rechnern vollziehen, bei denen der
Inhalt des Kontrollspeichers verändert werden kann.

7.2 Kontrollspeicher

Der Kontrollspeicher wird charakterisiert durch seine Struktur, seine Größe, seine Geschwindigkeit, die mit ihm verbundenen Register und den Ladevorgang.

Die wichtigsten Strukturen von Kontrollspeichern sind:
- gewöhnliches Speicherfeld mit einer Mikroinstruktion pro Wort
- Speicherfeld mit zwei Mikroinstruktionen pro Wort
- Aufteilung in Blöcke (Seiten) - Diese Struktur hat Auswirkungen auf den Aufbau von Kontrollspeicheradressen. Man unterscheidet zwischen Adressen, die im selben Block wie die betrachtete Mikroinstruktion liegen, und Adressen in anderen Blöcken. Letztere sind länger als die Adressen der ersten Form.
- Aufgeteilter Kontrollspeicher:

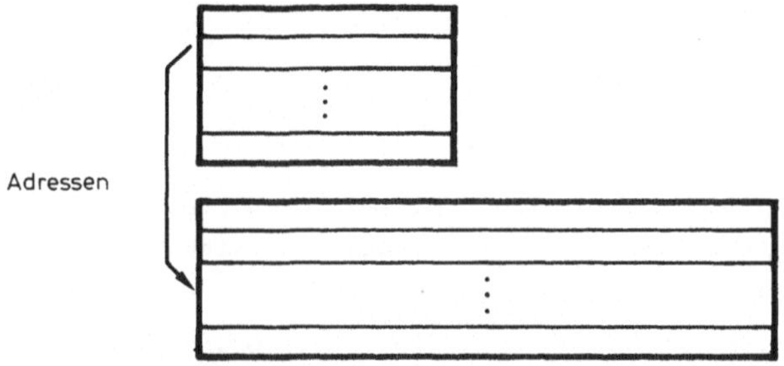

Bild 7.2: Aufgeteilter Kontrollspeicher

Bei dieser Form (Bild 7.2) unterscheidet man zwei Speichereinheiten mit unterschiedlicher Wortlänge. Die Mikroinstruktionen in dem Speicher mit der kleineren Wortgröße dienen zum Transport von Konstanten, die in der Instruktion enthalten sind, zu einem oder mehreren Maschinenregistern oder zur Initialisierung von Mikroinstruktionen im zweiten Speicher. Die dort untergebrachten längeren Instruktionen gestatten eine komplexere Kontrolle der Hardware-Komponenten, so daß letztlich weniger Speicherplatz zur Realisierung bestimmter Mikroprogramme benötigt wird.
- Zweistufiger Kontrollspeicher:
Die Mikroinstruktionen der unteren Speicherstufe interpretieren bei dieser Struktur (Bild 7.3) die Instruktionen der oberen Stufe, was mit der Interpretation von Maschinenanweisungen durch gewöhnliche Mikroinstruktionen vergleichbar ist.

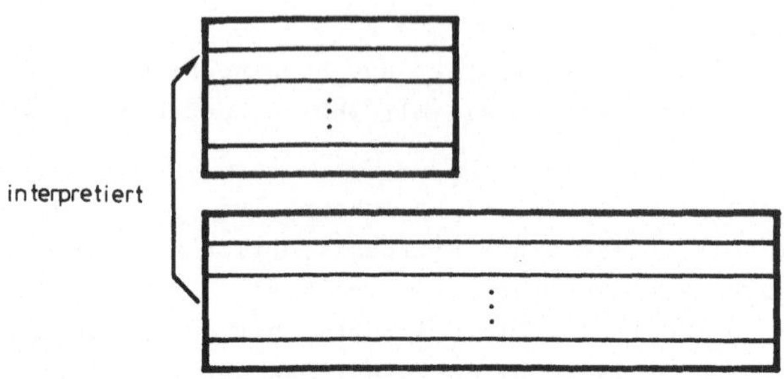

Bild 7.3: Zweistufiger Kontrollspeicher

- Pufferspeicherorganisation:
  Die Mikroinstruktionen sind entweder im Hauptspeicher oder einem
  Pufferspeicher untergebracht, ausgeführt werden sie aber von einem
  sehr schnellen Kontrollspeicher her.
- Hauptspeicher als Kontrollspeicher:
  Mikroprogramme lassen sich auch im Hauptspeicher ablegen, so daß
  dieser die Funktion eines Kontrollspeichers erhält.

Die Größe des Kontrollspeichers wird bestimmt durch die Länge eines
Wortes bzw. einer Mikroinstruktion (siehe dazu nächsten Abschnitt)
und der Anzahl von Worten.

Bei mikroprogrammierten Rechnern hängt die letzte Größe von den
mikroprogrammierten Maschinenanweisungen ab. Bei Rechnern, die vom
Benutzer mikroprogrammiert werden können, hängt die Länge des Kontrollspeichers von den Adressierungsmöglichkeiten innerhalb der Mikroinstruktionen ab. Typische Größen bewegen sich zwischen 256 und
4096 Worten.

Der Teil des Kontrollspeichers, in dem sich die vom Hersteller mit-
gelieferten Mikroprogramme befinden, wird durch ROM-Speicher realisiert, während der vom Benutzer veränderbare Teil in der Regel durch
RAM-Speicher (gebräuchliche Bezeichnung: WCS - writable control
store) realisiert wird.

Die Geschwindigkeit des Kontrollspeichers ist die kritischste Größe
in einem mikroprogrammierten System, da hiervon letztlich die Verarbeitungsgeschwindigkeit abhängt. Technisch realisierbar sind heutzutage Speicher mit einer Zugriffszeit von 50 nsec. Allerdings gilt
auch die Bemerkung von Kap. 2, daß mit der Verwendung schnellerer
Technologie gleichzeitig höhere Kosten verbunden sind. Als Faustre-

regel kann man festhalten, daß das Verhältnis zwischen Hauptspeicher-
und Kontrollspeichergeschwindigkeit bei Maschinen, die vom Benutzer
mikroprogrammierbar sind, in der Größenordnung von 2:1 bis 10:1
liegt.

Dem Kontrollspeicher sind eine Reihe von Registern zugeordnet. Dazu gehören der Mikroinstruktionszähler (MIZ), das Mikroinstruktions-
register (MIR), das Kontrollspeicheradreßregister (KSAR) und das
Kontrollspeicherdatenregister (KSDR). Letzteres entfällt in der Regel bei mikroprogrammierten Rechnern.

Das Laden des Kontrollspeichers wird bei mikroprogrammierbaren Rechnern sehr unterschiedlich gehandhabt. Bei einigen wird dieser Vorgang wie eine Ein/Ausgabeoperation realisiert, bei anderen gibt es
spezielle Maschinen- oder Mikroinstruktionen. Allerdings ist zu sagen, daß nicht jeder Hersteller das Laden durch den Benutzer unterstützt. Es wird dann meistens keine Information über das Format der
Mikroinstruktionen und den Ladevorgang zur Verfügung gestellt. Ähnlich sieht es bei der Verwendung von ROMs aus, wo man in den sel-
tensten Fällen etwas über die exakte Struktur verlautbaren läßt.

7.3 Entwurf von Mikroinstruktionen

Mikroinstruktionen müssen diejenige Information enthalten, die zur
Steuerung und Durchführung von Interpretationsabläufen notwendig
ist. Obwohl die Elementarschritte, die letztlich angestoßen werden
können, beim Entwurf eines Prozessors festgelegt werden, gibt es
vielfältige Möglichkeiten, diese in Mikroinstruktionen darzustellen.
Das Hauptinteresse liegt dabei in der Frage, wieviele Hardwarekomponenten (repräsentiert durch ihre Kontrollpunkte) eine Mikroinstruktion kontrollieren kann.

7.3.1 Vertikale Mikroinstruktionen

V e r t i k a l e   M i k r o i n s t r u k t i o n e n repräsentieren im allgemeinen eine einzige Elementaroperation (vgl. Kap. 6),
sind damit also mit den Anweisungen der Maschinensprachenebene vergleichbar.

Beispiel 7.1 Die Burroughs B1700 Serie verfügt über 30 vertikale
Mikroinstruktionen, die eine Länge von 16 Bit haben. Der Kontrollspeicher kann max. 2048 Worte umfassen bei einer Zugriffszeit von
166 2/3 nsec.

7.3.2 Horizontale Mikroinstruktionen

Im Gegensatz dazu können in h o r i z o n t a l e n M i k r o -
i n s t r u k t i o n e n eine Menge von Elementaroperationen oder
die dazu notwendigen Elementarschritte spezifiziert werden. Charakteristisch ist, daß alle parallel ablaufen können.

Im Extremfall lassen sich mit einer horizontalen Mikroinstruktion
sämtliche Hardwarekomponenten gleichzeitig kontrollieren, so daß es
auch nur eine Instruktionsform gibt. Daraus wird deutlich, daß sie
mehr Information enthalten als vertikale Mikroinstruktionen und demzufolge auch länger sind. Allerdings muß man einschränkend sagen,
daß die Programmierung mit horizontalen Mikroinstruktionen erheblich
größere Schwierigkeiten bereitet als mit vertikalen.

Bemerkung: In der Literatur werden die Begriffe horizontal und vertikal häufig anders definiert. Eine Mikroinstruktion wird horizontal genannt, wenn für jeden Elementarschritt ein eigenes Bit vorgesehen ist. Sind einzelne oder alle Elementarschritte kodiert, so
spricht man dort von vertikalen Mikroinstruktionen. Die Unterscheidung stützt sich also auf die Form der Kodierung, die bei uns vollkommen losgelöst betrachtet wird (vgl. Abschn. 7.3.4).

Beispiel 7.2: Die Varian V73 besitzt ein horizontales Mikroinstruktionsformat von 64 Bit Länge. Die Zykluszeit des max. 2048 Worte
großen Kontrollspeichers beträgt 165 nsec für den als ROM und
190 nsec für den als WCS realisierten Teil.

7.3.3 Diagonale Mikroinstruktionen

Wie wir bereits in Kap. 6 im Zusammenhang mit der Beispielarchitektur gesehen haben, können Elementaroperationen sehr komplex werden,
was durch die schnelle technologische Entwicklung gefördert wird.
Man kann daher oft nur schwer zwischen vertikal und horizontal unterscheiden. Instruktionen, die im wesentlichen eine Elementaroperation beschreiben, darüberhinaus aber in begrenztem Umfang die
Spezifizierung anderer Elementaroperationen zulassen, werden manch-
mal auch d i a g o n a l e M i k r o i n s t r u k t i o n e n
genannt.

Beispiel 7.3 Die Interdata Modell 85 weist diagonale Mikroinstruktionen von 32 Bit Länge auf. Der max. 2048 Worte große Kontrollspeicher kann zur einen Hälfte als ROM und zur anderen Hälfte als
WCS realisiert werden. Die Zugriffszeiten betragen 60 nsec bzw.
150 nsec.

Halten wir als wichtig fest, daß die Eigenschaft einer Mikroinstruktion, vertikal, horizontal oder diagonal zu sein, davon ab-

hängt, wieviele Elementaroperationen und damit wieviele Hardwarekomponenten sie beschreibt.

7.3.4 Kodierung

Der Grad an Kodierung innerhalb einer Mikroinstruktion beeinflußt
ihre äußere Form und ihre Länge.

Bei vertikalen Mikroinstruktionen sind in aller Regel auszuführende
Operation und die Operanden kodiert, so daß wir es im wesentlichen
mit der gleichen Form wie bei Maschinenanweisungen zu tun haben.

Bei diagonalen und horizontalen Instruktionen sieht die Vorgehensweise etwas anders aus.

Im einfachsten Fall findet keinerlei Kodierung statt, so daß jedes
Bit genau einen Elementarschritt beschreibt (vgl. Wilkes-Schema).

Bei der e i n s t u f i g e n oder d i r e k t e n K o d i e -
r u n g faßt man die Elementarschritte oder -operationen, die eine
Hardwarekomponente ausführen kann, in Feldern zusammen, die sich
gegenseitig ausschließende Operationen enthalten (Bild 7.4).

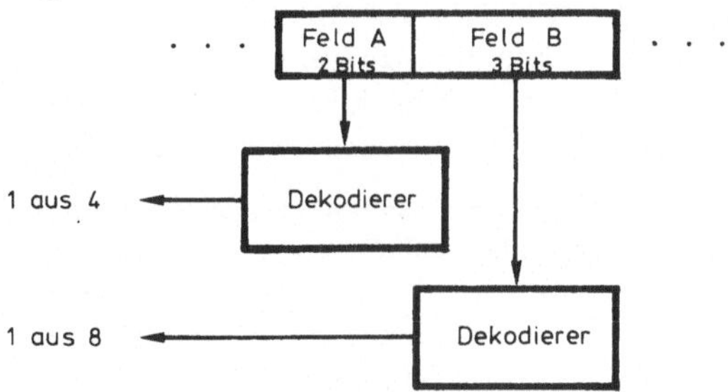

Bild 7.4: Einstufige Kodierung

Die Dekodierer für die einzelnen Felder sind teilweise Bestandteil
des Bausteins (Chips), der die zugehörige Hardwarekomponente enthält. Ebenso wie bei der einstufigen geht man bei der z w e i -
s t u f i g e n K o d i e r u n g vor. Hier hängt allerdings die
Bedeutung eines Feldes nicht nur von seinem eigenen Wert ab, sondern auch von anderen Werten. Diese können in anderen Feldern der
Mikroinstruktion untergebracht sein (man spricht dann von B i t -
s t e u e r u n g (engl.: bit steering) oder in Maschinenregistern,
so daß die Interpretation vom Maschinenzustand abhängt (diesen Fall
bezeichnet man als F o r m a t v e r s c h i e b u n g, engl.:
format shifting).

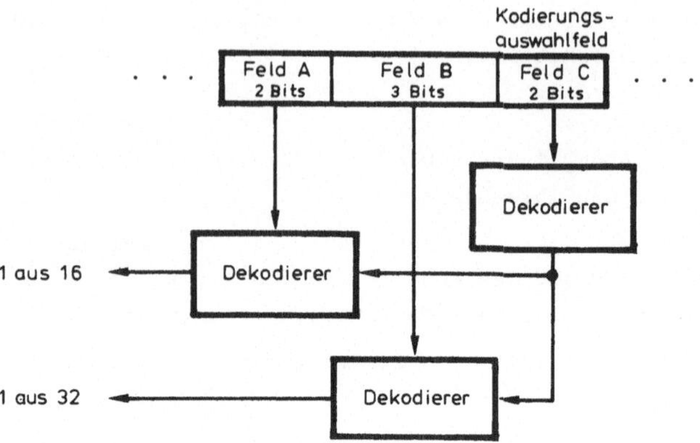

Bild 7.5: Zweistufige Kodierung

7.3.5 Kontrollstrukturen in Mikroinstruktionen

Während der Ausführung einer Mikroinstruktion muß die Adresse derjenigen Mikroinstruktion bestimmt werden, die als nächstes ausgeführt werden soll. Dies kann prinzipiell auf zwei Arten geschehen:
- Die Adresse der nächsten Mikroinstruktion ist um eins höher als
  die Adresse der Mikroinstruktion, die sich zur Zeit in Ausführung
  befindet. Realisiert wird das ganze durch einen Inkrementierer,
  der auf das Kontrollspeicher-Adreßregister wirkt.

  Eine Änderung des Kontrollflusses geschieht durch spezielle
  Sprunganweisungen (bedingt oder unbedingt), die eine neue Adresse
  in das MIZ bringen. Sie stellen also eine Realisierung der Konvertierungsoperationen des vorigen Kapitels dar und werden vor-
  wiegend bei vertikalen Mikroinstruktionen verwendet.

  Als spezielle Sprunganweisung wird vielfach ein SKIP verwendet,
  das eine Erhöhung des Mikroinstruktionszählers um 2 bewirkt.

- Jede Mikroinstruktion enthält die Adresse seiner Folgemikroin-
  struktion, so daß der Kontrollspeicher als verbundene Liste organisiert wird. Bedingte Sprünge kann man einmal dadurch realisieren, daß man verschiedene Adressen in der Mikroinstruktion auf-
  führt, wobei die Auswahl einer bestimmten Adresse von bestimmten
  Bedingungen abhängig gemacht wird.

  Eine weniger speicherplatzaufwendige Version sieht so aus, daß
  bestimmte Bits innerhalb des Adreßfeldes für die nächste Mikroin-

struktion in Abhängigkeit von bestimmten Bedingungen gesetzt werden (Bild 7.6).

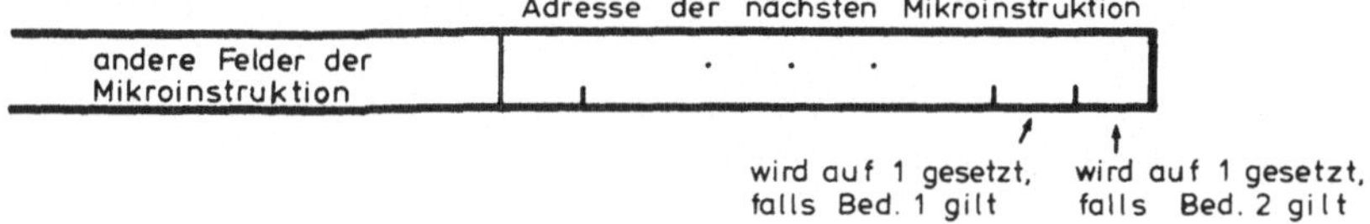

Bild 7.6: Kontrollverlagerung durch Modifizierung einer vorgegebenen Adresse

Die zuletzt besprochenen Möglichkeiten der Kontrollverlagerung werden in erster Linie bei horizontalen Mikroinstruktionen benutzt.

7.3.6 Residente Kontrolle

Alle bisher beschriebenen Elementarschritte und -operationen sowie die daraus resultierenden Mikroinstruktionen haben einen direkten Kontrollmechanismus beschrieben, d.h. die sie beschreibenden Information wurde direkt in Kontrollsignale für die entsprechenden Hardwarekomponenten umgewandelt.

Beim Prinzip der r e s i d e n t e n K o n t r o l l e werden die Hardwarekomponenten durch sog. S e t u p - R e g i s t e r kontrolliert. Diese zeigen entweder den auszuführenden Elementarschritt oder ein anzusprechendes Register an. Mikroinstruktionen haben hierbei nur die Aufgabe, den Inhalt eines oder mehrerer dieser Register zu ändern (Bild 7.7). Die Information in den Setup-Registern wirkt bis zu ihrer Veränderung, d.h. ein in mehreren aufeinanderfolgenden Zyklen auszuführender Elementarschritt muß nur einmal spezifiziert werden.

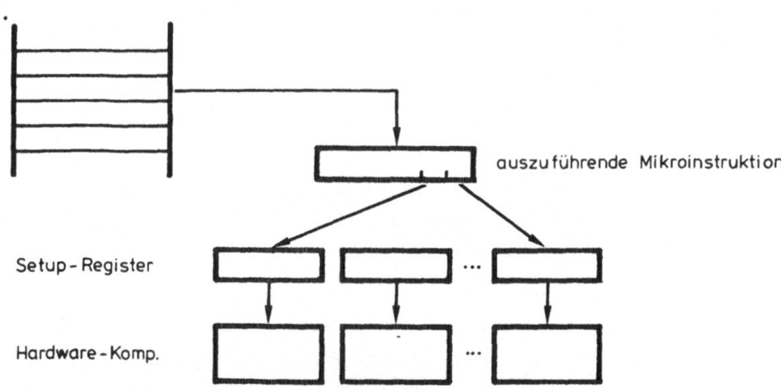

Bild 7.7: Prinzip der residenten Kontrolle

Eine Variation dieses Schemas sieht so aus, daß ein direkter Wert aus der Mikroinstruktion und der Inhalt eines Setup-Registers kombiniert werden, um daraus den auszuführenden Elementarschritt zu ermitteln.

7.3.7 Kontrollspeicherkonstanten

In vielen Fällen kann innerhalb einer Mikroinstruktion eine Konstante spezifiziert werden, die man dann als K o n t r o l l s p e i c h e r k o n s t a n t e bezeichnet. Sie macht das Setzen von Konstanten in Registern überflüssig.

7.4 Implementierung von Mikroinstruktionen

Die Durchführung von Mikroinstruktionen besteht wie die der Maschinenanweisungen aus den drei Phasen Holen, Dekodieren und Ausführen. Diese werden aber hardwaregesteuert durchgeführt.

Da Mikroinstruktionen relativ einfach sind im Vergleich zu Maschinenanweisungen, bringt ihre Implementierung viel weniger Probleme mit sich. Allerdings ist es auf dieser Ebene für den Programmierer äußerst wichtig, das Zeitverhalten des Rechners bei der Abarbeitung der Mikroinstruktionen zu kennen.

Bei der M o n o p h a s e n - I m p l e m e n t i e r u n g wird der Zyklus der Basisuhr als Prozessorzyklus gewählt. Jede Mikroinstruktion wird in einem Prozessorzyklus abgearbeitet (Bild 7.8).

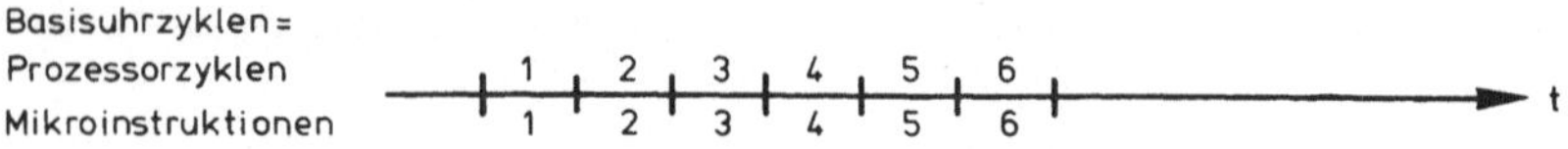

Bild 7.8: Monophasen-Implementierung von Mikroinstruktionen

Bei der P o l y p h a s e n - I m p l e m e n t i e r u n g setzt sich der Prozessorzyklus aus mehreren Zyklen der Basisuhr zusammen. Letztere werden als die Teilzyklen des Prozessorzyklus aufgefaßt, die ein Generieren von Kontrollsignalen zu unterschiedlichen Zeitpunkten (bezogen auf den Prozessorzyklus) ermöglichen.

Wird jede Mikroinstruktion in einem Prozessorzyklus ausgeführt, der aus einer festen Anzahl von Basisuhrzyklen besteht, so spricht man von einer s y c h r o n e n P o l y p h a s e (Bild 7.9).

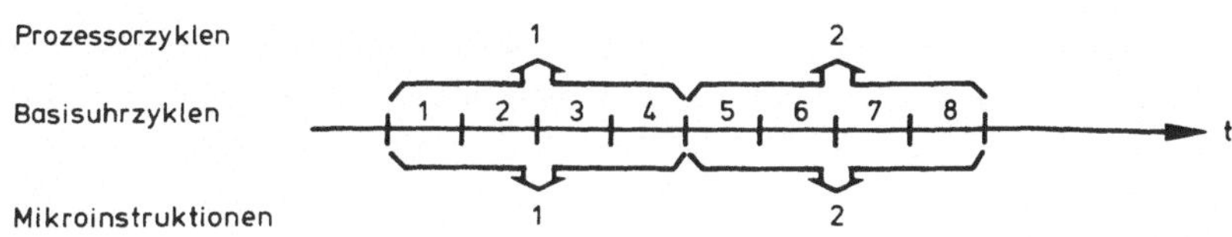

Bild 7.9: Implementierung von Mikroinstruktionen mittels synchroner Polyphase

Wird dagegen für jede Mikroinstruktion eine durch ihre Komplexität
bestimmte, unterschiedliche Anzahl von Basisuhrzyklen festgelegt,
so spricht man von einer a s y n c h r o n e n P o l y p h a s e
(Bild 7.10).

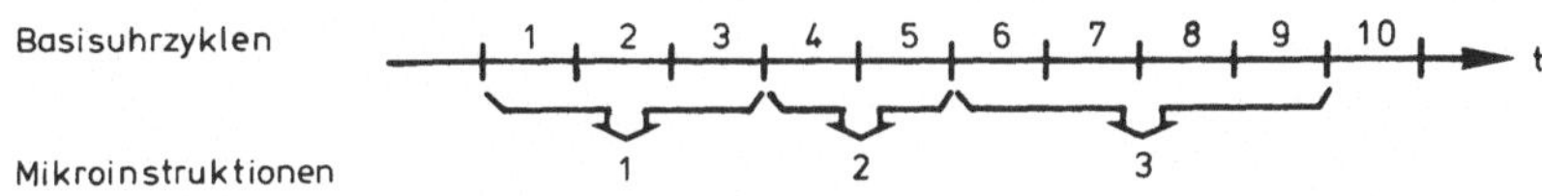

Bild 7.10: Implementierung von Mikroinstruktionen mittels asynchroner Polyphase

7.5 Horizontale Mikroinstruktionen für die Beispielarchitektur

In diesem und in dem folgenden Abschnitt wollen wir untersuchen,
wie horizontale und vertikale Mikroinstruktionen für die in Abschn.
6.4 vorgestellte Beispielarchitektur aussehen können. Der zugrunde
gelegte Kontrollspeicher soll 4096 Speicherzellen haben.

Wir beginnen mit der horizontalen Form, da das hohe Maß an Parallelität, das die zahlreichen Datenwege in der Beispielarchitektur ermöglichen, hierbei am weitestgehenden ausgenutzt werden kann.

Wir werden im nachfolgenden ein horizontales Mikroinstruktionsformat diskutieren, das sich aus vier Feldergruppen zusammensetzt:

- eine Gruppe für Hauptspeicheroperationen sowie Transfer von und
  nach SAR und SIR,
- eine Gruppe für ALU- und Shifter-Operationen,
- eine Gruppe für Ein/Ausgabe und Interrupts,
- eine Gruppe für die Bestimmung der nächsten Mikroinstruktion im
  Kontrollspeicher.

Innerhalb der einzelnen Gruppen werden nicht Elementaroperationen
spezifiziert, sondern aus Gründen der Flexibilität die in 6.4.6 angegebenen Elementarschritte. Die Implementierung der Mikroinstruktion soll in Form einer synchronen Polyphase vorgenommen werden,

wobei das in Kap. 6 gewählte Zeitverhalten gelten soll, was insbesondere bedeutet, daß der Kontrollspeicher eine Zugriffszeit von 50 nsec haben muß und daß in einem Prozessorzyklus das Dekodieren und Ausführen einer Mikroinstruktion und das Holen der nächsten stattfindet.

Die erste Feldergruppe der Mikroinstruktion gliedert sich in fünf Felder (Bild 7.11), die folgende Bedeutung haben:

HSPOP - Hauptspeicheroperation

  00 : keine Operation
  01 : lesen
  10 : schreiben

TR1 - Transfer 1

  00 : keine Operation
  01 : REG_{0-15} nach SAR
  10 : IR nach SAR
  11 : ITR nach SAR

REG1 - Registerspezifizierung für Transfer 1

  0000 bis 1111 : REG_{0-15} des Registerfeldes

TR2 - Transfer 2

  000 : keine Operation
  001 : REG_{0-15} nach SIR
  010 : IR nach SIR
  011 : SIR nach REG_{0-15}
  100 : SIR nach IR

REG2 - Registerspezifizierung für Transfer 2

  0000 bis 1111 : REG_{0-15} des Registerfeldes

Als Erläuterung zur getroffenen Entwurfsentscheidung ist zu sagen, daß für den Datentransport von und zum SIR nur ein Feld benötigt wird, da bei der gedachten Implementierung ein Transfer nur in einer Richtung in einem Prozessorzyklus stattfinden kann.

Für die Gruppe der ALU- und Shifter-Operationen gibt es insgesamt zwölf Felder (Bild 7.11):

AEL - ALU-Eingabe links

  0000 bis 1111 : REG_{0-15} des Registerfeldes

AER - ALU-Eingabe rechts

  0000 bis 1111 : REG_{0-15} des Registerfeldes

CS - Carry-Schalter

  0 : Carry-Schalter in Stellung 0
  1 : Carry-Schalter in Stellung 1

SS - Shifter-Schalter

  0 : Shifter-Schalter in Stellung 0
  1 : Shifter-Schalter in Stellung 1

CST - Carry-Steuerung

  000 : setze CE auf null
  001 : setze CE auf eins
  010 : setze CA auf null
  011 : setze CA auf eins
  100 : ALU-Carry nach CE und CA
  101 : ALU-Carry nach CA
  110 : Wert an Carry-Schalter nach CA

M - Modus der ALU-Operationen

  0 : logische Operationen
  1 : arithmetische Operationen

FKT - Spezifizierung der auszuführenden ALU-Operation

  0000 bis 1111 : logische oder arithmetische Operation der ALU
                  gemäß Bild 6.3

R - Richtung der Shiftoperation

  0 : Shift nach links
  1 : Shift nach rechts

E/D - Spezifizierung einfacher/doppeltlanger Shift

  0 : einfacher Shift
  1 : doppeltlanger Shift

SOP : Spezifizierung der Shiftart

  00 : keine Operation
  01 : logisch
  10 : arithmetisch
  11 : zirkular

AA - ALU-Ausgabe

  0000 bis 1111 : REG_{0-15} des Registerfeldes zur Aufnahme der
                  ALU-Ausgabe

SA - Shifter-Ausgabe

  0000 bis 1111 : REG_{0-15} des Registerfeldes zur Aufnahme der
                  Shifter-Ausgabe

Für den Ein/Ausgabe-Komplex sind die folgenden fünf Felder bestimmt:

EAOP - von der E/A-Steuerung auszuführende Operation

  000 : keine Operation
  001 : Leseoperation
  010 : Schreiboperation
  011 : Lesen eines Gerätestatus
  100 : Setzen eines Gerätestatus
  101 : Löschen des aktuellen Interrupts

EATR1 - Transfers von und zu den Registern der E/A-Steuerung

  000 : keine Operation
  001 : REG_{0-15} nach EADR
  010 : REG_{0-15} nach EASR
  011 : REG_{0-15} nach ITR
  100 : EADR nach REG_{0-15}
  101 : EASR nach REG_{0-15}
  110 : ITR nach REG_{0-15}

EAREG1 - Registerspezifizierung für EATR1

  0000 bis 1111 : REG_{0-15} des Registerfeldes

EATR2 - Transfer zum EAAR der E/A-Steuerung

  0 : keine Operation
  1 : REG_{0-15} nach EAAR

EAREG2 - Registerspezifizierung für EATR2

  0000 bis 1111 : REG_{0-15} des Registerfeldes

Bei der Zweiteilung der Transferoperationen von und zu den Registern
der E/A-Steuerung stand wiederum das Ziel im Vordergrund, das
größtmögliche Maß an Parallelität, soweit dies ausgenutzt werden
kann, zu gewährleisten.

Die letzten neun Felder dienen zur Adressierung des Kontrollspeichers, d.h. sie dienen zur Bestimmung der Folgeadresse einer Mikroinstruktion. Das erste Feld spezifiziert, wie diese Folgeadresse
gebildet wird:

SPA - Spezifizierung der Sprungart

  00 : kein Sprung, d.h. MIZ:= MIZ+1
  01 : unbedingter Sprung
  10 : Skip
  11 : bedingter Sprung

Falls ein bedingter Sprung auszuführen ist, muß das nächste Feld
mit entschlüsselt werden. Es gibt an, ob der Sprung von Statusanzeigen oder vom Inhalt des IR abhängig gemacht werden soll.

B' - Spezifizierung eines bedingten Sprungs

  00 : Sprung, abhängig von der Statusanzeige
  01 : Sprung, abhängig vom IR
  10 : Sprungart wie 01, jedoch abhängig von Statusanzeigen

Im ersten Fall kommen als Testobjekt die insgesamt 12 Statusanzeigen der Beispielarchitektur in Frage. Für eine flexible Überprüfung
könnte man ein zwölf Bit langes Feld vorsehen, in dem jeder Anzeige

ein Feld zugeordnet wäre. Zur Spezifizierung derjenigen Anzeigen, von denen der Sprung abhängig gemacht werden soll, benötigte man ein ebenso langes Maskenregister. Diese Lösungsmöglichkeit wollen wir nicht wählen, da sie einmal viel Aufwand an Kontrollspeicherplatz bedeutet und zum anderen in der Regel nicht mehr als zwei Statusanzeigen gleichzeitig geprüft werden. Stattdessen benutzen wir die drei folgenden Felder:

ST1 - Spezifizierung der ersten Statusanzeige
  0000 bis 1011 : Nummer einer der vorhandenen Statusanzeigen

ST2 - Spezifizierung der zweiten Statusanzeige
  0000 bis 1011 : Nummer einer der vorhandenen Statusanzeigen
     1100   : zweite Statusanzeige wird nicht benötigt

W - Belegung der beiden Statusanzeigen, die zum Sprung führen soll.

Wohin bedingt oder unbedingt gesprungen werden soll, wird mit Hilfe des nächsten Feldes spezifiziert:

RELSP - Relative Sprungadresse
Dieses 12 Bit lange Feld wird mittels der Operation "Exklusives Oder" mit den zwölf Bits des Mikroprogrammzählers verknüpft und ermöglicht somit das Überspringen des gesamten Kontrollspeichers.

Ist das B-Feld auf "01" gesetzt, so soll der Inhalt des Instruktionsregisters zur Bildung der Folgeadresse herangezogen werden. Wir lassen Felder zu, die an beliebiger Bitposition beginnen und maximal acht Bit lang sein können, wobei sich dieses Feld wegen der üblichen Bitnumerierung vom Startbit aus nach rechts erstreckt.

ANFIR - Anfangsbit eines Feldes im IR
LG - Länge des Feldes im IR

Das ausgewählte Feld wird in das Feld RELSP kopiert und zwar beginnend mit der im letzten Feld ANFSP spezifizierten Anfangsposition. RELSP wird anschließend wie oben beschrieben mit dem Mikroprogrammzähler verknüpft.

Die dritte Möglichkeit des bedingten Sprungs lehnt sich an die zuletzt beschriebene Form an. Statt eines Feldes aus dem IR werden die Statusbits, die in ST1 und ST2 spezifiziert sind, gemäß Feld ANFSP in die relative Sprungadresse kopiert.

An dieser zuletzt beschriebenen Möglichkeit, den Mikroprogrammzähler
zu modifizieren, wird deutlich, wie die in 6.4.10 benutzten Konvertierungsoperationen realisiert werden können. Man bringt beispielsweise für die Entschlüsselung von Operationkodes eine Tabelle im
Kontrollspeicher unter, die Sprungoperationen an den Anfang der
entsprechenden Mikroprogramme enthält. Die richtige Sprungoperation
wird dadurch ermittelt, daß der Operationskode aus dem IR zur Modifizierung der Tabellenanfangsadresse benutzt wird.

Die im Verlaufe dieses Abschnitts vorgestellte Mikroinstruktion ist
vollständig in Bild 7.11 dargestellt. Sie hat eine Länge von insgesamt 96 Bit. Reale Rechner verfügen nicht über derartig lange Mikroinstruktionen. Das liegt entweder daran, daß nicht so eine große
Parallelität wie in der Beispielarchitektur vorhanden ist, oder daran, daß man die Länge durch bestimmte Maßnahmen reduziert. Zu diesen Maßnahmen gehören eine zweistufige Mikroprogrammierung (s. zweistufige Kontrollspeicher) oder eine größere Mehrstufigkeit bei der
Kodierung der Felder.

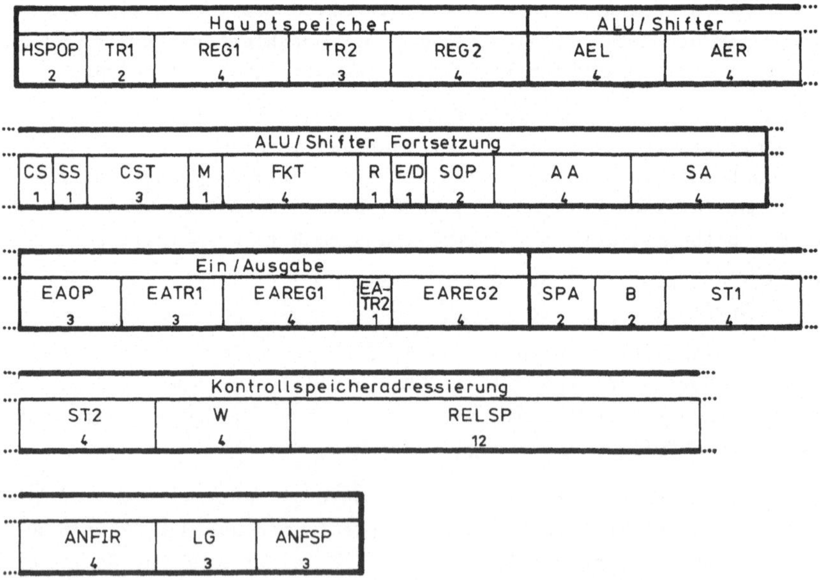

Hauptspeicher					ALU / Shifter	
HSPOP	TR1	REG1	TR2	REG2	AEL	AER
2	2	4	3	4	4	4

ALU / Shifter Fortsetzung									
CS	SS	CST	M	FKT	R	E/D	SOP	A A	S A
1	1	3	1	4	1	1	2	4	4

Ein / Ausgabe							
EAOP	EATR1	EAREG1	EA-TR2	EAREG2	SPA	B	ST1
3	3	4	1	4	2	2	4

Kontrollspeicheradressierung		
ST2	W	RELSP
4	4	12

ANFIR	LG	ANFSP
4	3	3

Bild 7.11: Horizontale Mikroinstruktion für die Beispielarchitektur

7.6 Vertikale Mikroinstruktionen für die Beispielarchitektur

Wie wir bereits zu Beginn des letzten Abschnitts erwähnt haben,
kann das hohe Maß an Parallelität, das die Beispielarchitektur ermöglicht, am besten durch horizontale Mikroinstruktionen ausgenutzt
werden. Bezogen auf diesen Abschnitt kann man auch feststellen, daß
man für eine derartige Architektur in der Praxis keinen vertikalen
Mikroinstruktionssatz wählen würde. Dennoch wollen wir hier einen
solchen entwerfen, um den prinzipiellen Aufbau zu verdeutlichen.

Die vertikalen Mikroinstruktionen orientieren sich sehr stark an
den Elementaroperationen von Abschn. 6.4.7. Sie enthalten jeweils
einen Operationskode, der die Art der Instruktion anzeigt.

Es wird sich zeigen, daß eine Instruktionslänge von 16 Bit sinnvoll
ist.

Gruppe 1: Mikroinstruktionsformat für Datentransfer
Für die Beschreibung von Registertransfers sehen wir ein Mikroinstruktionsformat vor, das aus drei Feldern besteht, einem Feld für
den Operationskode und zwei Feldern für die Spezifizierung des
Quell- und Zielregisters. Die beiden letzteren sind fünf Bit lang,
erlauben also neben der Kodierung der Register des Registerfeldes
auch die Kodierung der übrigen Register (Bild 7.12 a).

Gruppe 2: Mikroinstruktionsformat für einstellige Transformationen
Die Mikroinstruktionen für einstellige Transformationen bestehen
aus vier Feldern, einem Feld für den Operationskode, einem Feld zur
Spezifizierung der auszuführenden Operation und zwei Feldern für
das Quell- und Zielregister (Bild 7.12 b). Als Operation sind alle
einstelligen Operationen von 6.4.7 denkbar mit Ausnahme der Shift-
Operationen, für die eigene Mikroinstruktionen vorhanden sind.

Gruppe 3: Mikroinstruktionsformat für Shiftoperationen
Die Mikroinstruktionen zur Spezifizierung von Shiftoperationen
(Bild 7.12 c) bestehen aus folgenden sechs Feldern:

- Operationskode
- Registerspezifizierung
- Angabe, ob einfacher oder doppeltlanger Shift
- Angabe, ob Shift nach links oder rechts

- Angabe der Shiftart (logisch, arithmetisch, zirkular)
- Shiftzähler, der angibt, um wieviele Stellen geshiftet werden
  soll.

Gruppe 4: Mikroinstruktionsformat für zweistellige Transformationen
Die Mikroinstruktionen für zweistellige Transformationen haben den
gleichen Aufbau wie die für einstellige Transformationen, die beiden Felder zur Registerspezifizierung bezeichnen jedoch die Quellregister. Die Angabe des Zielregisters entfällt, dieses wird implizit durch das erste Registerfeld spezifiziert. Wir haben es also
mit einer Zwei-Adreß-Struktur zu tun.

Gruppe 5: Mikroinstruktionsformat für Hauptspeicherzugriff
Für den Hauptspeicherzugriff legen wir die Elementaroperationen
LESEN* und SCHREIBEN* zugrunde. Wir benötigen also zwei Felder in-
nerhalb der Mikroinstruktion, eins für den Operationskode und eins
für die Spezifizierung der auszuführenden Hauptspeicheroperation
(Bild 7.12 d).

Gruppe 6: Mikroinstruktionsformat für Ein/Ausgabe
Analog zum Hauptspeicherzugriff werden wir in den Mikroinstruktionen für die Ein/Ausgabe nur die von der Ein/Ausgabesteuerung durch-
zuführende Operation spezifizieren (Bild 7.12 e).

Gruppe 7: Mikroinstruktionsformat für unbedingte Sprünge
Die Mikroinstruktionen für einen unbedingten Sprung bestehen aus
einem Feld für den Operationskode und einem zwölf Bit langen Feld
für eine relative Sprungadresse (Bild 7.12 f). Dieses wird wie bei
den horizontalen Mikroinstruktionen mittels des "Exklusiven Oders"
mit dem Mikroinstruktionszähler verknüpft.

Gruppe 8: Mikroinstruktionsformat für einfache bedingte Sprünge
Innerhalb dieser Gruppe wollen wir solche Mikroinstruktionen angeben, die so oder in ähnlicher Form bei fast allen Rechnern mit vertikalen Mikroinstruktionen vorkommen.

Wir unterscheiden vier Mikroinstruktionen, zwei für den Fall, daß
gesprungen werden soll, falls das angegebene Statusbit gesetzt ist,
und zwei für den Fall, daß gesprungen werden soll, falls das angegebene Statusbit nicht gesetzt ist. Für die Angabe des Statusbits
werden vier Bits benötigt, so daß für die relative Adresse nur noch
acht Bit verbleiben (Bild 7.12 g). Mit der Verknüpfung, die bei den

a) Registertransfer

OP - Kode	Quellregister	Zielregister	unbenutzt
4	5	5	2

b) Einstellige Transformationen

OP - Kode	Operation	Quellregister	Zielregister
4	4	4	4

c) Shiftoperationen

OP - Kode	Register	ED	LR	LAZ	Shiftzähler
4	4	1	1	2	4

d) Hauptspeicherzugriff

OP - Kode	LS	unbenutzt
4	1	11

e) Ein / Ausgabe

OP Kode	E/A-Operation	unbenutzt
4	3	9

f) Unbedingte Sprünge

OP - Kode	relative Sprungadresse
4	12

g) Bedingte Sprünge

OP - Kode	Statusbits	relative Sprungadresse
4	4	8

h) Komplexe bedingte Sprünge, die von zwei Statusbits abhängen

OP - Kode	Statusbit 1	Statusbit 2	Anfangsposition
4	4	4	4

i) Komplexe bedingte Sprünge, die vom Inhalt des IR abhängen

OP - Kode	Anfangsposition im IR	Länge	Anfangsposition in rel. Sprungadresse	unbenutzt
4	4	3	4	1

Bild 7.12: Vertikale Mikroinstruktionen für die Beispielarchitektur

unbedingten Sprüngen verwendet wird, ließen sich dann nur Sprünge
innerhalb eines durch die vorderen Bits des MIZ festgelegten Bereichs von 256 Kontrollspeicherworten durchführen. Aus diesem Grunde wird bei jedem der oben beschriebenen Sprungarten zwischen Vor-
wärts- und Rückwärtssprüngen unterschieden. Der Vorwärtssprung wird
durch Addition, der Rückwärtssprung durch Subtraktion der relativen
Adresse realisiert.

Gruppe 9: Mikroinstruktionsformat für komplexe bedingte Sprünge
Die Mikroinstruktionen der vorhergehenden Gruppe bleiben in ihren
Möglichkeiten weit hinter dem zurück, was innerhalb der horizontalen Mikroinstruktionen an bedingten Sprüngen spezifiziert werden
konnte. Wir wollen daher versuchen, derartige Möglichkeiten in unsere vertikale Struktur zu integrieren.

Um Sprünge über einen genügend großen Bereich des Kontrollspeichers
hinweg zu ermöglichen, erscheint eine Aufteilung eines komplexen
bedingten Sprungs in zwei Mikroinstruktionen sinnvoll. In der
ersten Instruktion, die den gleichen Aufbau hat wie der in Bild
7.12 f gezeigte, wird intern in der Kontrolleinheit eine 12 Bit
lange relative Sprungadresse gesetzt. In diese können dann durch
die beiden nachfolgend beschriebenen Mikroinstruktionen entweder
Statusbits oder Teile des IR kopiert werden.

- Die erste Mikroinstruktion (Bild 7.12 h) ermöglicht das Kopieren
  zweier Statusbits (Felder "Statusbit 1" und "Statusbit 2") in die
  vorher gesetzte relative Sprungadresse beginnend an der Position,
  die im letzten Feld spezifiziert ist.

- In der zweiten Mikroinstruktion (Bild 7.12 i) kann angegeben werden, welcher bis zu acht Bit lange Teil des IR in die vorher gesetzte relative Sprungadresse kopiert werden soll.

Zum Abschluß dieses Abschnitts sollen noch einige Bemerkungen zur
Implementierung der beschriebenen Mikroinstruktionen gemacht werden. Eine synchrone Polyphase für die Abarbeitung der Mikroinstruktionen erscheint nicht sinnvoll, da sie von unterschiedlicher Komplexität sind. Bei einer asynchronen Polyphase dagegen lassen sich
die einzelnen Mikroinstruktionen am ökonomischsten durchführen.

Für die weiteren Betrachtungen gehen wir wieder von einem 50 nsec
Uhrenzyklus und einem Kontrollspeicher mit einer Zugriffszeit von
50 nsec aus. Daraus ergibt sich, daß die Holphase für jede Mikro-

instruktion 50 nsec dauert. Für das Dekodieren ist kein großer Aufwand erforderlich, so daß wir es zeitmäßig in die Holphase bzw. Ausführungsphase integrieren können.

Die nachfolgende Übersicht gibt nun an, welche Zeit für die Durchführung der vorgestellten vertikalen Mikroinstruktionen benötigt wird, wobei wir uns an den in 6.4.10 genannten Zeiten orientieren.

Gruppe 1 : 100 nsec
Gruppe 2 : 250 nsec
Gruppe 3 : 250 nsec

Bemerkung: Bei dieser Zeit gehen wir davon aus, daß der Shifter die Verschiebung um die gewünschte Anzahl von Stellen in einem Shift durchführen kann, was beim heutigen technologischen Stand durchaus realistisch ist. Wäre nur eine Verschiebung um jeweils eine Stelle möglich, so ergäbe sich eine Gesamtzeit in nsec von

$$50 + 200 \times \text{Anzahl der Shiftpositionen.}$$

Gruppe 4 : 250 nsec
Gruppe 5 : 300 nsec   für lesenden Zugriff
           350 nsec   für schreibenden Zugriff

Bemerkung: Nach einer Leseoperation findet ein Registertransfer statt. Das Holen dieser Mikroinstruktion dauert aber 50 nsec, so daß also genau 350 nsec bis zum Lesen des SIR vergangen sind.

Nach einer Schreiboperation muß zunächst einmal eine neue Adresse ins SAR geschrieben werden, bevor eine neue Hauptspeicheroperation spezifiziert werden kann. Bis zum Anstoß dieser Operation sind dann mindestens 150 nsec vergangen, woraus sich die oben genannte Zeit erklärt.

Gruppe 6 : 250 nsec
Gruppe 7 : 100 nsec
Gruppe 8 : 100 nsec
Gruppe 9 : 100 nsec

Bemerkung: Um unnötige Wartezeiten auszuschließen, könnte man auch zwei Mikroinstruktionen "warte bis Zugriff beendet" und "warte bis Zyklus beendet" einführen, die sicherstellen können, daß der Zugriff auf gelesene Daten bzw. die Spezifizierung einer neuen Hauptspeicheroperation zum richtigen Zeitpunkt stattfindet. Die Durchführungszeit für die Instruktion der Gruppe 5 ließe sich dann auf 100 nsec senken.

8 Überlappung

Wir wollen uns in diesem Kapitel mit einem Verarbeitungsprinzip befassen, das zur Beschleunigung der in diesem Teil II beschriebenen Abläufe dient.

8.1 Das Prinzip der Überlappung

Zur Erläuterung dieses Prinzips gehen wir von einem kontinuierlich ablaufenden Verarbeitungsvorgang V aus, der sich in die (nicht notwendig gleichlangen) Teilschritte $v_1,\ldots,v_n$ aufteilen läßt. Wir sprechen von einer **Ü b e r l a p p u n g** zweier aufeinanderfolgender Verarbeitungsvorgänge V^t und V^{t+1}, wenn Teilschritte $v^t_{n-j},\ldots,v^t_n$ und $v^{t+1}_1,\ldots,v^{t+1}_k$ parallel abgearbeitet werden.

Sieht man für jeden Teilschritt eine eigene Bearbeitungsstation vor, die alle voneinander unabhängig sind und alle dieselbe Bearbeitungszeit haben, so können nach einer Anlaufphase von n-1 Schritten n aufeinanderfolgende Verarbeitungsvorgänge gleichzeitig bearbeitet werden. Man spricht in diesem Falle von einem **P i p e l i n i n g**.

In einem Prozessor finden wir die Verarbeitungsvorgänge

- Abarbeiten einer Mikroinstruktion und
- Abarbeiten (Interpretation) einer Maschinenanweisung.

Wir wollen im nachfolgenden untersuchen, wie hierauf das Prinzip der Überlappung angewendet werden kann und welche Probleme dabei auftauchen.

Prozessoren, die nach dem Pipelining-Prinzip arbeiten, zählt man i.a. nicht mehr zu den von-Neumann-Rechnern. Sie sollen daher an dieser Stelle nicht betrachtet werden.

8.2 Überlappung bei der Implementierung von Mikroinstruktionen

Wie wir in Kap. 7 gesehen haben, zerfällt die Abarbeitung einer Mikroinstruktion in Hol-, Dekodier- und Ausführungsphase. Bei einer **s e r i e l l e n   I m p l e m e n t i e r u n g** laufen diese Phasen für eine Mikroinstruktion i+1 erst nach denen von Mikroinstruktion i ab.

Bei einer **p a r a l l e l e n   I m p l e m e n t i e r u n g** nimmt
man eine Überlappung der Ausführungsphase von Mikroinstruktion i
und der Hol- und Dekodierphase von Mikroinstruktion i+1 vor.

Ein Problem bei dieser Implementierungsmethode wird deutlich, wenn
man an bedingte Sprünge denkt. In derartigen Fällen könnte die Hol-
und Dekodierphase erst nach Abschluß der Ausführungsphase der vorhergehenden Instruktion gestartet werden, da ja dann erst die Bedingungen für den Sprung bekannt sind.

Eine Kombination der beiden Implementierungsarten könnte so aussehen, daß nur dann eine serielle Ausführung stattfindet, wenn ein
bedingter Sprung erkannt wird.

Dieses Schema ließe sich noch dahingehend verbessern, daß man prinzipiell parallel ausführt und nur für den Fall, daß eine Sprungbe-
dingung erfüllt ist, in den seriellen Modus überwechselt (hierbei
würden zwei Hol- und Dekodierphasen hintereinander ausgeführt).

8.3 Überlappung bei der Interpretation von Maschinenanweisungen

Bei der Interpretation von Maschinenanweisungen haben wir es auch
wieder mit denselben Phasen wie bei den Mikroinstruktionen zu tun.
Um hier eine Überlappung durchführen zu können, müssen hardwaremäßig einige Voraussetzungen erfüllt sein:

- Es müssen parallele Datenwege zu solchen Komponenten vorhanden
  sein, die parallel arbeiten können.
- Für die Aufbereitung einer Anweisung (Adreßberechnungen) muß eine
  eigene ALU vorhanden sein, da sonst die zentrale ALU benutzt werden müßte, was aber bei den Ausführungsphasen der meisten Instruktionen eine Überlappung ausschließt.

Bei der Unterbrechung eines Programms, dessen Instruktionen über-
lappt interpretiert werden, besteht das Problem, den Zustand eindeutig festzuhalten. Die meisten Realisierungen sehen so aus, daß
in einen Zustand übergegangen wird, der einer nicht überlappten Ausführung entspricht. Zur Erläuterung dieser Vorgehensweise möge das
folgende Beispiel dienen.

Beispiel 8.1 Wir betrachten wieder Hol- und Dekodierphase getrennt,
wobei erstere das Holen zweier Anweisungen umfassen soll. Dies geschieht parallel zur Ausführungsphase der zweiten zuvor aufbereite-
ten Anweisung (Bild 8.1).

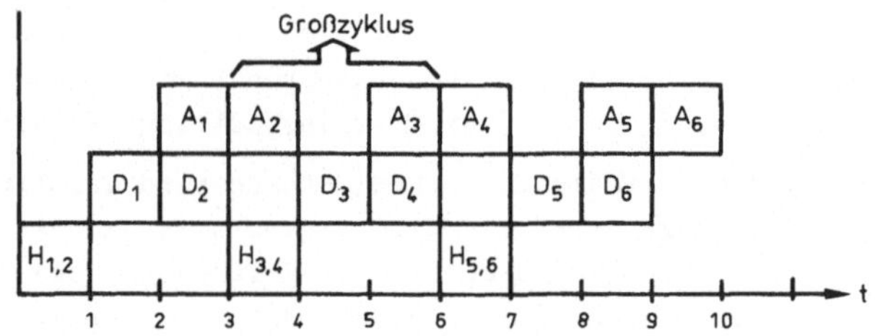

Bild 8.1: Überlappung für das Modell in Beispiel 8.1

Die Unterbrechung eines Programms geschieht nach Beendigung eines
Großzyklus. Damit hat man den Zustand, daß eine Instruktion zwischen
ihrer Aufbereitungs- und Ausführungsphase unterbrochen wurde.

Neben dem geschilderten Problem im Zusammenhang mit Unterbrechungen
taucht auch hier wie bei den Mikroinstruktionen das der bedingten
Sprünge auf, was sich analog lösen läßt.

8.4 Überlappung bei der Beispielarchitektur

Zum Abschluß dieses Kapitels wollen wir untersuchen, welche Möglichkeiten der Überlappung es bei unserer Beispielarchitektur gibt.

Bei der Implementierung der horizontalen Mikroinstruktionen wäre
eine Überlappung dann möglich, wenn kein bedingter Sprung ausgeführt wird. Das hätte allerdings zur Folge, daß keine synchrone
Polyphase mehr zugrunde gelegt werden könnte. Eine Überlappung würde man daher wohl nicht vornehmen.

Dagegen bietet sich die Überlappung bei der Implementierung der vertikalen Mikroinstruktionen geradezu an. Sie hätte hier zur Konse-
quenz, daß die Abarbeitungszeiten für die Instruktionen der Gruppen 1 bis 4, 6 und 7 um 50 nsec reduziert würden. Bei den Hauptspeicheroperationen dagegen müßten 50 nsec bzw. 100 nsec addiert
werden.

Bei den bedingten Sprüngen würde die Abarbeitungszeit 50 nsec betragen, wenn der Sprung nicht ausgeführt wird und 100 nsec, falls
er ausgeführt wird, wobei im letzteren Fall die Zeit für das Holen
und Dekodieren der nächsten Mikroinstruktion zur Abarbeitungszeit
des Sprungsbefehls dazu gerechnet wird.

Wenden wir uns nun den Überlappungsmöglichkeiten bei der Interpretation der Beispielmaschinensprache zu. Benutzen wir die vertikalen Mikroinstruktionen, so ist von der Struktur dieser Instruktionen her klar, daß keine Überlappung möglich ist.

Bei Verwendung der horizontalen Mikroinstruktionen gibt es, so könnte man vermuten, schon eher die Möglichkeit der Überlappung. Dies trifft aber auch nur in sehr beschränktem Maße zu. Während der Ausführungsphase komplexer Anweisungen wie beispielsweise der Multiplikation, ließe sich das Holen der nächsten Anweisungen durchführen, eine Dekodierung und Aufbereitung wäre aber kaum möglich, da

- die Dekodierung mit Hilfe von Konvertierungsoperationen durchgeführt wird, das dafür vorgesehene Feld aber fast immer zur Steuerung der laufenden Ausführungsphase benutzt wird und
- die ALU nicht für Adreßberechnungen benutzt werden kann.

Der zweite Punkt ist wohl der schwerwiegendere, ließe sich aber durch eine einfache ALU, in der nur die Addition realisiert sein muß, beseitigen. Dann bliebe noch zu überlegen, was im Falle eines Interrupts geschehen müßte. So wie wir die Beispielarchitektur eingeführt haben, besteht keine Möglichkeit, den Zustand nach dem Dekodieren einer Maschinenanweisung festzuhalten. Dazu benötigte man beispielsweise einen Stack, auf dem man den Mikroprogrammzähler ablegen kann. Ferner taucht das Problem auf, die Inhalte derjenigen Register des Registerfeldes zu retten, die für den Programmierer auf Maschinensprachenebene unsichtbar sind. Dies ließe sich ebenfalls mittels des gerade erwähnten Stacks realisieren.

Anhang

Ausgehend von Abschn. 1.1 sollen im nachfolgenden einige Klassen von fehlererkennenden und fehlerkorrigierenden Kodes und ihre Konstruktionsmechanismen betrachtet werden.

A.1 Kodes mit Paritätsprüfung

Kodes mit Paritätsprüfung stellen eine Verallgemeinerung des Kodes aus Beispiel 1.4 dar und zwar in dem Sinne, daß man eine Menge von Paritätsbits definiert, von denen jedes einer bestimmten Anzahl von Stellen im Quellkodewort zugeordnet ist. Ein Kodewort $x=(x_1,\ldots,x_n)$ eines (n,k)-Kodes läßt sich also aus einem Quellkodewort $u=(u_1,\ldots,u_k)$ folgendermaßen erzeugen:

$$x_i = u_i \quad \text{für } 1 \leq i \leq k \quad \text{und} \quad x_i = \sum_{j=1}^{k} u_j g_{j,i} \quad \text{für } k < i \leq n \qquad (A.1)$$

wobei $\sum$ (bzw. + in späteren Gleichungen) die modulo-2 Addition und $g_{j,i}$ bel. Binärzahlen bezeichnen. Ein (n,k)-Kode, dessen Kodewörter x durch (A.1) beschrieben werden, nennt man K o d e   m i t   s y s t e m a t i s c h e r   P a r i t ä t s p r ü f u n g. Bild A.1 zeigt ein Beispiel für einen derartigen Kode.

Quellkodewort $u_1\ u_2\ u_3$	(n,k)-Kodewort $x_1\ x_2\ x_3\ x_4\ x_5\ x_6$	Definition der x_i		
0 0 0	0 0 0 0 0 0			
0 0 1	0 0 1 1 1 0	$x_1 = u_1$		
0 1 0	0 1 0 1 0 1	$x_2 = u_2$	$\begin{pmatrix} g_{14} & g_{15} & g_{16} \\ g_{24} & g_{25} & g_{26} \\ g_{34} & g_{35} & g_{36} \end{pmatrix} =$	$\begin{pmatrix} 0 & 1 & 1 \\ 1 & 0 & 1 \\ 1 & 1 & 0 \end{pmatrix}$
0 1 1	0 1 1 0 1 1	$x_3 = u_3$		
1 0 0	1 0 0 0 1 1	$x_4 = u_2 + u_3$		
1 0 1	1 0 1 1 0 1	$x_5 = u_1 + u_3$		
1 1 0	1 1 0 1 1 0	$x_6 = u_1 + u_2$		
1 1 1	1 1 1 0 0 0			

Bild A.1: Beispiel für einen Kode mit systematischer Paritätsprüfung

Ein K o d e   m i t   P a r i t ä t s p r ü f u n g wird analog dazu beschrieben, mit der Ausnahme, daß (A.1) ersetzt wird durch:

$$x_i = \sum_{j=1}^{k} u_j g_{j,i} \quad \text{für } 1 \leq i \leq n \qquad (A.2)$$

Der Kode mit systematischer Paritätsprüfung ist damit ein Spezialfall dieses Kodes mit

$$g_{j,i} = 1 \quad \text{für } j=i \quad \text{und} \quad g_{j,i} = 0 \quad \text{für } 1 \leq i \leq k, j \neq i. \tag{A.3}$$

Gleichung (A.2) läßt sich kompakter schreiben, wenn man die E r -
z e u g u n g s m a t r i x G einführt. Diese ist definiert als
eine k x n - Matrix mit den $g_{j,i}$ aus (A.2) als Elemente (Bild A.2).

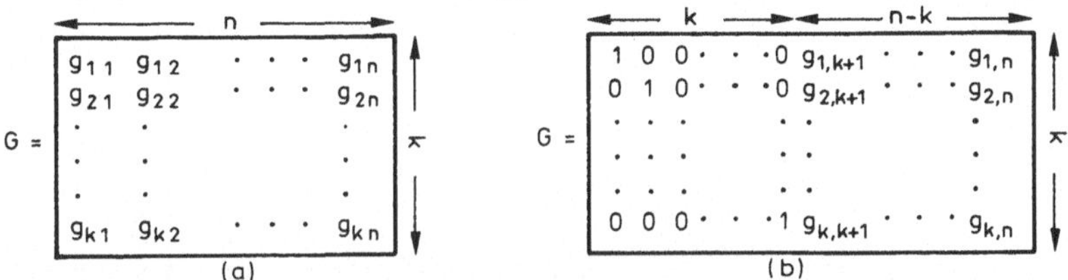

Bild A.2: Erzeugungsmatrix G für (a) einen Kode mit Paritätsprüfung und (b) einen
Kode mit systematischer Paritätsprüfung

Betrachtet man u und x als Vektoren, dann erhält man:

$$x = u G . \tag{A.4}$$

Damit ist der Erzeugungsprozess für Kodes mit Paritätsprüfung skizziert, und es bleibt zu untersuchen, wie man mit Hilfe dieser Kodes
Fehlererkennung und -korrektur realisieren kann.

Wir beschränken uns auf Kodes mit systematischer Paritätsprüfung
und führen für diese eine P a r i t ä t s p r ü f u n g s m a -
t r i x H auf der Basis der $g_{j,i}$ aus (A.1) ein (Bild A.3).

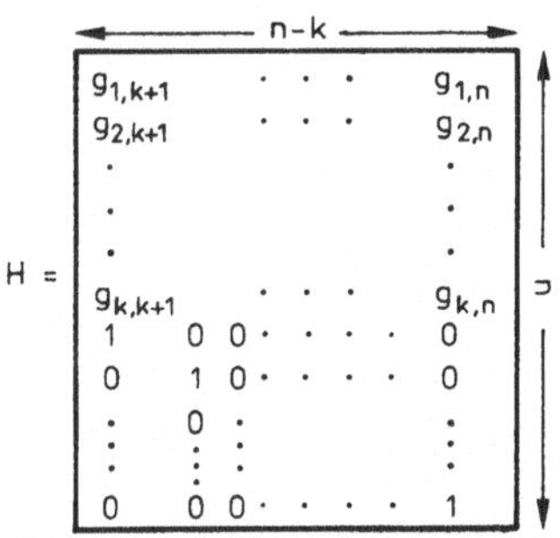

Bild A.3: Paritätsprüfungsmatrix H für einen
Kode mit systematischer Paritätsprüfung

Subtrahiert bzw. addiert (äquivalent bei modulo-2 Addition) man x_i
auf beiden Seiten der 2. Gleichung von (A.1), so erhält man:

$$0 = \sum_{j=1}^{k} x_j g_{j,i} + x_i \quad \text{für } k < i \leq n. \tag{A.5}$$

Setzt man dies in Beziehung zur Matrix H, so ergibt sich:

$$x\,H = O \text{ für alle Kodewörter } x. \qquad (A.6)$$

Aufgrund dieser Beziehung läßt sich nun ein Fehlererkennungsverfahren durchführen. Man definiert für jede empfangene Bitfolge y der Länge n das S y n d r o m S:

$$S = y\,H. \qquad (A.7)$$

Das Syndrom ist ein Zeilenvektor der Länge n-k mit

$$s_i = \sum_{j=1}^{k} y_j g_{j,k+i} + y_{k+i}\,. \qquad (A.8)$$

Gleichung (A.8) macht deutlich, daß s_i genau dann 1 ist, wenn die empfangene i-te Prüfstelle y_{k+i} von der gemäß der empfangenen Bitfolge berechneten Prüfstelle verschieden ist. Sei x ein bel. Kodewort, dann gilt

$$(y+x)H = y\,H + x\,H = S. \qquad (A.9)$$

Wird x gesendet und y empfangen, so stellt y+x eine Folge dar, die an jeder Stelle eine 1 enthält, an der sich x und y unterscheiden. Diese Folge nennt man F e h l e r f o l g e z. Aus (A.9) folgt

$$z\,H = S, \qquad (A.10)$$

falls z eine derartige Fehlerfolge ist.

Mit dem bisher Gesagten ist immer noch kein praktisches Verfahren impliziert. Ein solches hängt von den (statistischen) Eigenschaften des Kanals ab. Wir wollen aber an einem Beispiel zeigen, wie eine Anwendung der obigen Aussagen aussehen kann.

<u>Beispiel A.1</u> Gehen wir von dem in Bild A.1 gezeigten Beispiel aus, so gibt es $2^{n-k} = 2^3$ verschiedene Werte für S. Welche Fehlerfolgen man diesen Syndromen zuordnet, hängt - wie gesagt - von den Eigenschaften des Kanals ab. Legen wir zugrunde, daß die Wahrscheinlichkeit dafür, daß während der Übertragung eines Kodewortes j Stellen geändert werden, mit wachsendem j kleiner wird, so werden wir einem Syndrom diejenige Fehlerfolge zuordnen, die die geringste Anzahl von Einsen und damit die geringste Distanz zu einem Kodewort x hat. Bild A.4 zeigt die S und z für das Beispiel aus Bild 1.6, wobei die z aufgrund der obigen Bemerkung festgelegt wurden.

Wird y=010011 empfangen, dann ist S=yH=110. Aus der obigen Tabelle ergibt sich z=001000 und damit x=y+z=011011 für das Kodewort mit der größten Ähnlichkeit.

Syndrom S	Fehlerfolge Z	Paritätsprüfungsmatrix H
0 0 0	0 0 0 0 0 0	
0 1 1	1 0 0 0 0 0	0 1 1
1 0 1	0 1 0 0 0 0	1 0 1
1 1 0	0 0 1 0 0 0	1 1 0
1 0 0	0 0 0 1 0 0	1 0 0
0 1 0	0 0 0 0 1 0	0 1 0
0 0 1	0 0 0 0 0 1	0 0 1
1 1 1	1 0 0 1 0 0	

Bild A.4: Syndrome und Fehlerfolgen für den Kode aus Bild A.1

A.2 Hamming-Kodes

Zeigt eine Fehlerfolge z einen einzigen Fehler an, d.h. enthält sie nur eine 1 in einer j-ten Position, so folgt aus (A.10), daß das zugehörige Syndrom S mit der j-ten Zeile der Matrix H übereinstimmt. Sind alle Zeilen von H ungleich null und paarweise verschieden, so haben alle Folgen mit einem Fehler verschiedene Syndrome. Der zugrunde gelegte Kode ermöglicht damit die Korrektur aller einfachen Fehler. H a m m i n g - K o d e s sind Kodes mit einer Paritätsprüfungsmatrix H, deren Zeilen von null und alle paarweise verschieden sind. Es gilt also insbesondere für n:

$$n \leq 2^{n-k} - 1 \,. \tag{A.11}$$

Den Aufbau von Hamming-Kodes wollen wir uns am nachfolgenden Beispiel verdeutlichen.

Beispiel A.2 Ausgangspunkt soll ein Quellkode sein, dessen Kodewörter eine Länge von k=16 haben. Der zu konstruierende Hamming-Kode soll einfache Fehler korrigieren können. Nach (A.10) muß er dazu die Distanz D=3 haben. Für die Länge n der Kodewörter kann man gemäß (A.11) n=21 wählen. Eine mögliche Form für die Paritätsprüfungsmatrix ist in Bild A.5 gezeigt.

Bei n-k=5 stehen uns 31 von null verschiedene Syndrome zur Verfügung, wobei 21 bereits als Zeilen in H auftauchen und nach den obigen Ausführungen zur Korrektur einfacher Fehler benutzt werden können. Da nach (1.3) nicht alle zweifachen Fehler mit einem Kode der Distanz 3 erkannt werden können, erhebt sich die Frage, welche Fehlerfolgen den restlichen 10 Syndromen zuzuordnen sind. Wir wollen in unserem Beispiel davon ausgehen, daß zweifache Fehler am häufigsten in benachbarten Stellen auftreten und dies wiederum häufiger am Anfang und Ende eines Kodewortes als in der Mitte.

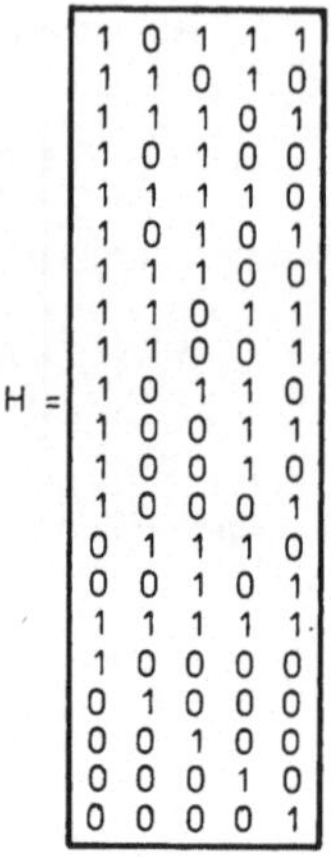

Bild A.5: Paritätsprüfungsmatrix H
für Beispiel A.2

Gemäß den obigen Überlegungen wählen wir folgende Fehlerfolgen aus:

$z^{(1)}$ = 1 1 0 0 0 0 0 · · · · · · · · · 0

$z^{(2)}$ = 0 1 1 0 0 0 0 · · · · · · · · · 0

$z^{(3)}$ = 0 0 1 1 0 0 0 · · · · · · · · · 0

$z^{(4)}$ = 0 0 0 1 1 0 0 · · · · · · · · · 0

$z^{(5)}$ = 0 0 0 0 1 1 0 · · · · · · · · · 0

$z^{(6)}$ = 0 · · · · · · · · · 0 1 1 0 0 0 0

$z^{(7)}$ = 0 · · · · · · · · · 0 0 1 1 0 0 0

$z^{(8)}$ = 0 · · · · · · · · · 0 0 0 1 1 0 0

$z^{(9)}$ = 0 · · · · · · · · · 0 0 0 0 1 1 0

$z^{(10)}$ = 0 · · · · · · · · · 0 0 0 0 0 1 1

Das jedem $z^{(i)}$ zugeordnete Syndrom muß die Eigenschaft haben, daß es sich als Summe der beiden Syndrome schreiben läßt, die den zugehörigen einfachen Fehlern zugeordnet sind. Dies ist für alle $z^{(i)}$ erfüllt, so daß wir ihnen folgende Syndrome eindeutig zuordnen können:

$z^{(1)}$:[0 1 1 0 1] $z^{(6)}$:[0 1 1 1 1]

$z^{(2)}$:[0 0 1 1 1] $z^{(7)}$:[1 1 0 0 0]

$z^{(3)}$:[0 1 0 0 1] $z^{(8)}$:[0 1 1 0 0]

$z^{(4)}$:[0 1 0 1 0] $z^{(9)}$:[0 0 1 1 0]

$z^{(5)}$:[0 1 0 1 1] $z^{(10)}$:[0 0 0 1 1]

A.3 Zyklische Kodes

Zyklische Kodes sind Kodes mit Paritätsprüfung und der zusätzlichen Eigenschaft, daß jeder zyklische Shift eines Kodewortes wieder ein gültiges Kodewort ergibt. Ist also z.B. $(x_i, \ldots, x_n)$ ein Kodewort, dann auch $(x_2, \ldots, x_n, x_1)$. Zyklische Kodes bieten den Vorteil, daß zugehörige Kodierer und Dekodierer mit geringerem Aufwand zu konstruieren sind als für Kodes mit Paritätsprüfung.

Für die Untersuchung der Struktur zyklischer Kodes ist es sinnvoll, die Stellen eines Kodewortes x von rechts nach links zu numerieren, d.h. $x = (x_{n-1}, x_{n-2}, \ldots, x_1, x_0)$. Dann kann man x als ein Polynom vom Grad n-1 darstellen, dessen Koeffizienten die Stellen des Kodewortes repräsentieren:

$$x(D) = x_{n-1}D^{n-1} + x_{n-2}D^{n-2} + \ldots + x_1 D^1 + x_0 . \quad (A.12)$$

Man kann nun zeigen, daß jeder n-stellige zyklische Kode, der auf einem k-stelligen Quellkode basiert, durch ein Polynom g(D) mit dem Grad n-k erzeugt wird (E r z e u g e r p o l y n o m). Dieses Polynom teilt D^n+1 und ist in jedem Kodewort als Faktor enthalten, d.h.

$$x(D) = a(D)g(D) \text{ mit Grad } a \leq k-1 . \quad (A.13)$$

Zur Konstruktion eines x(D) aus einem u(D), das dem Quellkodewort u zugeordnet ist, führt man das Polynom r(D) mit Grad <n-k ein. Dieses Polynom soll die Prüfstellen beschreiben, die an das Quellkodepolynom angehängt werden. x erhält man dann aus der folgenden Gleichung:

$$x(D) = D^{n-k} \cdot u(D) + r(D) . \quad (A.14)$$

Wegen (A.13) gilt dann:

$$\frac{x(D)}{g(D)} = \frac{D^{n-k} u(D) + r(D)}{g(D)} = a(D); \quad (A.15)$$

daraus folgt:

$$\frac{D^{n-k} u(D)}{g(D)} = a(D) + \frac{r(D)}{g(D)} , \quad (A.16)$$

wobei wegen der module-2 Arithmetik - durch + ersetzt wurde. Aus (A.16) wird deutlich, daß r(D) gleich dem Rest sein muß, der bei der Division von $D^{n-k}u(D)$ durch g(D) entsteht.

Beispiel A.3 Gegeben sei $u(D) = D^9 + D^5 + D^2 - 1$, das ein Kodewort eines 10-stelligen Quellkodes beschreibt. u(D) soll in ein Polynom x(D) eines (15,10)-Kodes umgewandelt werden, der durch das Erzeugerpolynom $g(D) = D^5 + D^4 + D^2 + 1$ definiert wird.

$$D^{n-k} \, u(D) = D^5(D^9 + D^5 + D^2 + 1) = D^{14} + D^{10} + D^7 + D^5$$

$r(D)$ ergibt sich gemäß (A.16): $r(D) = D + 1$.

Daraus folgt: $x(D) = D^{14} + D^{10} + D^7 + D^5 + D + 1$.

Tritt während einer Übertragung ein Fehler auf, so wird dieser durch das F e h l e r p o l y n o m   f(D) beschrieben. Für ein empfangenes Kodewort y gilt demnach:

$$y(D) = x(D) + f(D). \tag{A.17}$$

Wegen (A.13) ist $y(D)$ genau dann ohne Rest durch $g(D)$ teilbar, wenn $f(D)$ ohne Rest durch $g(D)$ teilbar ist. Also kann ein Fehler genau dann erkannt werden, wenn das zugehörige Fehlerpolynom nicht ohne Rest durch $g(D)$ teilbar ist.

Beispiel A.4 Gegeben seien g(D) und x(D) aus Beispiel A.3.
Wird y mit $y(D) = D^{14} + D^{10} + D^6 + D^5 + D^3 + D + 1$ empfangen, so ist das zugehörige Fehlerpolynom $f(D) = D^7 + D^6 + D^3$. Bei der Division von $y(D)$ durch $g(D)$ ergibt sich $D^4 + D^3 + D^2$. Somit wird $y(D)$ als fehlerhaft erkannt.

Beispiel A.5 Gegeben seien wiederum g(D) und x(D) aus Beispiel A.3.
Diesmal werde y mit $y(D) = D^{14} + D^{10} + D^8 + D^5 + D^4 + D^3 + D^2 + D$ empfangen. Das zugehörige Fehlerpolynom lautet dann:
$f(D) = D^8 + D^7 + D^4 + D^3 + D^2 + 1$. Da $f(D) = (D^3 + 1)\, g(D)$, kann dieser Fehler nicht erkannt werden.

Die Methode der Fehlererkennung kann man auch analog zum Vorgehen bei Kodes mit Paritätsprüfung erklären, indem man ein P r ü f - p o l y n o m   h definiert, für das gilt:

$$g(D)\, h(D) = D^n + 1 . \tag{A.18}$$

Wie sich h für die Fehlererkennung benutzen läßt, zeigt die nachfolgende Betrachtung.

Multipliziert man ein beliebiges Kodewort x mit h, so erhält man:

$$e(D) = x(D) \cdot h(D) = a(D) \cdot g(D) \cdot h(D) = D^n \cdot a(D) + a(D). \tag{A.19}$$

Da sämtliche Multiplikationen modulo D^n durchgeführt werden, muß $e(D)$ einen Grad $\leq k-1$ haben, d.h. alle Koeffizienten für $k \leq j \leq n-1$

müssen null sein. Dies ergibt für die Multiplikation von x(D) und h(D):

$$\sum_{i=0}^{k} h_i x_{j-i} = e_j = 0 \quad \text{für } k \le j \le n-1. \tag{A.20}$$

Da wegen (A.18) $h_k = 1$, kann man (A.20) auch schreiben als

$$x_{j-k} = \sum_{i=0}^{k-1} h_i x_{j-i} \quad \text{für } k \le j \le n-1. \tag{A.21}$$

Damit hat man die Möglichkeit, aus den Quellstellen die Prüfstellen beim Empfang erneut zu berechnen. Jedes x(D), das (A.20) erfüllt, ist ein Kodewort. Bild A.6 zeigt die Matrix H, die sich aus den obigen Beziehungen ergibt.

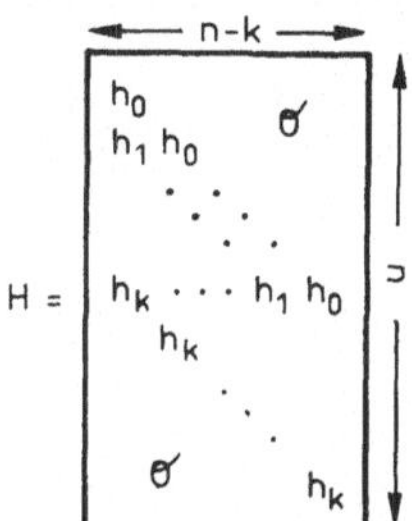

Bild A.6: Paritätsprüfungsmatrix H
für einen zyklischen Kode

Wie bei Kodes mit Paritätsprüfung gilt yH=s.

A.4 Blocksicherung

Bei der Übertragung einer Nachricht über einen Kanal ist häufig zu beobachten, daß immer nur bestimmte Stellen der Kodewörter durch Störungen verfälscht werden. Man berechnet daher in Kommunikationssystemen mit derartigen Erscheinungen nicht für jedes Quellkodewort eigene Prüfbits, sondern für die Gesamtheit der übertragenen Quellkodewörter. Dieses Verfahren wird Blocksicherung genannt. Die berechneten Prüfbits werden dabei als zusätzliches Kodewort an die Nachricht angehängt, d.h. ihre Anzahl entspricht der Länge des Quellkodes.

Eine Methode der Blocksicherung baut auf den Kodes mit Paritätsprüfung auf. Die i-te Stelle des angehängten Kodewortes repräsentiert hier das Paritätsbit (analog zu Beispiel 1.4) für die i-ten Stellen

der übermittelten Nachricht. Man spricht bei dieser Methode auch
von einer Längsparität im Gegensatz zur Querparität bei Beispiel
1.4. Zur Erläuterung möge Bild A.7 dienen.

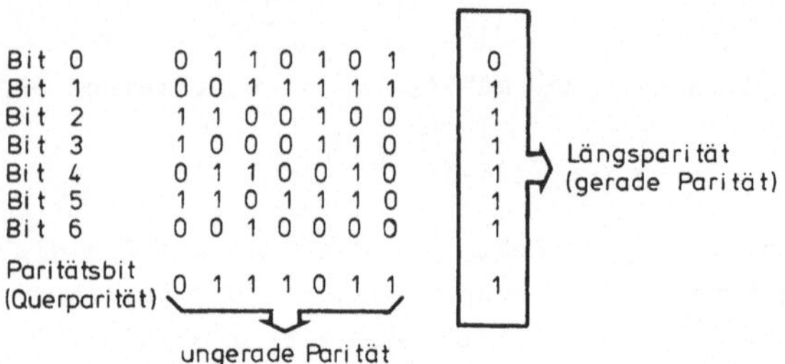

Bild A.7: Längs- und Querparität

Die Methode der zyklischen Blocksicherung basiert auf den zyklischen
Kodes. Um bei vorgegebenem Quellkode der Länge k genau k Prüfbits
zu erhalten, wird ein Erzeugerpolynom mit Grad k gewählt (vgl. Abschn. A.3). Bei der Berechnung des Blocksicherungskodewortes werden
zu Beginn seine Stellen auf Null gesetzt. Für jedes zu übertragende
Quellkodewort wird dann das entsprechende Kanalkodewort gemäß (A.14)
berechnet. Die dabei entstehenden Prüfstellen werden zu dem bisherigen Inhalt des Blocksicherungskodewortes addiert (modulo 2).

Literaturverzeichnis

[1]   ABD-ALLA, A.M./MELTZER, A.C.:
        Principles of Digital Computer Design, Vol.I
        Prentice-Hall, Englewood Cliffs, 1976

[2]   AGRAWALA, A.K./RAUSCHER, T.G.:
        Foundations of Microprogramming
        ACM Monograph Series, Academic Press, New York, 1976

[3]   ALTMANN, L.:
        Semiconductor random-access memories
        Electronics, June 13, 1974

[4]   ANDERSON, G.A./JENSEN, E.D.:
        Computer Interconnection Structures: Taxonomy,
        Characteristics and Examples
        Computing Surveys, vol.7, no.4, Dec.1975, pp.197-214

[5]   BELL, J./CAZASENT, D./BELL, C.G.:
        An Investigation of Alternative Cache Organizations
        IEEE TC-vol. C-23, No.4, April 1974

[6]   Binary Synchronous Communications
        IBM Systems Reference Library, GA27-3004-2

[7]   BOCKER, P.:
        Datenübertragung, Band I
        Springer, 1976

[8]   BURKS, A.W./GOLDSTINE, H.H./von NEUMANN, J.:
        Preliminary discussion of the logical design of an
        electronic computing instrument
        U.S. Army Ordonance Department Report, 1946

[9]   CCITT-Empfehlungen der V-Serie und der X-Serie:
        Datenübertragung
        Der Dienst bei der Deutschen Bundesport: Postleitfaden,
        Band 6, Teil 11, Beiband, Heidelberg, 1977

[10]   CHANG, D.Y./KUCK, D.J./LAWRIE, D.H.:
        On the Effective Bandwidth of Parallel Memories
        IEEE Transactions on Computers, vol. C-26, No.5, May 1977

[11]   CHEN, R.:
        Bus Communications Systems
        Carnegie-Mellon University, Computer Science Department,
        Ph.D.thesis, 1974

[12]   COFFMAN, E.G./BURNETT, H.J./SNOWDON, R.A.:
        On the Performance of Interleaved Memories with Multiple-
        Word Bandwidth
        IEEE Transactions on Computers, vol. C-20, No.12, Dec.1971

[13]   Control Data 5600 Series of Microprogrammable Processors,
        Reference Manual
        Publication No. 14232000, Control Data Corp., 1975

[14]   DAVIES, D.W./BARBER, D.L.A.:
        Communication Networks for Computers
        Wiley, 1973

[15]   DIN 66003: Informationsverarbeitung, 7-Bit-Code

[16]   DIN 66020: Datenübertragung, Anforderungen an die Schnitt-
        stelle bei Übergabe bipolarer Datensignale

[17] ECKHOUSE, R.H.:
    Minicomputer Systems: Organization and Programming
    Prentice-Hall, Englewood Cliffs, 1975

[18] GALLAGER, R.G.:
    Information Theory and Reliable Communication
    Wiley, 1968

[19] GERMAIN, C.B.:
    Programming the IBM 360
    Prentice-Hall, 1967

[20] GSCHWIND, H.W.:
    Design of Digital Computers
    Springer-Verlag, New York, 1967

[21] HELLERMAN:
    Digital Computer Principles
    McGraw Hill, New York, 1967

[22] HILL, F.J./PETERSON, G.R.:
    Digital Systems: Hardware Organization and Design
    Wiley, 1973

[23] HOFER, H.:
    Datenfernverarbeitung
    Springer, 1973

[24] HOWELL, T.H.:
    Design Criteria for Error Detecting and Error Correcting
    Codes in Memory Subsystems
    Arizona State University, Ph.D., 1972

[25] KAMEDA, T./WEIHRAUCH, K.:
    Einführung in die Kodierungstheorie I
    Skripten zur Informatik; BI, 1973

[26] KREYß, K./REINHARDT, G.:
    Erstellung und Auswertung von Seitenreferenzfolgen
    Diplomarbeit, Dortmund, 1975

[27] LORIN, H.:
    Parallelism in Hardware and Software: Real and Apparent
    Concurrency
    Prentice-Hall, Englewood Cliffs, 1972

[28] PDP-11, Peripherals and Interfacing Handbook
    Digital Equipment Corp., 1972

[29] PDP-11/04/34/45/55 Processor Handbook
    Digital Equipment Corp., 1976

[30] QM-1 Hardware Level User's Manual
    Nanodata Corporation, 1973

[31] SCHNUPP, P.:
    Systemprogrammierung
    de Gruyter Lehrbuch, 1975

[32] SELIGER. N.B.:
    Kodierung und Datenübertragung
    Oldenbourg, 1975

[33] Siemens System 7.000, Datenübertragungssystem TCS
    Siemens AG, München, 1976

[34]   Siemens System 7.000, Plattenspeichersystem 3416/3450
        Siemens AG, München

[35]   STONE, H.S. (Editor):
        Introduction to Computer Architecture
        Science Research Associates, Chicago, 1975

[36]   TANENBAUM, A.S.:
        Structured Computer Organization
        Prentice-Hall, Englewood Cliffs, 1976

[37]   THURBER, K.H. et al.:
        A systematic approach to the design of digital bussing
        structures
        Proc. of the FJCC, 1972, pp.719-740

[38]   WILKES, M.V.:
        The best way to design an automatic calculating machine
        Manchester Univ. Computer Inaugural Conf., 1951

Sachverzeichnis